U0267535

互联网大厂
推荐算法实战

赵传霖◎著

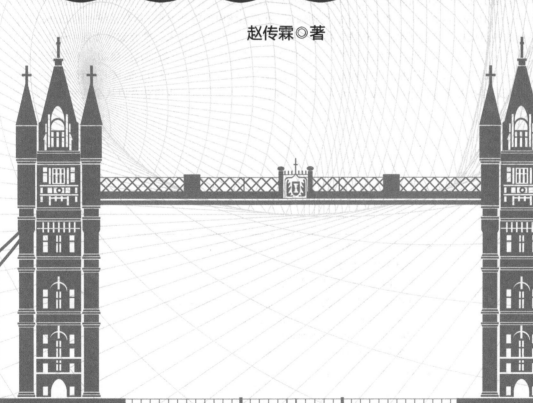

人民邮电出版社

北　京

图书在版编目（CIP）数据

互联网大厂推荐算法实战 / 赵传霖著. —— 北京 ：
人民邮电出版社，2024.1
ISBN 978-7-115-62868-8

Ⅰ. ①互… Ⅱ. ①赵… Ⅲ. ①聚类分析－分析方法
Ⅳ. ①O212.4

中国国家版本馆CIP数据核字(2023)第192576号

内 容 提 要

本书介绍了互联网大厂当前采用的一些前沿推荐算法，并梳理了这些算法背后的思想脉络与技术框架。
本书总计 10 章，内容涵盖了推荐系统的基础知识、推荐系统中的特征工程、推荐系统中的 Embedding、
推荐系统的各组成模块（包括召回、粗排、精排与重排）所使用的算法技术、推荐算法实践中经常会遇到
的难题以及应对之道（其中涉及多任务推荐、多场景推荐、新用户冷启动、新物料冷启动、评估模型效果、
定位并解决问题等），最后还用一章的篇幅介绍了推荐算法工程师在工作、学习、面试时应该采取的做法。
本书既适合推荐系统、计算广告、个性化搜索领域的从业人员阅读，也适合希望从事互联网算法工作
的在校学生阅读。

◆ 著　　　　赵传霖
　　责任编辑　傅道坤
　　责任印制　王 郁　马振武

◆ 人民邮电出版社出版发行　　北京市丰台区成寿寺路 11 号
　　邮编　100164　电子邮件　315@ptpress.com.cn
　　网址　https://www.ptpress.com.cn
　　固安县铭成印刷有限公司印刷

◆ 开本：800×1000　1/16
　　印张：19.75　　　　　　　　2024 年 1 月第 1 版
　　字数：435 千字　　　　　　　2025 年 4 月河北第 8 次印刷

定价：89.80 元

读者服务热线：(010)81055410　印装质量热线：(010)81055316
反盗版热线：(010)81055315

作者简介

赵传霖，博士，毕业于清华大学电气工程专业，知乎"机器学习"话题优秀答主，目前在北京快手科技有限公司担任算法专家，拥有 10 余年的互联网算法从业经验，主要研究方向为推荐系统、计算广告、个性化搜索。分别以知乎的"石塔西"账号和微信的"石塔西的说书馆"公众号发表了多篇以推荐算法为主题的原创性文章，深受广大读者的好评，并曾经 4 次获得知乎创作排行榜"知势榜·影响力榜"（科技互联网领域）第 1 名。

致谢

感谢焦博士，他是我的伯乐，指引、鼓励我这个非计算机科班出身的门外汉走上了数据科学、机器学习这一条有趣的道路。

感谢我在知乎、微信公众号上的热心网友。在本书的电子版面世之后，国内外的众多热心网友给予了我鼓励与支持，并帮我找出电子版在文字、公式上的一些表述不当之处。这本质量更高的纸质版图书正是广大网友与我共同努力的结果。

特别感谢本书的责任编辑傅道坤，正是他的"慧眼识珠"才使本书"起死回生"，能够有机会呈现在读者面前。他还为本书提出了大量有价值的建设性意见，并对许多细节问题进行了专业性的修改。在此，对傅道坤编辑和人民邮电出版社的其他工作人员道一声感谢。

感谢我的父母。本书的初稿完成于2022年，那一年对我的事业、生活、身体来说都不是一段轻松的岁月。我的父母为我提供了无私的支持，与我一起撑过了那一段难忘的日子。

最后，感谢所有帮助过我的人，希望未来能够继续得到你们的支持，也希望未来的我不会让你们失望。

前言

在历经各种波折甚至差点"胎死腹中"的痛苦之后，本书终于到了最后的出版阶段。此时的我，回顾这一年来花费在本书上的心血，虽然心中有千言万语，但是下笔却不知从何说起。思来想去，还是决定将过去所有的种种不快独自咽下，在这里和读者聊一下为什么写作本书。

纪念

写作本书的第一个目的是为了纪念。我并非计算机科班出身，在一系列机缘巧合之下半路出家，进入推荐算法[1]这个领域，一待就是 8 年。其间虽然没有做出令人瞩目的成绩，但是个人的技术水平还是得到了专家、同行的认可，并在业内积累了一点小小的名气。对我个人来讲，这足以让我欣慰。

在转行进入推荐算法这一领域之前，我原来所处的行业在信息技术的应用方面还是比较保守的，但是我当时的领导为我选择了机器学习这个技术领域。因为不是科班出身，我在初入该领域时，面临重重困难，并多次萌生退意。幸好，我的这位领导给了我足够的支持和鼓励，虽然他在技术上不能给我太多指导，但是他在我长时间没有成果的情况之下依然宽容我，包容我，鼓励我沿着这条道路坚持走下去。而在我逐步爱上机器学习这个领域，并感觉所在的传统行业很难让我提升自己而提出离职时，我的这位领导不但没有阻挠，还帮我上下疏通关系，确保了我顺利离职，并鼓励我在机器学习领域做出更大的成绩。可惜，天不假年，我的这位老领导、我的伯乐，英年早逝，已经故去多年。想当年我投的第一篇机器学习的论文被拒时他安慰我的场景还历历在目，如果他在天之灵，能够知道当初的那个转行机器学习的毛头小伙已经在这个领域小有成就，如今也能够著书立说，相信他一定会为我高兴的。

所以，写作这本书是为了纪念——纪念我当初为了转行而挑灯夜战的不眠之夜，纪念我为了排查解决模型的糟糕效果而绞尽脑汁的时刻，纪念我在机器学习领域求职面试时被拒的沮丧，纪念我在推荐算法之路跋涉时看到的沿途风景，纪念我的领导、同事、朋友给我的种种帮助……

写本好书，为这个领域做点什么

写作本书的第二个目的是想写本好书，为推荐算法这个领域做点什么。

---

1 "推荐算法"是"机器学习"的一个子集，在不引起歧义的情况下，本书会交替使用这两个术语。

作为一个靠自学成功进入推荐算法领域的资深从业人员，作为一个阅人无数的推荐算法资深面试官，我深知推荐算法从业人员（尤其是新人）需要什么样的知识与技能，但遗憾的是，市面上现有的推荐算法图书对从业人员的帮助总是欠缺了一些。

首先，推荐模型的应用场景十分严苛，它面对的是数以亿计的用户，待推荐的物料集合庞大并且是动态更新的。它的特征空间动辄上亿，要训练源源不断的海量数据。无论是训练还是预测，它都有严苛的实时性要求。正是这种严苛的环境造就了推荐算法有别于一般机器学习的特殊性。而现有的很多图书未能向读者强调、梳理这种特殊性，而只是一味地介绍各种推荐模型的网络结构，这使得读者在阅读这些图书时"买椟还珠"，为掌握了几个精巧的结构而自鸣得意，殊不知却忽略了推荐算法的真正精妙之处，自然也就达不到互联网大厂对推荐算法人才的要求。

其次，出于各种原因，市面上有些推荐算法图书，要么内容太过老旧，要么太过新潮。太旧的技术（比如协同过滤、矩阵分解等）虽然在一些场合下仍然可以发挥作用，但早已不是互联网大厂采用的主流推荐算法，因此也就不再是面试的考察重点。而太新的技术，实现过于复杂，且复现后的效果与理论层面的表述相差巨大。无论是提高从业人员的技术水平，还是准备大厂面试，这样的技术带来的帮助都是极其有限的。

最后，市面上有些推荐算法的图书，要么是流水账，要么是大杂烩，只是单纯地将一个个算法简单罗列了事，没有讲解算法间的区别与联系，也没有梳理算法的发展脉络。阅读、学习这样的图书，读者只能孤立、机械地学习推荐算法，对推荐算法的理解永远停留在 how（知道怎么做）这种"术"的水平上，而无法提高到 why（知道为什么这样做）的"道"的水平，对算法的理解浮于表面，不能灵活组合、应用算法，导致在实际工作中稍微变换一下场景就茫然无措。

既然在市面上找不到能切实提升从业人员技术水平、提升行业整体水平的图书，干脆我就自己写一本吧。于是，在经过一年的耕耘之后，就有了大家手里的这本《互联网大厂推荐算法实战》。

其实，本书的主体内容完成于 2022 年，这一年发生了许多影响深远的大事，令人难忘。在 2023 年准备出版时，由于各种原因，本书差点难见天日。幸得人民邮电出版社慧眼识珠，本书终于起死回生，有机会呈现在您的面前。作为本书的作者，衷心希望本书能给您的推荐算法工作带来帮助，希望您能喜欢本书。

本书组织结构

本书总计 10 章，各章内容简单介绍如下。

- **第 1 章，"推荐系统简介"**：对推荐系统进行了简单介绍，旨在为不熟悉推荐系统的读者快速打下阅读后续章节的基础。本章用一个简化的示例介绍了推荐系统的运行机制，从功能和数据两个维度介绍了推荐系统的各个组成部分，并辨析了互联网三大核心业务（推荐、搜索、广告）在技术层面的异同。

- **第 2 章，"推荐系统中的特征工程"**：本章聚焦于推荐系统使用的特征，介绍了构造用户特征、物料特征、交叉特征、偏差特征的系统化方法，通过该方法构造出来的特征可以做到不重复、不遗漏。由于构造出来的特征还需要经过清洗加工后，特征中的信息才能更好地被模型吸收，因此本章还介绍了针对数值特征和类别特征的处理方法。此外，本章特别强调"高维、稀疏的类别特征是推荐系统的一等公民"，它们使用广泛，推荐算法中的很多技术都是针对它们而设计的。充分认识这一特点是正确、深刻理解推荐算法的重要基础。

- **第 3 章，"推荐系统中的 Embedding"**：本章聚焦于推荐系统中的核心概念 Embedding。本章先介绍了 Embedding 技术的来龙去脉，指出 Embedding 的目的（也是其优势）是提高推荐模型的扩展性，从而能够自动挖掘出低频、长尾模式，更好地为用户提供个性化服务。随后，本章介绍了使用 Embedding 技术时采用的"共享"和"独占"这两条技术路线。最后本章对在海量数据和高纬稀疏的特征空间下，用于提升推荐模型训练效率的 Parameter Server 和基于它的分布式训练流程进行了详细讲解。

- **第 4 章，"精排"**：本章从"交叉结构"与"用户行为序列建模"维度梳理了精排技术的发展脉络。在"交叉结构"维度上，精排模型经历了从手工特征交叉，到 DNN 隐式自动交叉，再到隐式、显式交叉并存的发展历程。在"用户行为序列建模"维度上，一开始，精排模型从用户行为序列中提取出来的兴趣对所有候选物料"一视同仁"，到后来，可以做到提取出来的兴趣随候选物料而变化，实现了"千物千面"，再到现在，我们能够从跨月、跨年的超长序列中提取用户的长期兴趣。本章对这两个维度中的关键技术进行了详细讲解。

- **第 5 章，"召回"**：召回模块是整个推荐系统的第一关，如果它把关不严，哪怕后续模块的能力再强，也将陷入"巧妇难为无米之炊"的尴尬境地。本章重点关注互联网大厂最常用的向量化召回算法。向量化召回是一类算法的总称，这些算法的网络结构、优化目标、召回对象各不相同，如果孤立、机械地学习，很容易让人"只见树木，不见森林"。为此，本章提出了能囊括所有向量化召回算法的统一建模框架，以帮助读者加深对向量化召回算法的理解，使其"知其然，更知其所以然"。除此之外，本章还对召回实践中经常遇到的难点，比如召回结果被热门物料霸占而个性化不足、候选集太过庞大、新物料如何被召回等问题，进行了详细剖析并给出了解决方案。

- **第 6 章，"粗排与重排"**：如果说精排和召回是推荐系统的两朵红花，那么粗排与重排就是两片绿叶。粗排的作用是筛选召回结果，使精排能够利用有限的算力在筛选后已经不错的结果中再优中选优。本章从模型、目标、数据等多个方面介绍了粗排模型的建模思路。重排作用于精排之后，其主要目的是提升推荐结果的多样性。本章对启发式、基于行列式点过程、基于上下文感知排序这 3 类重排算法进行了详细介绍。

- **第 7 章，"多任务与多场景"**：本章聚焦于多任务与多场景推荐的问题。本章介绍了"并行"与"串行"这两种多任务建模的思路，在训练时如何融合多个任务的损失，以及在预测时如何融合多个任务的打分。同时，本章还从特征、网络结构、模型权重等方面介绍了多场景推荐的常用算法。

- **第 8 章，"冷启动"**：本章聚焦于推荐系统的冷启动问题。由于不能充分掌握新用户的兴趣爱好，以及缺乏足够多的后验数据来判断新物料的受欢迎程度，因此新用户、新物料的冷启动始终是困扰推荐系统的一大难题。本章从 3 个部分介绍了冷启动算法的最新进展。第一部分介绍 Bandit 算法，通过有限次尝试，将新用户的兴趣与新物料的质量试探出来。第二部分介绍元学习在冷启动中的应用，即学习出一套高质量的参数初值，经过少量样本的迭代，就能收敛到最优状态，从而解决新用户、新物料样本不足的问题。第三部分介绍对比学习。由于老用户、老物料贡献了绝大多数的训练样本，从而使训练出来的模型偏向老用户、老物料，而忽视了新用户、新物料。对比学习的作用就是纠正这一偏差，提升模型对新用户、新物料等小众场景的重视程度。

- **第 9 章，"评估与调试"**：本章介绍评估与调试模型的方法，即回答"如何评估模型效果"和"如果效果不好，应该如何调试与排查"这两个问题。针对第一个问题，本章介绍了离线与在线这两类评估模型效果的方法。针对第二个问题，本章首先介绍了打开模型黑盒、探究模型机理的几种方法。本章还针对最令算法工程师尴尬的问题，即"线下实验涨得挺好，上线后却没效果"，讨论了造成这一局面的几种可能原因和应对之道，为读者排查问题提供思路。

- **第 10 章，"推荐算法工程师的自我修养"**：与前面介绍算法、模型等内容的技术性章节不同，本章从一个在推荐算法领域奋战多年的老兵的角度出发，介绍了一名推荐算法工程师应该具备的自我修养，其中涉及如何高效工作，如何高效学习新技术，如何准备面试和面试别人等环节。

本书特色

正如本书的书名所述，"实战"是本书最大的特点，具体体现在如下 3 个方面。

- 本书所讲的都是各互联网大厂当下主流的推荐算法。本书不会讲述协调过滤、矩阵分解这类"经典但过时"的算法，尽管它们当下仍可能有用武之地，但绝非互联网大厂的主力算法，也不是面试时的考察重点。另外，针对一些著名的前沿算法，由于其实现相当复杂，复现效果也比较有争议，且不是业界主流算法，因此本书也没有在它们身上浪费笔墨。

- 本书除了讲解最基本的算法原理，还聚焦于算法工程师的工作实际，关注他们日常遇到的实际难题。比如，新用户与新物料怎么冷启动？如何打开模型的黑盒，以排查问题或找到下一步升级改进的方向？线下 AUC 涨了，但是线上 AB 实验的指标却不涨！这到底是什么原因造成的？……

- 由于算法工程师也属于广义上的程序员，所以源代码才是最清晰直接的说明文档。为此，本书针对核心算法都提供了相应的源代码。同时，限于篇幅，书中仅对核心代码进行了展示，而且给出了相应的注释，以帮助读者彻底理解算法的重要细节。

本书另外一个特点是秉持"授人以鱼，不如授人以渔"的理念。本书坚决并始终反对孤立、机械地学习算法，而是提倡"透过现象看本质"，充分理解算法思想。当前，各种新模型、新算法层出不穷，相信未来会更多，但这些都是"术"，只有从中悟出"道"，才算真正掌握了推荐算法，才能在实际工作中灵活应用。因此，本书将重心放在了帮助读者梳理算法的发展脉络方面，指导读者由"术"入"道"，达到"举一反三"的目的。举例如下。

- 本书梳理了推荐算法有别于普通机器学习算法的特殊性在哪里。充分认识这一特殊性，是正确、深刻理解推荐算法的前提，否则外行将无法理解很多推荐算法的精髓。
- Embedding 是深度学习推荐算法的基石，本书用"无中生有"来形容这一技术。本书由评分卡自然推导出 Embedding，指出引入 Embedding 是推荐系统增强扩展性的必然结果。
- 本书提出了理解深度学习推荐算法的 5 个维度，可帮助读者加深对推荐算法的理解。
本书为所有向量化召回算法提炼出统一的模型框架，以帮助读者充分理解向量化召回算法的本质。借助这个框架，读者可以从不同算法中各取所长，构建出适合自己业务场景的向量化召回算法。
- 双塔模型是大厂进行召回、粗排的不二主力。本书指出"改进双塔模型的重点在于减少信息在塔内流动时的损失"，并总结出了改进双塔模型的 4 条道路。
- 元学习可以助力冷启动问题。但是元学习的经典算法在应用于推荐系统时，必须加以改造，本书梳理出了三大改造方向。
- 对比学习在形式上与向量化召回很相似，因此有很多文章"挂羊头卖狗肉"，将普通的向量化召回包装成时髦的对比学习来蹭热度。本书辨析了这两个技术的异同，并指出对比学习应用于推荐系统的本质在于"纠偏"。

......

特别说明

在推荐算法领域（乃至更为宽泛的机器学习领域），有些英文术语没有贴切、统一、官方的中文译名，而且从业人员在日常工作中更习惯于使用相应的英文术语进行交流。同时，考虑到相关技术文章或论文都是率先以英文发布的，为了检索、查询的方便性，本书中有些英文术语并没有给出呆板的中文译文，还请广大读者注意！

此外，由于本书是单色印刷，在以图片的形式解释某些技术细节时，区分度不是很好。为此，本书提供了所有图片的彩色版电子文件供读者下载学习。有关该文件的下载方式，可见"资源与支持"页。

资源与支持

资源获取

本书提供如下资源：

- 本书彩图文件；
- 本书思维导图；
- 异步社区 7 天 VIP 会员。

要获得以上资源，您可以扫描下方二维码，根据指引领取。

提交勘误

作者和编辑尽最大努力来确保书中内容的准确性，但难免会存在疏漏。欢迎您将发现的问题反馈给我们，帮助我们提升图书的质量。

当您发现错误时，请登录异步社区（https://www.epubit.com），按书名搜索，进入本书页面，点击"发表勘误"，输入勘误信息，点击"提交勘误"按钮即可（见下图）。本书的作者和编辑会对您提交的勘误进行审核，确认并接受后，您将获赠异步社区的 100 积分。积分可用于在异步社区兑换优惠券、样书或奖品。

图书勘误		发表勘误
页码： 1	页内位置（行数）： 1	勘误印次： 1
图书类型： ● 纸书　电子书		

添加勘误图片（最多可上传4张图片）

+

提交勘误

全部勘误　　我的勘误

与我们联系

我们的联系邮箱是 fudaokun@ptpress.com.cn。

如果您对本书有任何疑问或建议，请您发邮件给我们，并请在邮件标题中注明本书书名，以便我们更高效地做出反馈。

如果您有兴趣出版图书、录制教学视频，或者参与图书翻译、技术审校等工作，可以发邮件给我们。

如果您所在的学校、培训机构或企业，想批量购买本书或异步社区出版的其他图书，也可以发邮件给我们。

如果您在网上发现有针对异步社区出品图书的各种形式的盗版行为，包括对图书全部或部分内容的非授权传播，请您将怀疑有侵权行为的链接发邮件给我们。您的这一举动是对作者权益的保护，也是我们持续为您提供有价值的内容的动力之源。

关于异步社区和异步图书

"异步社区"（www.epubit.com）是由人民邮电出版社创办的 IT 专业图书社区，于 2015 年 8 月上线运营，致力于优质内容的出版和分享，为读者提供高品质的学习内容，为作译者提供专业的出版服务，实现作者与读者在线交流互动，以及传统出版与数字出版的融合发展。

"异步图书"是异步社区策划出版的精品 IT 图书的品牌，依托于人民邮电出版社在计算机图书领域 30 余年的发展与积淀。异步图书面向 IT 行业以及各行业使用 IT 技术的用户。

目录

第 *1* 章

推荐系统简介

本书是一本讲述推荐算法、推荐模型的书。为了确保内容的完整性，也为了使初次接触推荐系统的读者能够快速入门，本章先向读者介绍一下推荐系统（Recommender System）。

首先，我们必须认识到，尽管推荐模型是现代推荐系统的核心，但是它只是推荐系统中的一个模块，而非推荐系统的全部。为了让模型能够正常运行、发挥作用，推荐系统中需要以下众多模块协同工作：

- 日志系统收集用户反馈，为推荐系统提供原始数据；
- 大数据系统、流式计算系统从原始数据中提取信息，将它们加工成模型所需的形式；
- 在线学习系统及时更新模型；
- 监控系统让我们观察模型运行是否正常，并且能够自动报警；
- A/B 实验系统评估模型效果，并且能够动态配置、改变推荐系统的运行方式；
- ……

同理，参与完成推荐系统的也并非只有算法工程师，还需要前端、后端、产品、运营、用户增长等多个团队的通力配合。

总之，一个完整的推荐系统所涉及的知识、技术，要远多于推荐模型/算法，也复杂得多。鉴于本书的读者应该以算法同行居多，作者在本书的开篇就强调以上观点，目的就在于提醒读者，在工作中不要把目光只停留在模型、算法这"一亩三分地"，而是一定要具备全局视角，从整个推荐系统的角度来思考问题。

举个例子，网上经常看到这样的疑问："为什么我使用 xxx 模型没什么效果？"其实，这种"橘生淮南则为橘，生于淮北则为枳"的现象并不罕见。越是大厂的模型，其结构越复杂，也就需要越多的数据，以更高频率更新迭代。假如某个小团队生搬硬套大厂的模型，而与之配套的基础设施却很不完善，比如用户反馈上报得不及时、模型只能做到日级的更新，那么模型的优势、威力自然发挥不出来，出现"水土不服"自然也就不奇怪了。

了解了推荐系统与推荐模型的关系之后，本章将分为如下 4 个部分进行介绍：

- 1.1 节介绍推荐系统的缘起与意义，使读者更好地把握互联网技术的发展脉络；

- 1.2 节通过一个极简版的推荐系统描述推荐系统的运行机理，揭开它的神秘面纱；
- 1.3 节从功能和数据两个方面介绍推荐系统的架构；
- 推荐、广告、搜索是互联网的"三驾马车"，1.4 节讲述它们之间的区别与联系。

1.1 推荐系统的意义

现代推荐系统影响着我们日常生活的方方面面：

- 想购物，淘宝、京东的推荐系统向我们推荐商品；
- 想了解时事资讯，今日头条的推荐系统向我们推荐新闻；
- 想放松一下，抖音、快手的推荐系统向我们推荐视频，网易云音乐的推荐系统向我们推荐歌曲；

......

推荐系统为什么如此流行？如此重要？回顾互联网的发展史将有助于我们找到这一问题的答案。

互联网早期，网络上的内容非常有限，没什么可供推荐的，用户也没有这方面的需求。后来，随着 Web 2.0 的兴起，个人在网上创作、发布内容变得越来越容易，网络上的内容越来越丰富，开始出现信息过载。用户必须借助搜索引擎才能过滤掉无用信息，快速找到自己需要的内容。

但搜索引擎需要用户主动输入自己的意图信息，这一点在很多时候是无法做到的。有时，用户并不知道自己需要什么，这就好比在乔布斯发明 iPhone 之前，人们压根就不存在对智能手机的需求。很多用户就是抱着逛一逛、试一试的态度使用网站或 App，没有明确的目的与意愿，自然也就不知道搜索什么。

又有时，对于有些需求、意愿，连用户自己都意识不到。比如新用户初次使用 App 时，App 会弹出一个问卷让用户选择自己感兴趣的话题。一位男士选的可能是历史、军事、体育、数码这些话题，但是他自己可能未曾意识到他对娱乐新闻怀有超乎寻常的热情。

如果网站或 App 因用户提不出需求而"无所事事"，显然就是对宝贵资源的巨大浪费，不利于建立用户黏性。正确的做法是，网站或 App 要猜想用户喜欢什么，然后将自己掌握的、用户可能喜欢的内容主动展示给用户，从而留住用户来花费更多的时间与金钱。推荐系统就这样应运而生了。

总之，推荐系统的作用就是在信息过载的情况下，主动在人与信息之间建立高效的连接。有时，现代推荐系统已经将这种"高效"发挥到了让人啧啧称奇的程度，它可能比你的身边人更懂你，甚至比你自己更懂你。一个让人哭笑不得的案例是，在美国，曾经有一位父亲打电话给 Amazon 的客服，愤怒指责 Amazon 向自己还在上高中的女儿邮寄了孕妇、婴幼儿产品的折扣券。过了一段时间，Amazon 的客户关系经理做电话回访，准备向这位父亲道歉，没想到这位父亲却不好意思地承认他的女儿确实怀孕了。

1.2 推荐系统是如何运行的

为了搞清楚这个问题，我们假想一个最简化的推荐系统。和所有推荐系统一样，这个极简版的推荐系统中有如下两类角色。

- 用户（User）：推荐系统要服务的对象。但是接下来我们也会看到，用户也是推荐系统的重要贡献者。用户的一举一动为推荐系统的"茁壮成长"提供了源源不断的"养料"。用户通过"大拇指投票"帮助推荐系统分辨出内容、信息的真假优劣。
- 物料（Item）：用于统称要被推荐的信息、内容。不同场景下，物料会有不同的内涵。比如，电商推荐中，物料就是商品；内容推荐中，物料就是一篇文章、一首歌、一个视频；社交推荐中，物料就是另一个人。

建立推荐系统分为以下 8 个步骤。

（1）给物料打标签。比如对于一个视频"豆瓣评分 9.3，最恐怖的喜剧电影——楚门的世界"，我们给它打上"电影、喜剧、真人秀、金·凯瑞"这样的标签。打标签工作既可以由人工完成（比如上传视频时由作者提供），也可以由内容理解算法根据封面、标题等自动完成。

（2）建立倒排索引，将所有物料组织起来。倒排索引类似一个 HashMap，其中键是标签，值是一个列表，包含被打上这个标签的所有视频。

（3）推荐系统接收到一个用户的推荐请求。推荐系统根据从请求中提取出的用户 ID，从数据库中检索出该用户的兴趣爱好。在本例中，我们用一种非常简单的方式表示用户的兴趣爱好。假设该用户过去看过 10 个视频，其中 7 个带有"喜剧"的标签，3 个带有"足球"的标签，那么提取出的该用户的兴趣爱好就是{"喜剧":0.7,"足球":0.3}，其中键表示用户感兴趣的标签，值表示用户对这个标签的喜爱程度。

（4）拿用户感兴趣的每个标签去倒排索引中检索。假设"喜剧"这个标签对应的倒排链中包含 A、B 两个视频，"足球"标签对应的倒排链中包含 C、D、E 两个视频。汇总起来，推荐系统为该用户找到了 5 个他可能感兴趣的视频。这个过程叫作召回（Retrieval），查询倒排索引只是其中的一种实现方式。

（5）推荐系统会猜测用户对这 5 个视频的喜爱程度，再按照喜爱程度按降序排列，将用户最可能喜欢的视频排在最显眼的第一位，让用户一眼就能看到。这个过程叫作排序（Ranking）。至于如何猜测用户的喜爱程度，在这个极简版的推荐系统中，我们不使用模型，而是拍脑袋想出一条简单规则，如公式(1-1)所示。

$$\text{Score}(u,g,v) = \text{Like}(u,g) \times \text{Q}(v) \hspace{3em} 公式(1\text{-}1)$$

该公式中各关键参数的含义如下。

- u 表示发出请求的用户。
- g 表示用户 u 喜欢的一个标签。

- v 表示在步骤（4）中根据标签 g 从倒排索引中提取出的一个视频；
- Like(u, g) 表示用户 u 对标签 g 的喜爱程度。比如在本例中，Like$(u,$"喜剧"$)=0.7$。
- $Q(v)$ 表示视频 v 的质量，可以由 v 的各种后验消费指标来表示，比如在本例中用点击率（CTR）来表示视频的质量。
- Score(u, g, v) 表示推荐系统猜测的用户 u 对视频 v 的喜爱程度的得分。

公式(1-1)虽然简单，但还是具备一定的个性化能力，并非只是按照物料的质量排序。给 5 个视频都打完分后，推荐系统将它们根据得分按降序排列，假设排序结果是[B, C, A, D, E]。

（6）假设 App 前端界面一次只能显示 4 个视频。推荐系统对排序结果进行截断，只保留前 4 个视频，返回给用户。

（7）用户按照[B, C, A, D]的顺序看到了 4 个视频，点击并观看了视频 B。用户行为，即"用户 u 点击视频 B，A/C/D 曝光未点击"，被记录进日志，发送给推荐系统。

（8）推荐系统接收到了用户反馈，即"视频 B 符合我品味，不喜欢视频 A、C 和 D"，并据此更新自己的"知识储备"，表现在以下两方面。

- 更新用户的兴趣爱好。之前用户 u 点击了 10 个视频，其中 7 个是关于"喜剧"的，3 个是关于"足球"的。现在推荐系统得知，用户 u 点击了带"喜剧"标签的视频 B，那么他的统计数据变成了共点击 11 个视频，其中 8 个关于"喜剧"，3 个关于"足球"。下次再从数据库中提取出的用户 u 的兴趣就变成了{"喜剧"$:\dfrac{8}{11}$,"足球"$:\dfrac{3}{11}$}，"喜剧"标签权重上升，"足球"标签权重下降。下次再给该用户推荐时，推荐系统会多推一些"喜剧"内容，少推一些"足球"的内容。
- 更新视频质量。视频 B 多了一次被点击的正向记录，相当于多了一个人背书，$Q(B)$因此而升高，反之视频 A/C/D 的质量会有所下降。根据排序公式(1-1)，未来在给别的用户推荐时，视频 B 更有可能得到高分，被推荐出去。

至此一次推荐就完成了。

真实的推荐系统肯定要比以上这个极简版的复杂得多，主要体现在以下几方面。

- 真实的推荐系统在排序时，不可能像公式(1-1)那样只考虑两个因素，而是要综合考虑来自用户、物料、上下文等上百个因素。包含上百个输入变量的公式就不太可能靠人拍脑袋想了，此时就需要借助机器学习技术自动拟合出用户反馈（比如点击）与这上百个因素之间的关系。推荐模型从此登场，并发展壮大至今，让无数算法工程师"痛并快乐着"。
- 真实的推荐系统所包含的步骤环节也绝不只有召回和排序两个。召回之后，还要经过去重、粗排。排序之后的物料列表也不会直接呈现给用户，而是还要经过重排再调整一次顺序。
- 上面介绍的极简版推荐系统存在严重缺陷。一是对于初次使用 App 的新用户，推荐系统不了解其兴趣爱好，即 Like(u, g)未知。二是对于初次收录的新物料，推荐系统无法判断其质量，即 Q(v)未知。无论对于以上哪种情况，公式(1-1)都无法计算，这就是困扰推荐系统至今的冷启动问题。

- 极简版推荐系统只根据公式(1-1)计算出单一得分排序，这在实际的推荐系统中是极其罕见的。除了最常见的点击率，内容推荐还要考虑时长、转发率、关注率等指标，电商推荐更关心的则是购买率。

　　……

真实推荐系统中的种种技术细节，将在接下来的各个章节中详细介绍。

尽管极简版的推荐系统简化、忽略了很多细节，但是见微知著，我们仍然能够从中了解到推荐系统的基本运行原理。

- 用户在 App 内的行为越多，推荐系统对用户兴趣爱好的把握也就愈加准确（参考建立极简版的步骤（8）），推荐结果也就愈加符合用户品味，用户与 App 的互动也就越多，从而形成一个正向循环。所以，普通用户在使用 App 时，不妨主动训练推荐系统。比如，对令你满意的推荐系统，不吝啬你的点赞、关注、转发；对令你不满意的推荐系统，毫不犹豫地点"×"。这些明确的信号都有助于推荐系统更加懂你，从而更有效、更贴心地为你提供信息。
- 推荐系统体现"人人为我，我为人人"的精神。你通过划动拇指为每个物料投票，作为"义务"标注员，帮助推荐系统认清各种物料的优劣。优质的内容会通过推荐系统这个"影响放大器"扩散给更多用户，为更多与你有相似兴趣爱好的人提供价值。

1.3　推荐系统架构

推荐系统是一个典型的大数据、高度实时的复杂系统。推荐时要从用户几个月甚至更长的历史行为中提炼出其兴趣爱好，从百万量级的候选集中筛选出匹配的物料，而这一切都要求在毫秒量级下完成，从而大大增加了实现难度。因此，我们要将推荐系统拆分成若干模块，每个模块各有取舍，也各有长短，多个模块彼此配合，取长补短，共同完成艰巨的推荐任务。要拆分成哪些模块，模块间如何配合，这就是推荐系统架构所要研究的问题，也是本节要介绍的内容。

根据划分角度的不同，推荐系统架构又可细分为功能架构与数据架构。

1.3.1　功能架构

推荐系统的目标是在庞大的候选集中为用户找出与他的兴趣相符的物料。为了实现这一目标，理论上我们可以像如下这样操作。

- 离线训练出一个精度很高的模型 F，输入一个用户 u 和一个物料 t，输出二者的匹配度 s，即 $s = \mathrm{F}(u,t)$。

■ 在线服务时，对每个用户请求，我们将该用户与每个候选物料都运行一遍模型 F，以得到用户与每个候选物料的匹配度，再将匹配度高的若干物料返回即可。

以上操作只能停留在理论上，现实中是万万行不通的。原因在于大型 App 有几百万、上千万的候选物料，一次请求就要进行百万级的模型运算，时间开销太大，根本无法满足线上服务的实时性要求。

为了应对海量的候选集，现代大型推荐系统都采用由"召回→粗排→精排→重排"4 个环节组成的分级推荐链路，如图 1-1 所示。在推荐链路中越靠前的环节，其面对的候选集越大，因此需要采用技术较简单、精度稍逊、速度较快的算法，以牺牲部分精度来换取速度；推荐链路中越靠后的环节，其面对的候选集越小，有条件采用技术较复杂、精度较高、速度较慢的算法，以牺牲部分速度来换取精度。

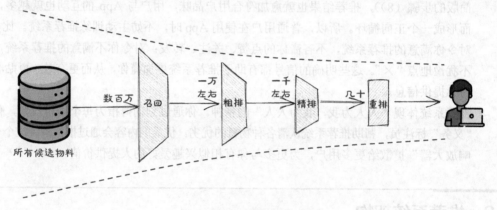

图 1-1　推荐系统的 4 个环节

1. 召回

召回是推荐系统的第一个环节，它面对的候选集一般要达到百万级规模。所以召回模块的第一要务就是"快"，为此它可以牺牲一部分精度，只要能找到与用户兴趣比较匹配的物料就可以，而不一定是最匹配的，因为后者是下游排序模块的目标。

召回模块主要依赖"离线计算+在线缓存"模式来实现对上百万规模候选集的快速筛选。上百万的候选物料在离线状态下就已处理好，处理结果被存入数据库并建立好索引，比如极简版推荐系统中提到的倒排索引。在线召回时，只需花费在索引中的检索时间，时间开销非常小。

离线处理物料时肯定不知道将来要访问的用户是谁，所以召回模型在结构与特征上都不能出现用户信息与物料信息的交叉。这个特点限制了召回模型的表达能力，也就制约了召回模型的预测精度。

为了弥补精度上的不足，召回模块一般采用多路召回的方式，以数量弥补质量。每路召回只关注用户信息或物料信息的一个侧面，比如有的只负责召回当下最火爆的内容，有的只根据用户喜爱的标签进行召回，有的只负责召回与用户点击过的内容相似的其他内容……虽然单独一路召回的视角是片面的，但是多路召回将每路召回的结果汇总起来，取长补短，查漏补缺，就能覆盖用户兴趣的各个方面。

需要特别强调的是，可能有的读者会觉得召回与下面要介绍的排序只存在速度上的差异，认为将排序模型简化一下（比如删除用户与物料的交叉结构），提升一下速度，就能胜任召回的工作。这种想法大错特错，召回与排序（特别是精排）在设计目的、应用场景上存在着天壤之别。召回是从一大堆物料中排除与用户兴趣毫不相关的，留下比较合用户品味的。举个例子，召回好比经历过社会历练的人，无论哪种"不靠谱"的情况，他都见识过。精排是从一小拨儿还不错的物料中精挑细选，优中选优，挑出对用户来说最好的物料。举个例子，精排好比还在上小学的学生，见过最不靠谱的人不过是借橡皮不还的同桌。

不同的应用目的与场景决定了召回与排序在样本策略、优化目标、评估方式等方面都存在显著差异。需要切记，召回绝非小号的排序，照搬精排思路去做召回是一定会翻车的。具体技术细节将在第 5 章详细介绍。

2. 精排

我们暂时跳过粗排，先看一下精排。精排的任务是从上游层层筛选出来的千级规模的比较符合用户兴趣的物料中，精挑细选出几十个最合用户品味的物料。

精排可谓是 4 个环节中的 VIP，各互联网大厂投入的资源最多，每年的研究论文也是层出不穷。究其原因，一是到达精排的候选集规模已经大大缩小了，速度已经不再是严重制约因素。这就使得精排有条件采用一些新颖、复杂的模型结构来进一步提升预测精度。换言之，精排有"卷一卷"的空间。二是精排在推荐链路中比较靠后，对业务目标的影响更直接有力，便于算法团队发力。

精排的设计重点是提升预测精度。所以不同于召回、粗排不允许用户信息与物料信息交叉，精排模型的发力重点就是让物料信息与用户信息充分地交叉，为此业界在精排引入了更多的交叉特征，使用了更复杂的交叉结构。技术细节将在第 4 章详细展开。

3. 粗排

前面提到，召回的精度不足，所以用数量弥补质量，倾向于召回更多物料，送往下游。而精排为了提升预测精度，不断加大模型复杂度，而牺牲了模型的吞吐能力。物料前后一增一减的结果是，如果让召回直接对接精排，笨重的精排面对召回送来的越来越多的候选物料，肯定会吃不消。为了解决这一矛盾，粗排应运而生，它接在召回后面，一般将召回的 10000 个结果再过滤掉 90%，只保留最具潜力的 1000 个，再交给精排重点考察。

由此可见，粗排夹在召回与精排之间，是一个速度与精度折中的产物，地位有些尴尬。在一些小型推荐系统中，召回结果的规模不太大，所以干脆放弃粗排，将召回结果都喂入精排。

在技术上，粗排也夹在召回与精排之间。一方面，由于粗排的候选集规模比召回小得多，相比召回，粗排模型可以接入更多特征，使用更复杂的结构。另一方面，由于粗排的候选集规模比精排大得多，粗排模型比精排模型又简单得多，比如主流粗排模型仍然依赖"离线计算+在线缓存"模式来处理候选物料，因此仍然不能使用用户信息与物料信息交叉的特征与结构。

4. 重排

精排时，相似内容（比如相同话题、相同标签）会被精排模型打上相近的得分，从而在结果集中排在相近的位置。如果将这样的排序结果直接呈现给用户，用户连看几条相似内容会很容易疲劳，从而损害用户体验。所以，精排结果还需要经过重排。与前三个环节不同，重排的主要目的不是过滤和筛选，而是调整精排结果的顺序，将相似内容打散，以保证用户在一屏之内看到的推荐结果丰富而多样。

虽然重排与粗排都属于“配角”，但是与粗排在小型推荐系统中可有可无的地位不同，无论系统规模如何，重排都是不可或缺的。只不过在小型推荐系统中，重排比较简单，用几条启发性规则就能实现。而到了互联网大厂的推荐系统中，重排也需要用比较复杂的模型。

1.3.2　数据架构

除了上面介绍的功能架构，推荐系统中的模块还可以按照数据生产、计算、存储的不同方式进行划分，也就是推荐系统的数据架构。

举个例子，为了让模型了解每个视频的受欢迎程度，我们计算每个视频的 CTR 作为特征。这个任务看起来稀松平常，不就是数出每个视频的曝光数、点击数，再相除就可以了吗？其实实践起来远没有那么简单，有以下 3 方面的难点。

- 为了保证统计结果的有效性，我们需要将统计窗口拉得大一些，比如统计过去一周每个视频的曝光数、点击数。但是大型互联网系统每天产生的日志量以 TB 计，要回溯的历史越长，所涉及的计算量也就越大。
- 时间上还非常紧张。线上预测时，从接收到用户请求到返回推荐结果的总耗时要严格限制在几十毫秒，而且其中的大部分时间还被好几次模型调用占了，留给所有特征的准备时间不会超过 10 毫秒。
- 以上所说的回溯历史指的是回溯已经存储在 Hadoop 分布式文件系统（Hadoop Distributed File System，HDFS）上的那部分日志，也就是所谓的冷数据（Cold Data）。但受 HDFS 只支持批量读写的性质所限，还有许多用户行为未来得及组成用户日志，或者未来得及落盘在 HDFS 上，这就是所谓的热数据（Hot Data）。比如我们在下午 3 点想获得最新的指标数据，但是 HDFS 上的日志只保存到截至下午 1 点，因而即使计算出来也是 2 小时前的过时数据，这 2 小时的缺口如何填补呢？

为了应对互联网大数据系统的复杂性，Lambda 架构应运而生。目前各互联网大厂的推荐系统基本上都是按照 Lambda 架构或其变形架构搭建出来的。忽略一些称谓上的差异，Lambda 的技术精髓可以由以下 4 点来概括，如图 1-2 所示。

- 将数据请求拆解为分别针对冷、热数据的两个子请求。
- 针对冷数据的子请求，由离线层批量完成计算，其结果由近线层缓存并提供快速查询。
- 针对热数据的子请求，由在线层基于流式算法进行处理。

- 汇总从冷、热数据分别获得的子结果，得到最终的计算结果。

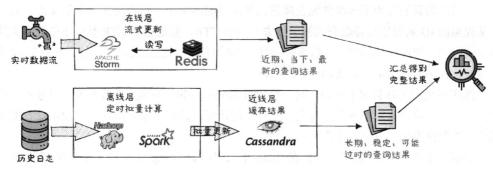

图 1-2　Lambda 架构示意

回到计算每个视频的 CTR 这个例子上来，我们可以将这个数据请求拆解为如下两个子请求：

- 在冷数据上计算代表一个视频 V 长期、稳定的受欢迎程度的 CTR_V^{cold}；
- 在热数据上计算代表一个视频 V 短期、当前的受欢迎程度的 CTR_V^{hot}。

1. 离线层

为了计算 CTR_V^{cold}，我们启动一个小时级的定时任务，每个小时都向前回溯一周的用户行为日志，统计这个时间窗口内每个视频 V 的曝光数与点击数，再将点击数除以曝光数就得到了 CTR_V^{cold}。为了加速，我们可以定时启动另一个小时级的批量任务，统计每个小时内每个视频的曝光数、点击数，并保存结果。有了这些小时级中间结果的加持，要统计一周的 CTR，只需要汇总 168（24×7）个中间结果就行了，而无须从头分析统计每条用户日志，计算效率大为提高。另外，这些小时级的中间结果也能够被其他上层计算任务所复用，避免重复计算。

以上这些定时扫描日志的批量计算任务就构成了 Lambda 架构中的离线层。技术上，这些批量计算任务可以凭借 Hadoop、Spark、Flink 等大数据框架来完成，而多个任务之间的协同可以由 Airflow 来完成。

2. 近线层

离线层计算完毕之后，所有视频过去一周的 CTR 还停留在 HDFS 上。而 HDFS 是一种擅长批量读写，但随机读写效率极低的存储介质，不利于线上快速读取。为了提高查询速度，我们将离线批量计算的结果导入 Cassandra、Redis 这样的键-值（Key-Value，KV）型数据库。这些起缓存、加速访问作用的 KV 数据库就构成了 Lambda 架构中的近线层。

回到视频 CTR 这个例子中，KV 数据库存储离线计算好的该视频过去一周的 CTR，线上服务以每个视频的 ID 作为键，在其中快速检索。

3. 在线层

前面已经讲过，离线批量计算只能处理已经落盘在 HDFS 上的冷数据。但是因为 HDFS 只支持批量读写，所以用户行为从发生到被记录在 HDFS 上，其间存在着小时级的时延。这也就意味着，用户最新的行为都未能体现在离线批量计算的结果中。假设现在是下午 4 点，我可以根据某视频的 ID 从近线层提取到该视频过去一周的 CTR，但是这个 CTR 是以下午 2 点为终止时间向前回溯一周的统计结果，与当前时间有 2 小时的缺口，已经过时了。对于下午 3~4 点这两小时内该视频的消费情况，我们一无所知。

在线层正是为了弥补这个缺口。这一层凭借 Storm、Flink 等流式计算框架，对接用户的行为数据流，不等数据落地，就直接对它们进行分析计算，计算结果也缓存在 Redis 这样的支持随机读写的数据库中，方便线上查询。

回到视频 CTR 的这个例子，我们在 Redis 中以"<xxx 视频，xxx 日 xxx 小时>"为键，存储某视频在某个时间段上的曝光数、点击数，并通过流式计算程序加以在线实时更新。由于在线层只为了弥补冷、热数据间的时延缺口，而这个缺口不过个把小时而已，因此 Redis 中只需要保留最近几个小时的数据，不会占用太多资源。

线上访问的时候，我们已知近线层中存储的是从下午 2 点向前回溯的结果，所以我们从在线层的 Redis 中查询到下午 3~4 点这两个小时内的曝光数与点击数，从而计算出 CTR_V^{hot}。

到目前为止，对于"视频 V 的 CTR"这次查询，我们得到了两个子指标：代表长期受欢迎程度的 CTR_V^{cold} 和代表当前受欢迎程度的 CTR_V^{hot}。我们可以想出一个策略，将两个指标合并成一个指标。而最常见的处理方法则是，把这两个指标都喂入模型，使模型具备不同时间维度的视角。

至此，这里将 Lambda 架构要解决什么样的问题、如何解决都已简单介绍。由于本书的主题并非关于大数据架构设计，因此在介绍过程中忽略了很多技术细节，感兴趣的读者可以自行学习。

1.4   推广搜的区别与联系

推荐、广告、搜索，简称为"推广搜"，是互联网业务的三驾马车，其中推荐与搜索负责留住用户，生产流量，而广告负责将流量变现。这三驾马车之间既有区别也有联系，本节将为读者详细梳理它们的异同，拓宽、加深读者对互联网业务的理解与认识。

1.4.1   三驾马车的相同点

从本质上说，推广搜都是针对用户需求找到最匹配的信息。只不过用户需求的表达方式决定了是推荐还是搜索，信息服务的对象决定了是推荐搜索还是广告。技术细节将在后文中详细介绍。这里先列出推广搜的一些相同点。

- 在功能架构上，推广搜都遵循"先由召回模块粗筛，再由排序模块精挑细选"。
- 在数据架构上，推广搜都遵循 Lambda 架构。
- 因为从业务本质到系统架构都高度相似，所以很多算法、模型在"推广搜"3 个领域都是通用的。在一个领域中发表的论文很容易在其他两个领域复现。同时，由于所掌握的技术栈也是相同的，一个领域的工程师也很容易转向其他两个领域。
- 推广搜都需要高度的个性化。大家对个性化推荐已经习以为常了，事实上广告对个性化的需求更高。毕竟如果推荐结果不符合用户兴趣，只会有损用户体验，而如果广告不满足用户需求的话，浪费的可是真金白银。搜索也不能仅满足于返回的文档包含搜索关键词。比如不同用户搜索"苹果价格"，显示的结果肯定是不同的，至于显示的是水果价格还是手机价格，就取决于搜索系统对用户画像的掌握与利用。

1.4.2　推荐与搜索

推荐与搜索两种场景的最大差异在于用户表达其意图的方式不同。搜索中，用户通过输入查询语句显式表达其意图，如公式(1-2)所示。

$$F_{search}(t \mid q, u) \qquad\qquad 公式(1-2)$$

其中，u 表示当前用户，q 表示用户输入的查询语句，t 表示某一个候选物料。F_{search} 表示搜索模型，衡量物料 t 对用户 u 输入的查询 q 的匹配程度。

注意，用户信息 u 也是公式的输入条件。不同用户输入相同的查询语句 q，得到的结果是不一样的，这正是个性化搜索的体现。

而推荐中，用户无须显式表达其意图。推荐系统通过自己的长期观察，猜测用户意图，完成推荐，如公式(1-3)所示。

$$F_{recommend}(t \mid u) \qquad\qquad 公式(1-3)$$

其中，$F_{recommend}$ 表示推荐模型，衡量物料 t 对用户 u 的匹配程度。

对比公式(1-2)与公式(1-3)，查询语句 q 是搜索中表达用户意图的最重要的信息来源，在搜索模型中享有 VIP 地位。推荐中最重要的特征来源于用户信息与物料信息的交叉，而搜索中最重要的特征要让位于查询语句与物料信息的交叉。查询语句 q 在搜索模型中也处于关键位置，比如在 Attention 结构中，q 能够用来衡量用户过去行为历史的重要性。

推荐与搜索的第二个差异在于，搜索对结果准确性的要求更加严格。这种准确性一方面体现在对多个查询条件的处理上。比如，某用户搜索"二战德国坦克"，搜索结果如公式(1-4)所示。

$$D_{search} = D(二战) \cap D(德国) \cap D(坦克) \qquad\qquad 公式(1-4)$$

其中，$D(二战)$ 代表带有"二战"标签的文章的集合，$D(德国)$ 与 $D(坦克)$ 含义类似。D_{search} 代表搜索结果，是带有 3 个标签的文章集合的交集，即由同时包含 3 个标签的文章组成。

当用户点击了 D_{search} 中的一篇文章并阅读完毕时，会触发相关推荐，为用户推荐与刚才那篇文章类似的文章。推荐结果如公式(1-5)所示。

$$D_{recommend} = D(二战) \cup D(德国) \cup D(坦克) \qquad 公式(1\text{-}5)$$

$D_{recommend}$ 代表推荐结果，由带有 3 个标签的文章集合的并集组成，目的是更大范围地涵盖用户兴趣。

搜索结果对准确性要求更高，还体现在对扩展性的接受程度上。如果用户画像中包含"二战""德国""坦克"这 3 个标签，推荐系统对这些标签扩展一下，为该用户推荐一篇关于"二战苏联飞机"的文章，也是可以接受的，这不会被认为是一个 bug，反而有利于对用户的兴趣探索。但是如果用户搜索"二战德国坦克"，则用户的需求已经非常明确了，此时再展示"二战苏联飞机"的文章就是不可接受的，说明搜索系统出了 bug。

1.4.3 推搜与广告

推荐搜索（简称"推搜"）是为了留住用户来产生流量，所以要服务的目标比较简单，就是为了给用户提供最佳使用体验。而广告是为了将流量变现，所以要兼顾用户、广告主、平台三方的利益，参与方更多、更复杂，优化起来难度更高。

推搜的目标基本上都是能够即时完成的，比如点击、完成播放等。而广告关注的目标是更深层次的转化。比如向用户展示一个电商 App 的广告时，只有用户点击广告、下载安装 App、注册、成功下单后，才算一次完整的转化。广告的转化链条越长，延迟反馈的问题越严重（比如用户今天下载 App，明天才下单），最后成功转化的正样本越稀疏，建模难度越高。

推广搜都要预测点击率（CTR）、转化率（CVR）之类的指标，但对精度的要求不同。推荐与搜索对预测出的 CTR/CVR 只要求相对准确性，即它们的预测精度能够将用户最喜欢的物料排在最前面，这就足够了。例如用户喜爱 A 物料甚于喜爱 B 物料，如果推荐模型给 B 物料的打分是 0.8，那么推荐模型给 A 物料的打分是 0.81 还是 0.9 均不影响产生将 A 排在 B 前面的正确排序。

而广告则不同，由于预测出的 CTR/CVR 要参与广告费用的计算，很小误差都将带来真金白银的损失，因此广告对预测精度要求绝对准确性。在模型的预测结果出来之后，广告还需要对其修正、校准。

不过，毕竟制作、投放广告还存在一定技术、财力上的门槛，因此相比于推搜几十万、上百万规模的候选集，广告的候选集规模会小很多，从而能够简化过程，降低一些系统复杂度，比如有的广告系统忽略了粗排环节，将召回的广告直接喂入精排。

1.5 小结

本章是本书的开篇，旨在正式介绍讲解各种推荐算法、模型之前简要介绍推荐系统。读者应该明确，推荐算法、模型虽然发挥着举足轻重的使用，但是远非推荐系统的全部。算法工程师应该从全局、系统的角度来看待问题、解决问题，而不要执迷于算法、模型，"只见树木，不见森林"。

1.1 节介绍了现代推荐系统的缘起与意义，我们知道推荐就是在信息过载的情况下，主动在人与信息之间建立高效的连接。

1.2 节通过一个极简化的案例，向读者介绍了推荐系统的运行机制。从这个例子中我们可以看到，一个成功的推荐系统就是要在用户与系统之间建立正向反馈机制。用户的行为越多，推荐系统对该用户的兴趣爱好了解得越详细，推荐结果也就更加精准，从而吸引用户留下更多行为。而且，用户行为越多，推荐系统发现的高价值的信息、内容也就越多，从而能够服务更多用户。

推荐是一项数据量庞大、计算密集、实时性要求高的任务。为此，我们需要将整个推荐系统拆分为若干模块，每个模块在速度、精度上互有取舍，相互配合，共同完成推荐任务。至于如何拆分模块、模块之间如何配合，这就是 1.3 节介绍的推荐系统的架构问题。从功能角度划分，推荐系统可以划分为"召回→粗排→精排→重排"4 个环节。前面的环节以精度换速度，后面的环节以速度换精度。从数据视角来看，大多数现代推荐系统都遵循 Lambda 架构，即"离线层批量计算，近线层缓存结果，在线层流式更新"。

推荐、广告、搜索是互联网的三驾马车，既高度相似，又在技术细节上有显著差异。1.4节为读者梳理了这三者之间的区别与联系，给对搜索、广告感兴趣的读者继续自学打下基础。

第 *2* 章

推荐系统中的特征工程

作者经常将算法工程师与厨师做类比。厨师的工作是将不同口感、味道的食材,利用适当的烹饪手法(或大火快炒,或小火慢炖),使各种滋味充分融合,制作出美味佳肴。算法工程师的工作是将各种来源、各种形式(比如数值、文本、声音、图像)的原始数据,利用恰当的模型(或简单如逻辑斯谛回归[LR]、梯度提升决策树[GBDT],或复杂如含有几亿个参数的超大深度神经网络[DNN]),使输入的数据充分交叉融合,挖掘出有意义的模式,制作出有用的模型,服务用户。

根据这一比喻,特征工程之于算法工程师,就好比刀工之于厨师,其重要性是不言而喻的。再好的食材,不切不洗,一股脑儿地扔下锅,即便用再大的火力,最后熟不熟都成问题,更甭提味道了。好的刀功,就是将食材加工成合适的形状,以便吸收热量和其他食材的滋味。这样在上锅烹饪时,无须烈火烹油,也能释放出好的味道。同理,好的特征工程就是为了将原始数据加工成合适的形式,以便模型发挥威力。如果特征工程做得好,简单模型也能产生不错的效果。当然如果有了复杂、强大的模型,"或许"能够锦上添花。

因此,本章将从以下 4 个方面详细讨论推荐系统中的特征工程。

- 有的读者可能不同意上述观点。他们受一种流行观点的影响,认为深度学习能够使特征工程自动化,传统的人工特征工程已经落伍、过时。2.1 节将要批判这种错误观点,并再次强调特征工程对于推荐系统的重要性,希望读者能够正确地看待。

- 明确意义后,接下来的问题是,从推荐系统的原始数据中需要提取出哪些特征呢?提取特征是需要创意的工作,虽没有一定之规,但是也需要一定的章法,否则提取出的特征不好管理与维护。2.2 节为大家梳理一个提取特征的框架,使提取特征的过程有章可循,提取出的特征不重复、不遗漏。

- 提取出的特征不能直接喂入模型,还需要清洗加工后,特征中的信息才能更好地为模型所吸纳。2.3 节介绍针对数值特征进行清洗、加工的一些方法。

- 2.4 节讨论推荐系统中的类别特征。推荐算法作为一类特殊的机器学习算法,特点之一就是它的特征空间主要由高维、稀疏的类别特征构成,而类别特征是推荐算法的"一等公民”，享受 VIP 服务。充分理解这一特点是理解其他推荐算法的基础。否则，在习惯了低维、稠密特征的算法工程师看来，很多推荐算法精妙的设计纯属“无病呻吟”。

其实，特征工程中还有下面两个重要话题没出现在本章中。

■ 特征重要性分析和筛选：这项工作不仅能帮助模型“瘦身”，还能为改进模型提供方向与思路。由于特征评估一般发生在模型训练之后，我们把它放在 9.3 节加以介绍。

■ 特征快照：它使特征工程在线上线下保持严格一致。对于这部分内容，我们将在 9.4.1 节再详细讨论。

2.1 批判“特征工程过时”的错误论调

在讲解特征工程的“术”与“道”之前，需要先批判一种流行但错误的观点，即“深度学习使特征工程过时”。这种观点的依据是，深度神经网络（Deep Neural Network，DNN）的功能超级强大，是一个“万能函数模拟器”，只要层数足够多，DNN 就能够模拟模型的输入与输出之间的任何复杂的函数关系。既然特征工程相当于施加在原始数据上的转换函数，那么自然也在 DNN 的模拟范畴之内。这样一来，在深度学习时代之前那些让算法工程师费尽心思、绞尽脑汁的手动、显式的特征工程方法就都可以“光荣下岗”，进而被 DNN 的自动化、隐式特征工程所取代。

这种论调之所以荒谬，主要有以下两个原因。

■ 它的基础，即“DNN 是万能函数模拟器”，已经被越来越多的实践证明是站不住脚的。Deep Cross Network 的作者在其论文中直接指出，DNN 有时连简单的二阶、三阶特征交叉都模拟不好。所以 DNN 的“火力”没有宣扬的那么强，将未加工的原始“食材”扔进去，一样可能“做不熟”。造成神话破灭的一个原因是，所谓的“万能函数模拟”只能停留在理论上，而现实训练中的种种问题，比如梯度消失、梯度爆炸、不同特征受训机会不均衡等，都会影响 DNN 的性能。

■ DNN 的“特征工程自动化”也不是无代价的。比如，接下来会讲到，阿里巴巴的 DIN 模型能够从用户行为序列中挖掘出用户的短期兴趣，SIM 模型能够从中挖掘出用户的长期兴趣。既然如此，那么未来是不是没必要再对用户的历史行为做任何特征工程了呢？把一堆用户交互（比如观看、购买、点赞、转发）过的物料 ID 直接喂进 DIN 和 SIM，省时省力，效果也好。答案是否定的。

DIN 中的 Attention、SIM 中的搜索，都属于比较复杂的计算，更要命的是它们的耗时与候选集规模成正比。对候选集中的几百个物料进行精排倒还可以接受，但当候选集规模达到成千上万时再进行粗排和召回，将是不可想象的。但是，如果不用 DIN 和 SIM 就不能刻画用户的长短期兴趣了吗？当然不是，2.2.1 节与 2.2.2 节介绍的几个特征工程的技巧就能够派上用场，这几个技巧将计算压力从线上转移到线下，离线挖掘出用户的长短期兴趣，供召回、粗排环节的在线训练与预测使用。

2.2　特征提取

特征工程的第一步是提取特征。前面讲过，提取特征不能随心所欲，否则难免重复或遗漏。本章将梳理出一套特征提取的框架，使我们的特征提取过程有章可循，提取出的特征不重不漏。

在正式开始之前，先用举例的方式介绍两个接下来要遇到的概念：Field（特征域）和 Feature（特征）。Field 是同一类 Feature 的集合。例如，"手机品牌"是一个 Field，而具体品牌，如苹果、华为、小米、OPPO、一加等都是这个 Field 中的 Feature。又如，一篇文章的标题与正文是两个 Field，而某个具体单词是 Feature，它在这两个 Field 中均会出现。

2.2.1　物料画像

不同场景下需要推荐不同的物品，我们接下来将物品统一称为物料（Item）。

1. 物料属性

物料属性是最简单、直接的信息，在物料入库的时候就能够获取到。在视频推荐场景下，视频的作者、作者等级、作者关注量、投稿栏目、视频标题与简介、上传时间、时长、清晰度等信息都属于物料属性。在电商场景下，商品标题与简介、封面图片、所属商铺、商铺等级、品牌、价格、折扣、物料方式、上架时间等信息都属于物料属性。

值得注意的是，在大型推荐系统中，物料的唯一标识（Item ID）也是重要的特征。有些读者可能对此不理解，觉得 Item ID 就是一串无意义的字母和数字的组合，其中能有什么信息呢？而且 Item ID 作为一个类别（Categorical）特征，可能包含几十万、上百万的特征值，特征空间膨胀得厉害，模型学得出来吗？首先，模型无须理解 Item ID 那串字符的含义，而只需要记住。比如，模型通过学习历史数据，发现对于一个数码爱好者，只要一推"iPhone 13 (A2634) 5G 手机 午夜色 128GB"这个商品，点击率和购买率就非常高。因此，那些销量好的商品的 Item ID 本身就是非常有用的信息，模型只要把它牢牢记住，就能取得不错的效果。其次，Item ID 作为一个类别特征，的确是高维、稀疏的，如果非要用独热编码（One Hot Encoding）来描述的话，一个长度为几十万的向量中只有一个位置是 1，其他位置都是 0。如果训练数据比较少，的确没必要拿来当特征，反正也学不出来。但是对于互联网大厂来讲，最不缺的就是训练数据，这时将 Item ID 当成特征还是非常有必要的，能够在物料侧提供最具个性化的信息。

2. 物料的类别与标签

物料的类别与标签回答的是"物料是什么"的问题，其优点在于，不依赖用户反馈，只通过分析物料内容就能得到。

　　内容分析的专业性非常强，所使用的算法也与推荐算法有很大不同，因此一般由专门技术、人工团队来负责。在这里只做简单的概述，感兴趣的读者可以找专门资料来了解。我们可以用自然语言处理算法（比如 BERT）分析物料的标题、摘要、评论等。如果是文章还可以分析正文，如果是视频还可以分析字幕。我们可以用计算机视觉算法（比如 CNN 模型）分析物料的封面或者视频的关键帧。

　　内容分析的结果就构成了物料的静态画像，一般包括以下几个方面。

- 一级分类：是一个 Field，比如"体育""电影""音乐""历史"等是其中的 Feature。
- 二级分类：比如"体育"又可以细分为"足球""篮球"等子类别；"电影"又可以细分为"喜剧片""爱情片""动作片""动画片"等子类别。
- 标签：更细粒度地刻画物料的某个方面。比如"篮球"类别下又可以包含"NBA""乔丹"等标签；"动画片"类别下又可以包含"柯南""哆啦 A 梦"等标签。标签没必要从属于某一具体类别，比如某个明星的名字作为标签，既可能打在"电影"类别的文章上，也可能打在"音乐"类别的文章上。

　　静态画像可以表示成一个列表（List）。比如一篇娱乐报道可能既属于"电影"类别，同时也属于"音乐"类别，所以它的二级分类 Field 可以表示成["电影","音乐"]这样的 List。

　　另外，内容理解算法一般不会直接判断一个物料属于哪个类别或标签，而是给出它从属某个类别或标签的概率。因此，我们可以将这个概率与类别、标签一起加入画像，用映射表（Map）来表示。比如{"电影":0.9,"音乐":0.3}，表示打标算法有 90% 的置信度认为这篇文章关于电影，只有 30% 的信心认为这篇文章关于音乐。在特征中引入置信度能够给模型提供额外信息，有助于模型做判断。

3. 基于内容的 Embedding

　　上面说的打标算法往往是利用 CNN 或 BERT 之类的模型，从一篇文章、一个视频中提炼出几个标签，其结果是超级稀疏的。试想一下，整个标签空间可能有几万个标签，而一篇文章往往只含有其中的两三个。

　　随着深度学习的发展，另一种从物料内容中提取信息的思路是，同样还是用 CNN 或 BERT 模型，但是拿模型的某一层的输出作为物料特征，喂入上层模型。尽管这个特征向量不如原来那几个标签好理解，但是它有 32 位或 64 位的长度，其中蕴含的信息要比几个标签丰富一些。

4. 物料的动态画像

　　物料的动态画像是指物料的后验统计数据，反映了物料的受欢迎程度，是物料侧最重要的特征。物料的动态画像可以从以下两个维度来进行刻画。

- 时间粒度：全生命周期、过去一周、过去 1 天、过去 1 小时……
- 统计对象：CTR、平均播放进度、平均消费时长、排名……

通过以上两个维度的组合，我们可以构造出一批统计指标作为物料的动态画像，比如：

- 文章 A 在过去 6 小时的 CTR；
- 视频 B 在过去 1 天的平均播放时长；

- 商品 C 在过去 1 个月的销售额；

……

但是也请读者注意以下两点。

- 我们需要辩证地看待这些后验统计数据。一方面，它们肯定是有偏差的，一个物料的后验指标好，只能说明推荐系统把它推荐给了适合的人，并不意味着把它推给任何人都能取得这么好的效果，这里面存在着幸存者偏差。另一方面，如果这些后验指标参与精排，幸存者偏差的影响不会很大，毕竟交给精排模型的物料都已经经过了召回、粗排两个环节的筛选，或多或少是和当前用户相关的，这些物料的后验指标还是有参考意义的。
- 利用这些后验统计数据作为特征，多少有些纵容马太效应，不利于新物料的冷启。后验指标好的物料会被排得更靠前，获得更多曝光与点击的机会，后验指标会更好，形成正向循环；而新物料的后验指标不好甚至没有，排名靠后而较少获得曝光机会，后验指标迟迟得不到改善，形成负向循环。

5. 用户给物料反向打标签

推荐系统构造特征的一般流程是先有物料画像，再将用户消费过的物料的标签累积在用户身上，这样就形成用户画像。反向打标签则是把以上流程逆转过来，将消费过某个物料的用户身上的标签传递并累积到这个物料身上，以丰富物料画像。

比如一篇关于某足球明星娱乐新闻的文章，由于该球星的名字出现频繁，NLP 算法可能会给它打上"体育"标签。但是后验数据显示，带"体育"标签的用户不太喜欢这篇文章，带"娱乐"标签的用户反而更喜欢，显然这篇文章也应该被打上"娱乐"标签。类似地，给物料打上的诸如"文青喜欢的电影榜第三名""数码迷最喜欢的手机"这样的反向标签，都包含了非常重要的信息，能够帮助提升模型性能。

2.2.2　用户画像

用户画像可以分为静态画像与动态画像两大类，下面分别介绍。

1. 用户的静态画像

静态画像就是人口属性（比如性别、年龄、职业、籍贯）、用户安装的 App 列表等比较稳定的数据信息。获得这些信息的难点主要体现在产品设计层面，即如何在守法合规的前提下使用户心甘情愿地分享个人信息，对此，算法工程师的作用比较有限，这里就不过多展开了。

不展开的另一个原因是，根据作者个人观点，人口属性等信息对推荐算法的作用并不大，纯属"食之无味，弃之可惜"的鸡肋。对于老用户，他们丰富的历史行为已经足够反映其兴趣爱好，自然不需要人口属性等静态画像发挥重要作用。对于没什么历史行为的新用户，既然主力信息来源缺失，很多人都寄希望于通过用户的性别、年龄、安装了哪些 App 等信息猜测出用户的兴趣爱好，进而进行个性化推荐。但是仅从作者个人的经验来看，这么做徒劳无益，效果并不明显。这主要是由以下两方面原因导致的。

- 如果新老用户共用一个模型，比如精排，因为老用户贡献的样本多，从而主导了训练过程，导致训练出的模型不会重视静态画像等对新用户"友好"的特征。
- 如果新用户使用特定的模型，比如我们可以基于静态画像单独为新用户添加一路召回，但是由于新用户的行为少，噪声多，我们又没有足够、可靠的数据训练出对新用户有效的模型。

不过与 Item ID 类似，用户唯一标识（User ID）倒是一个非常重要的特征，因为它提供了用户侧最细粒度的个性化信息。但是它的缺点也很明显，表现在以下两方面。

- 首先，User ID 的取值要覆盖上亿用户，使特征空间膨胀得厉害。好在现代大型推荐系统都引入了 Parameter Server 分布式存储模型参数，User ID 增加了一些参数量，问题倒是不大。
- 其次，User ID 的效果也是因人而异。活跃用户贡献的样本多，足以将他们的 User ID 对应的模型参数（比如一阶权重或 Embedding）训练好。但是对于那些不活跃用户甚至新用户，他们的行为数量有限，贡献不了几个样本，所以他们的 User ID 对模型效果的作用就微乎其微了。由于互联网大厂的主打 App 的存量老用户居多，行为丰富，能够提供足够的训练数据，因此在大厂的实践中还是非常喜欢用 User ID 作为特征的。

2. 用户的动态画像

用户的动态画像就是从用户的历史行为中提取出的该用户的兴趣爱好。说它是动态的，是因为相比于稳定的人口属性信息，这部分信息变化频繁，能够及时反映出用户的兴趣迁移。

最简单直接的动态画像就是将用户一段时间内交互过的物料的 Item ID 按时间顺序组成的集合。将这个集合喂进模型，让模型自动从中提取出用户兴趣。最简单的提取方式是将每个 Item 先映射成 Embedding，再把多个 Embedding 聚合（也称"池化"，即 Pooling，比如采用加和或求平均）成一个向量，这个向量就是用户兴趣的抽象表达。更复杂一点，可以像 DIN 或 SIM 那样在 Pooling 时引入注意力（Attention）机制，根据候选物料的不同，模型从相同的行为序列中提取出相应的用户兴趣向量，实现"千物千面"（具体细节将在 4.3.3 节详细介绍），整个过程如图 2-1 所示。

这种将用户行为序列直接喂进模型的做法，优点是简单直接，无须进行过多的特征处理；缺点是提取用户兴趣与 CTR 建模合为一体，都必须在线上完成。特别是在使用 DIN 或 SIM 这种"强大但复杂"的模型提取兴趣时，耗时与"序列长度×候选集规模"成正比。所以，如果我们希望从历史更久远、长度更长的行为序列中提取用户兴趣，或者将其应用于召回、粗排等候选集规模很大的场景，这种做法根本就无法满足在线预测与训练的实时性要求。另外，这种做法提取出来的用户兴趣是抽象的向量，可解释性很弱。

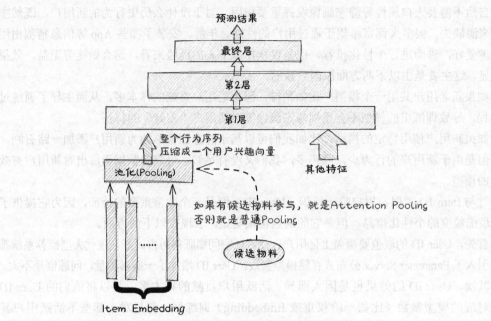

图 2-1 将用户行为序列喂入模型

为了克服以上缺点，我们可以将"提取用户兴趣"与"CTR 建模"解耦，将提取兴趣的工作从线上转移到线下，通过 Hadoop、Spark 这样的大数据平台，从用户行为历史中提取各类统计指标来描述用户兴趣，并且灌到数据库中。在线预测与训练时，根据 User ID 从数据库中查询相应指标即可，耗时极短。由于计算主要发生在时间充裕的离线环境，我们在统计用户兴趣的时候可以使用更复杂的算法，回溯更长的历史，关联更多的数据源。

这种"离线提取，在线查询"的提取方法，其优缺点与在线提取正好相反。

- 优点：线上提取用户兴趣只需要一个查询操作，耗时短，非常适用于召回、粗排这种候选集庞大的任务。另外，用户兴趣用各种统计指标来表示，相比于抽象的向量，更为简单直白，易于理解，而且也能够为运营、用户增长等非算法团队提供帮助。
- 缺点：提取出的兴趣不会随候选物料的不同而改变，因此针对性不强，无法做到"千物千面"。另外，兴趣提取主要靠离线定时进行，不能像在线模式那样及时捕捉到用户的兴趣迁移。

至于可以统计哪些指标来反映用户兴趣，我们可以从以下 6 个维度展开，做到不重不漏。

- 用户粒度：可以是单个用户，也可以是一群用户。针对一个用户群体的统计有利于新用户的冷启动。
- 时间粒度：比如最近的 100 次曝光，再比如过去 1 小时、1 周、1 月。
- 物料属性：比如视频的一二级类别、标签、作者，再比如商品的分类、品牌、店铺、价位。

- 动作类型：可以是正向的，比如点击、点赞、转发等，也可以是负向的，比如忽略、点踩。
- 统计对象：比如次数、时长、金额等。
- 统计方法：比如加和、求平均、计算各种比例等。

通过以上 6 个维度的交叉，我们可以构造出一系列统计指标来反映用户在各个时间跨度、各个维度上的兴趣爱好，如表 2-1 所示。

表 2-1 基于 6 个维度构造用户动态画像的示例

用户粒度	时间粒度	物料属性	动作类型	统计对象	统计方法
用户 A	过去 1 天	"坦克"标签	点击	次数	CTR（比如给该用户推了 10 篇带"坦克"标签的文章，用户点击了其中的 6 篇，CTR=0.6）
用户 B	过去 1 周	"坦克"标签	点击	次数	点击占比（比如用户一共点击了 10 篇文章，其中 6 篇带"坦克"标签，点击占比就是 0.6）
用户 C	过去 1 周	"坦克"标签	观看	时长	时长占比（比如用户一共看了 100 分钟视频，其中 60 分钟看了带"坦克"标签的视频，时长占比是 0.6）
用户 D	最近 100 次购买	"食品"分类	购买	金额	加和
男性用户	过去 1 周	"军事"分类	点击	次数	CTR

2.2.3 交叉特征

在深度学习之前的时代，构建交叉特征是提升推荐模型性能的非常重要的手段。近年来，有一种说法是，既然 DNN 能够自动完成特征交叉，就没必要劳神费力地进行人工特征交叉了。这种说法是非常片面的，一方面，DNN 并非万能，其交叉能力也有限；另一方面，手动交叉的特征犹如加工好的食材，个中信息更容易被模型吸纳。因此，在推荐模型的深度学习时代，交叉特征依然大有可为，值得重视。

在具体交叉方式上，又有笛卡儿积与内积两种方式。

1. 笛卡儿积交叉

笛卡儿积交叉就是将两个 Field 内的 Feature 两两组合，组成一个新的 Field。比如用户感兴趣的电影类别有{"动作片","科幻片"}，而当前候选物料的标签是{"施瓦辛格","终结者","机器人"}，这两个 Field 做笛卡儿积交叉的结果就是{"动作片+施瓦辛格","动作片+终结者","动作片+机器人","科幻片+施瓦辛格","科幻片+终结者","科幻片+机器人"}，显然"动作片+施瓦辛格""科幻片+机器人"都是非常有用的信息，有助于模型判断用户与物料的匹配程度。

至于交叉后的特征如何喂入模型，可以参考将用户行为序列喂入模型的方法，如图 2-1 所示。

2. 内积交叉

另一种特征交叉的方法是做内积,即选定一个画像维度(比如标签、分类),将用户在这个维度上的兴趣和物料在这个维度上的属性想象成两个稀疏向量,这两个向量做内积的结果反映出用户和物料在这个画像维度上的匹配程度。内积结果越大,说明用户与候选物料在这个维度上越匹配。

比如用户感兴趣的标签是 $Tags_{user}$ = {"柯南":0.8,"足球":0.4,"福尔摩斯":0.6,"台球":-0.3},每个标签后面的数字表示用户对这个标签的喜爱程度,可以拿用户在这个标签上的后验指标来表示,具体计算方法可以参考表 2-1。而当前候选物料的标签是 $Tags_{item}$ = {"柯南":1,"福尔摩斯":0.5,"狄仁杰":0.8}。将 $Tags_{user}$ 与 $Tags_{item}$ 做内积,也就是将共同标签对应的数字相乘再相加,结果是 1.1(0.8×1+0.6×0.5),表示用户与当前候选物料在"标签"这个维度上的匹配程度。

2.2.4　偏差特征

众所周知,推荐模型是根据用户的曝光点击记录训练出来的。其中蕴含的假设是,我们认为点击与否反映了用户真实的兴趣爱好,但是严格来讲,以上假设并不成立。具体实践中,我们无法做到让所有候选物料在一个绝对公平的环境中供用户挑选,这也就意味着用户的选择并非完全出于他的兴趣爱好,用户点击的未必是他喜欢的,未点击的也不代表用户就一定不喜欢。这种不可避免引入的不公平因素叫作偏差(Bias)。

推荐系统中最常见的是位置偏差(Position Bias),如图 2-2 所示。

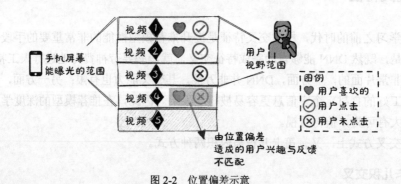

图 2-2　位置偏差示意

图 2-2 中视频 1 和视频 2 都是用户喜欢的,并且占据了靠前的醒目位置。用户注意到了它们,并通过点击给出了正向反馈。视频 4 是一个体育视频,其实也是用户喜欢的,如果用户看到了,是一定会点击的。但是由于视频 4 的曝光位置太偏,落在了用户的视野范围之外,所以未被点击,训练时会被当成负样本,显示用户不喜欢视频 4。这就是由位置偏差引发的用户兴趣与反馈的脱节。这种偏差会误导模型,因为模型遇到视频 4 这个负样本时,并不知道是由于位置太偏造成的,反而会猜测这名用户可能不喜欢"体育"这个类别,未来减少给他推荐"体

育"类视频，从而削弱了用户体验。

至于如何解决位置偏差，一种方法是从数据入手，比如更加严格地定义正负样本。有一种 Above Click 规则规定，只有位于被点击物料上方的未点击物料，才能被纳入训练数据当成负样本，如图 2-3 所示。

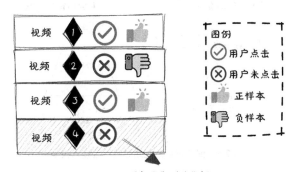

图 2-3　Above Click 规则示意

图 2-3 中视频 2 和视频 4 都未被点击。根据 Above Click 规则，由于视频 3 是最下边一条被点击的视频，因此视频 2 被认为是真正被用户看到了却未点击，说明用户确实不喜欢视频 2，应该作为一条负样本。而视频 4 的未点击可能是因为未被用户看到，为谨慎起见，就不参与模型训练了。

另一种解决方法就是从模型入手。前面讲到，模型之所以被误导，是因为它不知道这个负样本是由于偏差造成的还是由于其他原因。纠正的方法就是将偏差因素当成特征也喂进模型，使模型有足够多的信息来给用户反馈找出合理解释。但是这里又出现了一个新问题，曝光位置在训练时能够得到，但是在线预测时，曝光位置是模型预测的"果"，怎么可能作为"因"喂入模型呢？

对于以上这种因果倒置的问题，我们的解决方案是，在预测时，将所有候选物料的曝光位置一律填充为 0，也就是假设所有候选物料都展示在最醒目的位置上，让模型根据其他因素给候选物料打分，并根据得分形成最终真实的展示顺序。像"0 号展示位置"这种因为预测时不可得而统一填充的特征值，我们称为伪特征值。

到这里，细心的读者可能会提出疑问：为什么在预测时要将所有展示位置填成 0，填成 1 或 2 不行吗？如果不行的话，岂不是选择不同的伪特征值就会使排序结果发生变化吗？那就说明排序过程深受一个未知因素的影响。

这就涉及另一个重要问题，就是这个偏差特征应该加在模型的什么位置上？答案是：偏差特征只能通过一个线性层接入模型，而绝不能和其他正常特征一起喂入 DNN，如图 2-4 所示。只有这样接入，才能保证预测时无论伪特征值的取值如何，都不会改变排序结果，这就回答了上述问题。

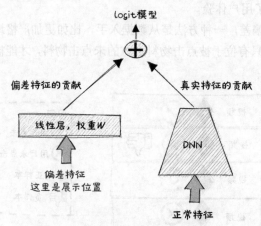

图 2-4 偏差特征只能通过线性层接入模型

简单分析其中的原因，按照图 2-4，最终打分 logit 模型如公式(2-1)所示。

$$logit = DNN(u,t) + w^{\mathrm{T}}b \qquad 公式(2\text{-}1)$$

该公式中各关键参数的含义如下。

- DNN 是推荐模型的深层网络。
- u 和 t 分别表示来自用户与候选物料的真实特征。
- w 是负责接入偏差特征的线性层的权重向量。
- b 代表偏差特征向量，这个例子中只有"展示位置"一个值。训练的时候，b 取真实的展示位置。预测的时候，b 统一填成某个伪特征值。

如果按照图 2-4 那样接入偏差特征，排序结果能够满足公式(2-2)，即无论"伪特征值"取值多少，都不影响我们得到真实排序。

$$
\begin{aligned}
&\mathrm{SORT}\big(DNN(u,t_1) + w^{\mathrm{T}}b_1, DNN(u,t_2) + w^{\mathrm{T}}b_1\big) \\
&= \mathrm{SORT}\big(DNN(u,t_1) + w^{\mathrm{T}}b_2, DNN(u,t_2) + w^{\mathrm{T}}b_2\big) \qquad 公式(2\text{-}2) \\
&= \mathrm{SORT}\big(DNN(u,t_1), DNN(u,t_2)\big)
\end{aligned}
$$

该公式中各关键参数的含义如下。

- DNN 是推荐模型的深层网络，w 是负责接入偏差特征的线性层的权重向量。
- u 代表用户的真实特征，t_1 和 t_2 代表两个候选物料的真实特征。
- b_1 和 b_2 表示给偏差特征先后使用两个不同的伪特征值。
- SORT 代表排序函数。
- $\mathrm{SORT}\big(DNN(u,t_1), DNN(u,t_2)\big)$ 表示只基于真实特征的排序结果，也是我们希望得到的排序结果。

反之，如果将偏差特征和其他真实特征一同喂入 DNN，则排序结果满足公式(2-3)。

$$\text{SORT}\big(\text{DNN}(u,t_1,\boldsymbol{b}_1),\text{DNN}(u,t_2,\boldsymbol{b}_1)\big)$$
$$\neq \text{SORT}\big(\text{DNN}(u,t_1,\boldsymbol{b}_2),\text{DNN}(u,t_2,\boldsymbol{b}_2)\big)$$

公式(2-3)

这是因为 DNN 的高度非线性使伪特征值与真实特征值产生深度交叉，预测时采用不同的伪特征值将产生完全不同的排序结果。这就使排序结果严重依赖于一个在预测时的未知因素，因此是绝不可用的。

除了位置偏差，YouTube 还发现视频年龄（当前时间减去上传时间）也会造成偏差。推荐模型会用视频的各种后验消费指标（比如点击率、人均观看时长等）来衡量物料的受欢迎程度。上传早的视频有足够长的时间来积累人气，所以后验指标更好，模型排名更靠前；反之，晚上传的视频还没有积累起足够好的后验数据，模型排名靠后，不利于新视频的冷启动。为了纠正这一偏差，YouTube 在训练时将视频年龄作为偏差特征喂入模型，而在预测时统一设置成 0。

2.3　数值特征的处理

直接把原始数值特征扔进模型，极有可能导致训练不收敛。所以在将数值特征装入模型前必须经过一系列的预处理。常见的预处理包括如下几个方面。

2.3.1　处理缺失值

如果某条样本 x 中某个实数特征 F 的取值缺失，最常规的做法就是拿所有样本在特征 F 上的均值（mean）或中位数（median）代替。当然我们可以做得更精细一些。比如有一个男性新用户，他对"体育"类视频的 CTR 缺失，我们可以拿所有男性用户对"体育"类视频的 CTR 来填充这一缺失值，相比于用全体用户的均值来填充更有针对性。

但是如果我们又知道了该新用户的年龄，难道又要根据"性别+年龄"的组合重新划分人群来计算均值吗？那样岂不是太麻烦了。更合理的做法是训练一个模型来预测缺失值。比如对于新用户，我们可以构建一个模型，利用比较容易获得的人口属性（比如性别、年龄等）预测新用户对某个内容分类、标签的喜爱程度（比如对某类内容的 CTR）。再比如对于新物料，我们可以训练一个模型，利用物料的静态画像（比如分类、标签、品牌、价位）预测它的动态画像（CTR、平均观看时长、平均销售额等）。

当然，如果我们选择对数值特征离散化，处理缺失值就更容易了，可以在分桶时，为每个特征都增加一个未知的桶，专门用来映射该特征的缺失值。

2.3.2　标准化

标准化的目的是将不同量纲、不同取值范围的数值特征都压缩到同一个数值范围内，使它们具有可比性。最常用的标准化是 z-score 标准化，如公式(2-4)所示。

$$x^* = \frac{x - \mu}{\sigma}$$

公式(2-4)

该公式中各关键参数的含义如下。

- x 是某条样本在特征 F 的原始取值。
- μ、σ 分别是特征 F 在训练数据集上的均值和标准差。
- x^* 是某条样本在特征 F 的标准化结果，称为 z-score。

值得一提的是，推荐系统中经常会用到一些长尾分布的特征，比如观看次数，大多数用户一天观看不到 100 个视频，但是也有个别用户一天要刷 1000 个视频。这种情况下，直接统计出的 μ 和 σ 都会被长尾数据带偏，从而根据公式(2-4)计算出的 z-score 区分度下降。

解决方法就是对原始数据进行开方、取对数等非线性变换，先将原来的长尾分布压缩成接近正态分布，再对变换后的数据进行 z-score 标准化，这样就能够取得更好的效果，如图 2-5 所示。

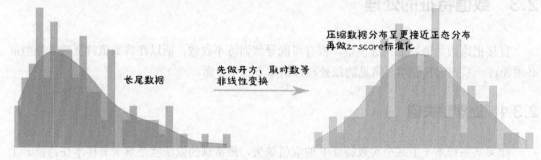

图 2-5　对长尾分布的数据先压缩成接近正态分布

2.3.3　数据平滑与消偏

推荐系统中经常要计算各种比率作为特征，比如点击率、点赞率、购买率、复购率等。计算这些比率时，我们经常遇到的一个问题就是样本太少，导致计算结果不可信。比如对于一件商品，只被曝光了一次并被购买，由此我们计算它的购买率是 100%，从而认定它是爆款，应该大力推荐，这显然是站不住脚的。为了克服小样本的负面影响，提高计算结果的置信水平，我们可以采用威尔逊区间平滑，如公式(2-5)所示。

$$p^* = \frac{p + \frac{z^2}{2n} - z\sqrt{\frac{p(1-p)}{n} + \frac{z^2}{4n^2}}}{1 + \frac{z^2}{n}}$$

公式(2-5)

该公式中各关键参数的含义如下。

- z 是一个超参，代表对应某个置信水平的 z-score。比如当我们希望计算结果有 95% 的置信水平时，z 应该等于 1.96。

- p 是用简单方法计算出的比率。比如当 p 代表点击率时，就是用点击样本数除以曝光样本数。

- p^* 是平滑后的比率。

- n 是样本数量。

从公式(2-5)中可以看出，当 n 非常大时，p^* 趋近于 p，这也符合统计学中的大数定理与我们的直觉。而当 n 比较小时，p^* 会远小于 p，从而能够避免出现"曝光 1 次，点击 1 次，CTR 等于 100%"的不可信结论。

除了数据平滑，还有另一种消偏，是为了抹平不同细分领域天然存在的偏差，使在不同细分领域得到的统计指标尽量公平可比。假设有 A、B 两篇文章，经过充分曝光后，A 的点击率是 10%，B 的点击率是 8%，是否一定说明 A 比 B 更受欢迎，接下来应该大力推荐呢？答案是否定的。通过仔细观察我们发现，文章 A 一般都展示在比较靠前、显眼的位置，而文章 B 的展示位置一般都在不醒目的边角。众所周知，展示位置对用户是否点击起着至关重要的作用。尽管文章 B 的位置不好，但是其点击率与占据好位置的文章 A 不相上下，这不正好说明 B 更受欢迎吗？下次如果我们能将 B 放在更引人注意的位置上，它的消费数据可能会更加出色。

至于为什么 B 那么优秀却未能展示在好位置，其中一个可能的原因就是使用 CTR 来衡量物料的受欢迎程度，而 CTR 没有考虑不同展示位置的吸引眼球的能力不同，从而使展示在较差位置上的优质物料没有出头之日。至于解决方法，2.2.4 节提到，可以将展示位置也作为特征喂入模型，这里提出另一种消偏的思路，就是用 CoEC（Click over Expected Click）代替 CTR 来衡量物料的受欢迎程度。CoEC 的计算如公式(2-6)所示。

$$CoEC = \frac{\sum_{i=1}^{N} c_i}{\sum_{i=1}^{N} ec_{p_i}} \qquad 公式(2\text{-}6)$$

该公式中各关键参数的含义如下。

- i 表示第 i 次曝光样本，N 是样本总数。

- c_i 表示第 i 次曝光是否发生点击，$c_i = 1$ 表示发生点击，$c_i = 0$ 表示未发生点击。

- p_i 是第 i 次曝光的位置。

- ec_{p_i} 是位置 p_i 的期望点击，即在这个位置曝光一次，平均能产生多少次点击（其实就是这个位置上的 CTR，可以在离线时通过大数据计算提前统计好）。

CoEC 消除了不同展示位置带来的偏差因素，从而能更公平地反映各物料的受欢迎程度。

2.3.4　分桶离散化

2.4 节会讲到，在推荐模型中，使用类别特征具有能更好反映非线性关系、便于存储与计算等多方面优势，因此在实践中，我们倾向于将实数特征离散成类别特征。离散的方法就是分桶，即将实数特征的值域划分为若干区间，这些区间称为桶，看实数特征落进哪个桶，就以那个桶的桶号作为类别特征值。比如，某用户在最近 1 小时看了 5 个视频，如果用实数特征描述，特征是"最近 1 小时看的视频数"，特征值是 5。而如果离散成类别特征，整个特征可以表示成last1hour_0_10 这个字符串，表示该用户在最近 1 小时看的视频数在 0~10 之间。至于如何将这个字符串传入模型，我们将在 2.4.4 节介绍。

分桶有 3 种实现方式。

- 等宽分桶：将特征值域平均划分为 N 等份，每份算作一个桶。
- 等频分桶：将整个值域的 N 个分位数（percentile）作为各桶的边界，以保证落入各个桶的样本数大致相等。
- 模型分桶：对实数特征 F 分桶，分为两个阶段。第一阶段，单独拿特征 F 与目标值拟合出一棵简单的决策树。第二阶段进行分桶，将某个特征中 F 的实数取值 f 喂进决策树，f最终落进的那个叶子节点的编号就是 f 的离散化结果。

2.4 类别特征的处理

推荐算法作为一类特殊的机器学习算法，特点之一就是它的特征空间主要由高维、稀疏的类别特征构成，类别特征是推荐算法的"一等公民"，享受 VIP 服务。充分认识这一特点至关重要，它是理解推荐算法的基础。

2.4.1 类别特征更受欢迎

之所以说高维、稀疏的类别特征是推荐系统的一等公民，是因为它们更加契合推荐系统的特点。

首先，推荐系统的基础是用户画像、物料画像。画像中的一二级分类、标签都是类别特征，并且高维（比如一个推荐系统中有几万个标签是常态）、稀疏（比如一篇文章至多包含几万个标签中的十几个）。而且，为了增加推荐结果的个性化成分，互联网大厂都喜欢将 User ID、Item ID 这种最细粒度的特征加入模型，显然这些特征都是类别特征，并且将特征空间的维度和稀疏性都提高了许多。

其次，推荐模型的输入特征与要拟合的目标之间鲜有线性关系，更多的是量变引起质变。

举例来说，在电商场景下，我们希望对用户年龄与其购买意愿、兴趣之间的关系进行建模。我们可以用数值特征来描述，特征是"用户年龄"，A 用户的特征值是 20，B 用户的特征值是40。"用户年龄"在模型中对应一个 Embedding，代表它对目标的贡献。使用时，将特征值当成权重与特征 Embedding 相乘，表示对特征的贡献进行缩放。那么在此例中，年龄对 B 用户购买意愿的影响是对 A 用户的两倍。这个结论肯定是不成立的。

显然，不同年龄段（少年、青年、中年、老年）对购买意愿、兴趣的影响绝非呈线性关系，而是拥有各自不同的内涵。所以正确的方式应该是将每个年龄段视为独立的类别特征，学习出其自己的权重或 Embedding。比如 A 用户使用的"青年"Embedding 在向量空间中可能与一些价格适中、时尚爆款的商品接近，而 B 用户使用的"中年"Embedding 可能与一些经典、单价高的商品接近，因此二者绝非向量长度相差一倍那样简单。

线上工程实现时更偏爱类别特征，因为推荐系统中的类别特征空间超级稀疏，可以实现非零存储、排零计算，减少线上开销，提升在线预测与训练的实时性。以 Logistic Regression（LR）模型为例，如公式(2-7)所示。

$$\text{使用实数特征:} \qquad \text{logit} = \boldsymbol{w}^{\text{T}}\boldsymbol{x} + b \qquad\qquad (a)$$

$$\text{使用类别特征:} \qquad \text{logit} = b + \sum_{j\in\{i|x_i\neq 0\}} w_j \qquad (b) \qquad \text{公式(2-7)}$$

该公式中各关键参数的含义如下。

- $\boldsymbol{x}$ 是一条样本的特征向量，$\boldsymbol{w}$ 是 LR 模型学习出的权重向量，b 是偏置项。
- 如果使用实数特征，如公式(2-7)(a)所示，需要进行很多乘法运算。
- 如果使用类别特征，如公式(2-7)(b)所示，只需要将非零特征对应的权重相加，省却了乘法运算。而且由于特征空间非常稀疏，一条样本中的非零特征并不多，运算速度更快。

2.4.2　类别特征享受 VIP 服务

说高维、稀疏的类别特征是一等公民，还因为推荐系统中的很多技术都是为了更好地服务它们而专门设计的，表现在以下方面。

第一，单个类别特征的表达能力弱，为了增强其表达能力，业界想出了两个办法。

- 通过 Embedding 自动扩展其内涵。比如"用户年龄在 20～30 岁之间"这个类别特征，既可能反映出用户经济实力有限，又可能反映出用户审美风格年轻、时尚。这一系列的潜台词，术语叫作"隐语义"，都可以借助 Embedding 自动学习出来，扩展了单个特征的内涵。
- 多特征交叉。比如单凭"用户年龄在 20～30 岁之间"这个特征，推荐模型可能还猜不透用户的喜好。再与"工作"特征交叉，比如"用户年龄在 20～30 岁之间、工作是程序员"，推荐模型立刻就会明白，"格子衬衫"对该用户或许是一个不错的选择。

第二，类别特征的维度特别高，几万个标签是常态，再加上实数特征分桶、多维特征交叉，特征空间的维度很容易上亿，如果把 User ID、Item ID 也用作特征，特征空间上十亿都不止。要存储这么多特征的权重和 Embedding 向量，单机是容纳不下的。于是，Parameter Server 这样的架构应运而生，一方面 Parameter Server 利用分布式集群分散了参数存储、检索的压力，另一方面它利用推荐系统的特征空间超级稀疏这一特点，每次计算时无须同步整个特征空间上亿个特征的参数，大大节省了带宽资源与时间开销。关于 Parameter Server 的技术细节，我们将在 3.3 节详细讲解。

第三，类别特征空间本来就是稀疏的，实数特征离散化和多特征交叉又进一步提高了特征空间的稀疏程度，从而降低了罕见特征的受训机会，导致模型训练不充分。为了解决这一问题，业界想出了以下办法。

- FTRL 这样的优化算法为每维特征自适应地调节学习率。常见特征受训机会多，步长小一些，以防止因为某个异常样本的梯度一下子冲过头。罕见特征受训机会少，步长可以大一些，允许利用有限的受训机会快速收敛。
- 阿里巴巴的 DIN 为每个特征自适应地调节正则系数。
- 对于第 i 个特征 x_i 与第 j 个特征 x_j 的交叉特征的权重 w_{ij}，LR 模型只能拿 x_i 与 x_j 都不为 0 的样本来训练，在推荐系统这种特征超级稀疏的环境下，这样的样本少之又少，导致交叉特征的权重不能充分训练。FM 解决了这一问题，使只要满足 $x_i \neq 0$ 或 $x_j \neq 0$ 的样本都能参与训练 w_{ij}，大大提升了训练效率。关于 FM 的技术细节，我们将在 4.2.2 节加以详细介绍。

2.4.3　映射

前面列举了推荐系统中的很多类别特征，它们可以是：

- User ID、Item ID、Shop ID、Author ID；
- 画像中的类别、标签；
- 实数分桶离散化后的结果，比如"用户观看了 3~10 个视频"；
- 交叉结果，比如"用户喜欢军事，候选物料带坦克标签"。

为了便于讲解，以上类别特征的值都是字符串。但是，大家都知道文字是无法作为特征直接喂进模型的，我们必须先将它们数字化。

最简单的方法就是建立一张字符串到数字的映射表，如图 2-6 所示。我们收集常见标签组成映射表，通过映射表将标签映射成一个整数。映射成的整数对应 Embedding 矩阵中的行号。通过这种形式，我们为每个标签查询以得到它对应的 Embedding 向量。接下来就是常规操作了，这些标签的 Embedding 向量 Pooling 成一个向量，喂入上层的 DNN。

这种方式的最大缺点就是要额外维护一张映射表。以标签的映射表来说，随着时间推移，在映射表中要剔除老旧标签，添加新出现的标签，而且要保证维护前后相同的标签能够映射得到相同的 Embedding 向量。其实对于标签相对稳定，映射表维护起来还比较容易，而对于 User ID、Item ID、交叉特征这些变化频繁的类别特征，维护映射表的任务极其繁重。所以，映射表模式用在小型推荐系统中尚可，在大型推荐系统中则需要被下面介绍的特征哈希模式所取代。

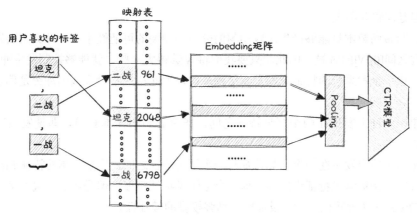

图 2-6　映射类别特征示意

2.4.4　特征哈希

为了规避维护映射表的麻烦，大型推荐模型中通常采用特征哈希（Feature Hashing，又称 Hash Trick[哈希技巧]）的方法来映射类别特征，如图 2-7 所示。Feature Hashing 负责将输入的字符串映射成一个$[0, N)$的整数，N 是 Embedding 矩阵的总行数，映射得到的整数代表该类别特征的 Embedding 在 Embedding 矩阵中的行号。Feature Hashing 可以简单理解为，先计算输入的字符串的哈希值，再拿哈希值对 Embedding 矩阵行数 N 取余数。当然实际实现要更复杂一些，以减少发生哈希冲突（Hash Collision）的可能性。

注意在图 2-7 中，只要 Embedding 的长度相同，若干 Field 可以共享一个特征哈希模块与其背后的 Embedding 矩阵。相比于让各个 Field 拥有独立的 Embedding 矩阵，这种共享方式对空间的利用率更高，是大型推荐模型的主流作法。

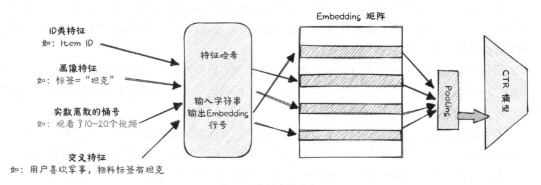

图 2-7　特征哈希示意

细心的读者可能还是会担心发生哈希冲突的问题，也就是特征哈希将两个不同的特征映射到 Embedding 矩阵的同一行，从而在训练与预测时被混淆，相互干扰。这种情况虽然不可能完全避免，但是问题并不大。

首先，哈希函数本身能够产生比较均匀的分布，冲突的可能性不大，冲突主要发生在将哈希值压缩到区间[0, N]的时候。因此，只要我们将 N 选得大一些，就能够控制发生冲突的概率。

其次，由于推荐系统的特征空间是超级稀疏的，因此特征哈希造成的冲突是偶发的，而且影响有限。

- 如果哈希冲突发生在两个罕见特征之间，毕竟影响的样本有限，即使发生冲突也可以忽略。
- 如果哈希冲突发生在一个常见特征与一个罕见特征之间，那个共享的特征 Embedding 大多数时间是被常见特征训练的，偶尔会被罕见特征带偏，但是不会偏离太多，这有点类似 Dropout 那种随机干扰，反而能够增强模型的健壮性。
- 如果哈希冲突发生在两个常见特征之间，一来这种可能性极低，二来只要我们加强对冲突指标的监控，这种冲突就很容易被发现，而且只要我们在其中一个特征的字符串中添加一些前后缀，冲突就能避免。

总之，特征哈希简单易行，可扩展性好，尽管有发生冲突导致特征混淆的可能，但是这种可能性不大且负面影响可控，因此仍然是互联网大厂映射类别特征的标准手段。

2.5　小结

本章介绍推荐系统中的特征工程。

首先，在 2.1 节批判了"深度学习使特征工程过时"的错误论调，帮助读者树立正确意识，认清特征工程的重要性。在数据科学的所有领域，"垃圾进，垃圾出"（Garbage in, Garbage out）的理念永不过时。

接下来在 2.2 节讨论了应该为推荐系统提取哪些特征，从物料画像、用户画像、交叉特征、偏差特征这 4 个方面讨论了提取特征的一般方法。特别是在 2.2.2 节为读者梳理了提取用户画像的框架，确保提取出的特征不重不漏。

提取出的特征不能直接喂进模型，还需要清洗加工后，特征中的信息才能更好地为模型所吸纳。2.3 节从缺失值、标准化、平滑与消偏、分桶离散化这 4 个方面讨论了对数值特征进行清洗、预处理的方法。

推荐算法作为一类特殊的机器学习算法，特点之一就是它的特征空间主要由高维、稀疏的类别特征构成，它是理解推荐算法的基础。2.4 节重点介绍了如何将类别特征映射成数字喂进模型，其中特征哈希由于简单易行，可扩展性强，成为互联网大厂处理类别特征时的标准操作。

第**3**章

推荐系统中的 Embedding

第 2 章讲到，高维、稀疏的类别特征是推荐系统中的一等公民，接下来的问题是，我们如何将这些类别特征喂入推荐模型？

在深度学习大行其道的今天，最常见的接入类别特征的方式是将稀疏的类别特征映射成一个稠密向量，即所谓的 Embedding。本章将深度聚焦于 Embedding 这个话题，以帮助读者了解 Embedding 技术的前世今生，知其然，也知其所以然。

本章将分以下几个部分展开。

- 3.1 节先从传统推荐算法开始讲起，逐步过渡到 Embedding。通过这一节，读者将明白 Embedding 技术并非凭空出现的，而是为了应对推荐算法的两大永恒主题之一的扩展性而产生的。
- 3.2 节将讨论不同推荐算法在 Embedding 层的两大技术路线：共享与独占。
- Embedding 的引入极大提升了推荐模型的扩展性，但是也增加了训练难度。为了解决这一难题，基于 Parameter Server 的分布式训练范式应运而生，并且已经成为各大厂推荐系统的标配。3.3 节将为读者介绍 Parameter Server，并通过代码揭示它的具体工作原理。

3.1 无中生有：推荐算法中的 Embedding

如同在前言中所说的那样，任何一门技术，要想获得互联网业界的青睐，就必须能够实实在在解决我们面临的问题。推荐算法面临的经典问题就是记忆与扩展。

3.1.1 传统推荐算法：博闻强识

我们希望推荐系统记住什么呢？能够记住的肯定是那些常见、高频的模式。我们来看一个简单的例子。到了春节，对于中国客户，电商网站给他们推饺子，大概率他们能够购买。到了感恩节，对于美国客户，电商网站给他们推火鸡，大概率他们也能购买。

为什么呢？因为<春节,中国人,饺子>的模式、<感恩节,美国人,火鸡>的模式在训练样本中出现得太多了，推荐系统只需要记住，下次遇到同样的场景时"照方抓药"，就能"药到病除"。

那么如何才能让模型记住呢？借助"评分卡"。"评分卡"是金融风控中的一种常用手段，直白地说，其实就是 Logistic Regression（LR）模型。如果形象地描绘出推荐系统中的"评分卡"，如图 3-1 所示。一个特征（比如中国、美国）或特征组合（比如，<春节,中国人,饺子>）占据"评分卡"中的一项。可想而知，一个工业级的推荐模型 LR 的评分卡中的条目会有上亿项。每项特征或特征组合都对应一个得分（Score）。

特征类别	特征值	成交可能性
客户国籍	中国	2
	美国	3
	……	……
时机	工作日	0.5
	春节	10
	感恩节	10
	……	……
商品	饺子	16
	火鸡	13
	……	……
	外星人	−100
国籍×商品	中国人，饺子	100
	中国人，鲱鱼	−100000
	……	……
时机×国籍×商品	春节，中国人，饺子	500
	感恩节，美国人，火鸡	500
	……	……
……	……	……

图 3-1　推荐系统的"评分卡"

评分卡中的得分是由 LR 模型学习出来的，有正有负，代表对最终目标（比如成交）的贡献。比如 Score(<春节,中国人,饺子>)=500，代表这种组合非常容易成交。反之，Score(<中国人,鲱鱼>)=−100000，代表这个组合极不容易成交。

可以简单理解为在正样本中出现越多的特征或特征组合，其得分越高；反之，在负样本中出现越多的特征或特征组合，其得分越低。

LR 模型的最终得分是一条样本能够命中的评分卡中所有条目的得分总和。比如，春节期间一个中国客户访问购物网站，LR 模型预测他对一款"鲱鱼馅水饺"的购买意愿=Score(<春节,中国人,饺子>)+Score(<中国人,鲱鱼>)=500-100000=-99500，也就是几乎不会购买。因此，推荐系统也就不会向该用户展示该款商品。

LR 模型（评分卡）具有如下特点。

- LR 的特点就是强于记忆，只要评分卡的规模足够大（比如几千亿项），它就能够记住历史上发生过的所有模式（比如特征及其组合）。
- 所有模式都依赖人工输入，所以在推荐模型的 LR 时代，特征工程既需要创意，也是一项体力活。
- LR 本身并不能够发掘出新模式，它只负责评估各模式的重要性。这个重要性是通过大量的历史数据拟合得到的。
- LR 不发掘新模式，反而能够通过正则（Regularization）剔除一些得分较低的罕见模式（比如<中国人,冰岛发酵鲨鱼肉>），既避免了过拟合，又降低了评分卡的规模。

LR 模型（评分卡），强于记忆，但是弱于扩展。仍举刚才的例子，中国顾客来了推饺子，美国客户来了推火鸡，效果都不错，毕竟 LR 记性好。但是，当一个中国客户来了，你的推荐系统会给他推荐火鸡吗？如果你的推荐系统只有 LR，只有记忆功能，答案是：不会。因为<中国人,火鸡>毕竟属于小众模式，在历史样本中罕有出现，LR 的 L1 正则直接将得分置为 0，从而从评分卡中被剔除。

不要小看这个问题，它关乎企业的生死存亡：

- 记住的肯定是那些常见、高频、大众的模式，能够处理 80%用户 80%的日常需求，但是对小众用户的小众需求呢（比如，某些中国人有开洋荤的需求、某些明星的超级粉丝希望和偶像体验相同美食的需求）？只凭好记性是无能为力的，因为缺乏历史样本的支持，换句话说，推荐的个性化太弱。
- 此处，对于大众的需求，你能记住，别家电商也能记住。所以你和你的同行只能在"满足大众需求"的这一片红海里"相互厮杀"。

3.1.2　推荐算法的刚需：扩展性

为了避开大众推荐这一片内卷严重的红海，而拥抱个性化精准推荐的蓝海，推荐算法不能只满足于记住训练数据中频繁出现、常见、高频的模式，而必须能够自动挖掘出训练数据中罕见、低频、长尾的模式。这就要求推荐模型必须具备扩展性，也就是能够举一反三。

如何让模型可扩展呢？看似神秘，其实就是将细粒度的概念拆解成一系列粗粒度的特征，从此以后"看山非山，看水非水"。仍举刚才饺子、火鸡的例子。在之前讲记忆的时候，饺子、火鸡都是彼此独立的概念，看起来没有什么相似性。但是，我们可以根据业务知识，将概念拆解成特征向量，如图 3-2 所示。

商品	是否是食物	是否和节日相关	是否是素食	价格	产地	......
 （饺子图）	1	1	1	......	......	......
 （火鸡图）	1	1	0	......	......	......

具备相似性

图 3-2　细粒度的概念拆解成粗粒度的特征

- 两个特征向量的第一位表示"是否是食物"，从这个角度来看，饺子、火鸡非常相似。
- 两个特征向量的第二位表示"是否和节日相关"，从这个角度来看，饺子、火鸡也非常相似。

在训练 LR 模型的时候，每条样本除了将原来细粒度的概念<春节,中国人,饺子>和<感恩节,美国人,火鸡>作为特征，也将扩展后的<节日,和节日相关的食物>作为特征，一同喂入 LR 模型。这样训练后的"评分卡"不仅包含<春节,中国人,饺子>和<感恩节,美国人,火鸡>的得分，也包含粗粒度特征<节日,和节日相关的食物>的得分。而且因为<节日,和节日相关的食物>在训练数据中出现频繁，所以这一项必然在"评分卡"中占据一席之地，不会被正则机制过滤掉。

这样一来，当模型考虑是否应该在春节期间为一个中国客户推荐火鸡时，虽然<春节,中国人,火鸡>这样的细粒度模式由于过于小众，未能命中评分卡，但是扩展后的粗粒度模式<节日,和节日相关的食物>命中了评分卡，并获得一个中等得分，从而有可能获得曝光的机会。相比于原来被 L1 正则所优化剔除，"一些中国人喜欢开洋荤"的小众模式也终于有了出头之日。

因此，只要我们喂入算法的不是细粒度的概念，而是粗粒度的特征向量，即便是 LR 这样强记忆的算法，也能够具备扩展能力。但是，上述方法依赖人工拆解，也就是所谓的特征工程，这增大了工作量，且劳神费力。

再考虑一下饺子、火鸡这两个概念，还能不能从其他角度拆解，从而发现更多的相似性呢？这就会受到工程师的业务水平、理解能力、创意水平的制约。

既然人工拆解有困难、受局限，那么能不能让算法自动将概念拆解成特征向量呢？如果你能够想到这一步，恭喜你，一只脚已经迈入了深度学习的大门。你已经悟到了"道"，剩下的只是"技"而已。

3.1.3　深度学习的核心思想：无中生有的 Embedding

我们可以用"无中生有"来概括深度学习的思想精髓。所谓无中生有是指，你需要用到一个概念的特征 v（比如前面例子里的饺子、火鸡）或者一个函数 f（比如阿里巴巴的 DIN 中的注意力函数，4.3.3 节会详细讲解），但是不知道如何定义它们。没关系，我们按以下三步完成。

（1）将 v 声明为特征向量，将 f 声明为一个小的神经网络，并随机初始化。

（2）使 v 和 f 随主目标一同被随机梯度下降（Stochastic Gradient Descent，SGD）法优化。

（3）当主目标被成功优化之后，我们也就获得了有意义的 v 和 f。

其实这种"将特征、函数转化为待优化变量"的思想并不是深度学习发明的，早在用矩阵分解进行推荐的时代就已经存在了，只不过那时，它还不叫 Embedding，而叫隐向量（Latent Vector）。

深度学习对于推荐算法的贡献与提升，其核心就在于 Embedding。如前文所述，Embedding 是一门自动将概念拆解为特征向量的技术，目标是提升推荐算法的扩展能力，从而能够自动挖掘出那些低频、长尾、小众的模式，拥抱个性化推荐的"蓝海"。那么 Embedding 到底是如何提升扩展能力的呢？简单来说，Embedding 将推荐算法从精确匹配转化为模糊查找，从而让模型能够举一反三。

在图 3-3 中，在使用倒排索引的召回中，是无法给一个喜欢"科学"的用户推荐一篇带"科技"标签的文章的（如果不考虑近义词扩展的话），因为"科学"与"科技"是两个完全不同的词。但是经过 Embedding，我们发现在向量空间中表示"科学"与"科技"的两个向量并不是正交的，而是有很小的夹角。设想一个极其简化的场景，用户用"科学"向量来表示，文章用其标签的向量来表示，那么用"科学"向量在所有标签向量里进行前 K 项近邻搜索，一篇带"科技"标签的文章就能够被检索出来，有机会呈现在用户眼前，从而破除了之前因为只能精确匹配"科学"标签而给用户造成的"信息茧房"。

图 3-3　Embedding 将精确匹配转化为模糊查找

再回到原来饺子、火鸡的例子里，借助 Embedding，算法能够自动学习到"火鸡"与"饺子"这两个概念的相似性，从而给<中国人,火鸡>的小众组合打一个中等的分数，使火鸡得到了被推荐给中国人的机会，从而能更好地给那些喜欢外国口味的中国人提供了更好的个性化服务。

3.1.4　Embedding 的实现细节

Embedding 在操作起来还是非常简单的。假设我们有{"音乐","影视","财经","游戏","军事","历史"}这 6 个文章类别，其编号分别为 0～5，我们想把每个类别映射成一个长度为 4 的稠密浮点数向量，整个过程如图 3-4 所示。

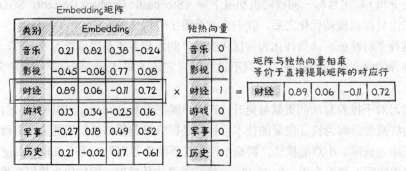

图 3-4 Embedding 示意

首先，我们定义一个 6×4 的矩阵，矩阵行数是要进行 Embedding 的特征的总数，矩阵列数是希望得到的向量的长度。先随机初始化这个 Embedding 矩阵。矩阵的内容会随着主目标优化，训练结束时，矩阵内容会变成能表达"文章类别"语义的、有意义的数字。

以 Embedding "财经"这个类别为例，整个 Embedding 过程从数学上相当于，一个稠密的 Embedding 矩阵与只有"财经"所在的 2 号位置为 1、其余位置全为 0 的独热向量相乘。得益于独热向量的稀疏性，以上相乘过程又相当于，从 Embedding 矩阵直接提取"财经"所在的第 2 行（首行是第 0 行）。

以上过程如果用 TensorFlow 实现非常简单，如代码 3-1 所示。

代码 3-1　TensorFlow 实现"文章分类" Embedding

```
1.   import tensorflow as tf
2.
3.   # ----------- 准备
4.   unq_categories = ["music", "movie", "finance", "game", "military", "history"]
5.   # 这一层负责将 string 转化为 int 型 id
6.   id_mapping_layer = tf.keras.layers.StringLookup(vocabulary=unq_categories)
7.
8.   emb_layer = tf.keras.layers.Embedding(
9.       # 多加一维是为了处理输入不包含在 unq_categories 中的情况
10.      input_dim=len(unq_categories) + 1,
11.      output_dim=4)   # output_dim 指明映射向量的长度
12.
13.  # ----------- Embedding
14.  cate_input = ...  # [batch_size,1]的 string 型"文章分类"向量
15.  cate_ids = id_mapping_layer(cate_input)   # string 型输入的"文章分类"映射成 int 型 id
16.  # 得到形状为[batch_size,4]的 float 稠密向量，表示每个"文章分类"的语义
17.  cate_embeddings = emb_layer(cate_ids)
```

但是 TensorFlow 提供的 tf.keras.layers.Embedding 类封装得太好了，开箱即用，反而不利于

我们掌握算法的技术细节。为此，作者用 Python 从头实现了一遍对稀疏 ID 特征的 Embedding，以加深对算法的理解。受篇幅所限，本书中只列举其中的关键部分，详细代码请参考作者在知乎上的文章《用 NumPy 手工打造 Wide & Deep》。

　　实现难点在于，尽管整个 Embedding 过程在数学上等价于稠密 Embedding 矩阵与独热/多热向量相乘，但是在实现的时候，万万不能按照矩阵乘法的方式进行，因为推荐系统中的特征高维稀疏，把稀疏 ID 特征展开成稠密的独热/多热向量后，一个长度为几亿的向量里最多只有一百来个非零项，计算和存储的代价都是无法接受的。所以，我们必须实现稀疏的前代和回代，回代时不用更新整个 Embedding 矩阵，而只更新一个 batch 中出现的几个有限非零特征对应的那几行。读者自己将稀疏 Embedding 实现一遍后，也能加深对 TensorFlow 的理解。比如 TensorFlow 里面的 IndexedSlices 类就是为了实现稀疏的前代和回代而用来记录那些有必要更新的位置。

　　针对单一 Field 的 Embedding 的稀疏前代与回代如代码 3-2 所示。

代码 3-2　单独一个 Field 的稀疏前代与回代

```
1.   class EmbeddingLayer:
2.       """ 每个 Field 有自己独立的 Embedding Layer，底层有自己独立的 Embedding 矩阵
3.       """
4.
5.       def __init__(self, W, vocab_name, field_name):
6.           self.vocab_name = vocab_name
7.           self.field_name = field_name  # 这个 Embedding Layer 对应的 Field
8.           self._W = W  # 底层的 Embedding 矩阵，形状是[vocab_size,embed_size]
9.           self._last_input = None
10.
11.      def forward(self, X):
12.          """
13.          :param X: 属于某个 Field 的一系列稀疏类别特征的集合
14.          :return: [batch_size, embed_size]
15.          """
16.          self._last_input = X  # 保存本次前代时的输入，回代时要用到
17.
18.          # output：该 Field 的 embedding，形状是[batch_size, embed_size]
19.          output = np.zeros((X.n_total_examples, self._W.shape[1]))
20.
21.          # 稀疏输入是一系列三元组的集合，每个三元组由以下 3 个元素组成
22.          # example_idx：可以认为是样本的 id
23.          # feat_id：每个类别特征（不是 Field）的 id
24.          # feat_val：每个类别特征对应的特征值（一般情况下都是 1）
25.          for example_idx, feat_id, feat_val in X.iterate_non_zeros():
26.              # 根据 Feature id从 Embedding 矩阵中取出 Embedding
```

```
27.                    embedding = self._W[feat_id, :]
28.                    # 某个 Field 的 Embedding 是属于这个 Field 的各个 Feature Embedding 的加权和，
                       # 权重就是各 Feature value
29.                    output[example_idx, :] += embedding * feat_val
30.
31.            return output  # 这个 Field 的 Embedding
32.
33.        def backward(self, prev_grads):
34.            """
35.            :param prev_grads: loss 对这个 Field output 的梯度，形状是[batch_size, embed_size]
36.            :return: dw，对 Embedding 矩阵中部分行的梯度
37.            """
38.            # 只有本次前代中出现的 Feature id，才有必要计算梯度
39.            # 其结果肯定是非常稀疏的，用 dict 来保存
40.            dW = {}
41.
42.            # _last_input 是前代时的输入，只有其中出现的 Feature id 才有必要计算梯度
43.            for example_idx, feat_id, feat_val in self._last_input.iterate_non_zeros():
44.                # 由对 Field output 的梯度，根据链式法则，计算出对 Feature Embedding 的梯度
45.                # 形状是[1,embed_size]
46.                grad_from_one_example = prev_grads[example_idx, :] * feat_val
47.
48.                if feat_id in dW:
49.                    # 一个 batch 中的多个样本可能引用了相同的 feature
50.                    # 因此对某个 Feature Embedding 的梯度，应该是来自多个样本的累加
51.                    dW[feat_id] += grad_from_one_example
52.                else:
53.                    dW[feat_id] = grad_from_one_example
54.
55.            return dW
```

EmbeddingCombineLayer 类负责将多个 Field Embedding 拼接起来向上层传递，并支持多个 Field 共享 Embedding 矩阵，其实现如代码 3-3 所示，其中用到了代码 3-2 中定义的 EmbeddingLayer。

代码 3-3 多个 Field 的稀疏前代与回代

```
1.    class EmbeddingCombineLayer:
2.        """ 多个 EmbeddingLayer 的集合，每个 EmbeddingLayer 对应一个 Field
3.        允许多个 Field 共享同一套 Embedding 矩阵（用 vocab_name 标识）
4.        """
5.        ......
6.
7.        def forward(self, sparse_inputs):
```

```
8.          """ 所有 Field 先经过 Embedding，再拼接
9.          :param sparse_inputs: dict {field_name: SparseInput}
10.         :return:每个 SparseInput 贡献一个 Embedding 向量，返回结果是这些 Embedding 向量的拼接
11.         """
12.         embedded_outputs = []
13.         for embed_layer in self._embed_layers:
14.             # 获得属于这个 Field 的稀疏特征输入，sp_input 是一组<example_idx, feat_id, feat_val>
15.             sp_input = sparse_inputs[embed_layer.field_name]
16.             # 得到属于当前 Field 的 Embedding
17.             embedded_outputs.append(embed_layer.forward(sp_input))
18.
19.         # 最终结果是所有 Field Embedding 的拼接
20.         # [batch_size, sum of all embed-layer's embed_size]
21.         return np.hstack(embedded_outputs)
22.
23.     def backward(self, prev_grads):
24.         """
25.         :param prev_grads:  [batch_size, sum of all embed-layer's embed_size]
26.                             上一层传入的 loss 对本层输出（也就是所有 Field Embedding 拼接）的梯度
27.         """
28.
29.         # prev_grads 是 loss 对"所有 Field Embedding 拼接"的导数
30.         # prev_grads_splits 把 prev_grads 拆解成数组
31.         # 数组内每个元素对应 loss 对某个 Field Embedding 的导数
32.         col_sizes = [layer.output_dim for layer in self._embed_layers]
33.         prev_grads_splits = utils.split_column(prev_grads, col_sizes)
34.
35.         # _grads_to_embed 也只存储"本次前代中出现的各 Field 的各 Feature"的 Embedding
36.         # 其结果是超级稀疏的，因此_grads_to_embed 是一个 dict
37.         self._grads_to_embed.clear()  # reset
38.         for layer, layer_prev_grads in zip(self._embed_layers, prev_grads_splits):
39.             # layer_prev_grads: 上一层传入的 loss 对某个 Field Embedding 的梯度
40.             # layer_grads_to_embed: dict, feat_id==>grads,
41.             # 某Field的Embedding Layer造成对某vocab的Embedding矩阵的某 feat_id 对应行的梯度
42.             layer_grads_to_embed = layer.backward(layer_prev_grads)
43.
44.             for feat_id, g in layer_grads_to_embed.items():
45.                 # 表示"对某个 vocab 的 Embedding 权重中的第 feat_id 行的总导数"
46.                 key = "{}@{}".format(layer.vocab_name, feat_id)
47.
48.                 if key in self._grads_to_embed:
49.                     # 由于允许多个 Field 共享 Embedding 矩阵
```

```
50.              # 因此对某个 Embedding 矩阵的某一行的梯度应该是多个 Field 贡献梯度的叠加
51.              self._grads_to_embed[key] += g
52.          else:
53.              self._grads_to_embed[key] = g
```

3.2 共享 Embedding 还是独占 Embedding

Embedding 本身实现起来比较简单，无非就是随机初始化一个矩阵，其中的每一行对应一个类别特征，然后由 SGD 随模型一同优化。TensorFlow 和 PyTorch 都有成熟的接口，直接调用就行。但是，还有一个我们在建模时需要取舍的点，就是选择共享 Embedding 还是独占 Embedding。

3.2.1 共享 Embedding

所谓共享 Embedding 是指同一套 Embedding 要喂入模型的多个地方，发挥多个作用。共享 Embedding 的好处有以下两点：

- 能够缓解由于特征稀疏、数据不足所导致的训练不充分；
- Embedding 矩阵一般都很大，复用能够节省存储空间。

比如，模型要用到"近 7 天安装的 App""近 7 天启动过的 App""近 7 天卸载的 App"这 3 个 Field，而每个具体的 App 是一个 Feature，要映射成 Embedding 向量。如果 3 个 Field 不共享 Embedding，"装启卸"3 个 Field 都使用独立的 Embedding 矩阵来将 App 映射成稠密向量，那么整个模型需要优化的参数变量是共享模型的 3 倍，需要更多的训练数据，否则容易欠拟合。而且，每个 Field 的稀疏程度是不一样的，对于同一个 App，在"启动列表"中出现得更频繁，其 Embedding 向量就有更多的训练机会，而在"卸载列表"中较少出现，其 Embedding 向量得不到足够训练，恐怕最后与随机初始化无异。因此，如果担心以上两点，那么我们可以让"装启卸"这 3 个 Field 共享同一个 Embedding 矩阵。

再比如，在 5.5 节要介绍的双塔模型中，Item ID Embedding 既是重要的物料特征，要喂入物料塔（Item Tower）；同时，用户行为序列作为最重要的用户侧特征，也是由一系列的 Item ID 组成的，因此 Item ID Embedding 也要喂入用户塔（User Tower）。如果选择让喂入 User Tower 和 Item Tower 的 Item ID Embedding 共享同一个 Embedding 矩阵，模型结构如图 3-5 所示。

另一类 Embedding 共享发生在特征交叉的时候。这方面的典型代表就是 Factorization Machine（FM，因子分解机）。FM 的算法原理详见 4.2.2 节。注意，在 FM 中，每个特征只有一个 Embedding，在与其他不同特征交叉时，共同使用唯一的 Embedding。FM 也因共享 Embedding 而获得了有利于训练稀疏特征、提升模型扩展性等益处。

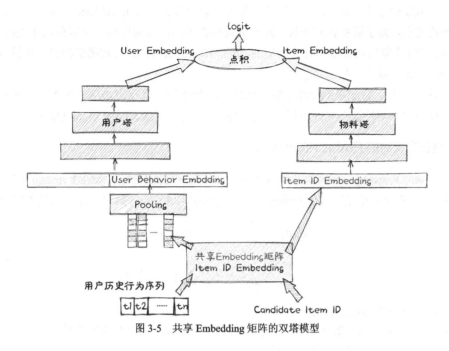

图 3-5 共享 Embedding 矩阵的双塔模型

3.2.2 独占 Embedding

考虑独占 Embedding 时有两种情况,一种是为了避免干扰,另一种是为了更好地进行特征交叉,接下来分别介绍。

1. 独占 Embedding 以避免相互干扰

如前所述,共享 Embedding 的最大优点就是缓解因数据不足而导致的稀疏特征训练不充分的问题。但是各互联网大厂最不缺的就是数据,这时共享 Embedding 的缺陷就暴露出来,即不同目标在训练同一套 Embedding 时可能相互干扰。

比如在之前的例子中,App 的安装、启动、卸载对于要学习的 App Embedding 有着不同的要求。理想情况下,"安装"与"启动"两个 Field 要求 App Embedding 能够反映出 App 为什么受欢迎,而"卸载"这个 Field 要能够反映出 App 为什么不受欢迎。举个例子,有两款音乐 App,它们都因曲库丰富被人喜欢,"安装"与"启动"这两个 Field 要求这两个音乐 App 的 Embedding 距离相近。但是这两个 App 的缺点不同,一个收费高,另一个广告频繁,因此"卸载"Field 要求这两个音乐 App 的 Embedding 相距远一些。显然,用同一套 App Embedding 很难满足以上两方面的需求,所以大厂一般选择让"装/启/卸"3 个 Field 各自拥有独立的 Embedding 矩阵。

同理,用户有着不同类型的行为历史,比如点击历史、购买历史、收藏历史、点赞历史……

各种历史行为序列都由一堆 Item ID 组成。各种类型的行为对 Item ID Embedding 所表达的语义有着不同的要求,为了避免相互干扰,同一个物料在不同的行为序列中可以使用不同的 Item ID Embedding。而且参与刻画用户行为历史的 Item ID Embedding 与被用于物料特征的 Item ID Embedding 也彼此隔离,互不共享。

更有甚者,大厂的推荐系统都是多目标的,比如要同时优化点击率、购买率、转发率等多个目标。有一些重要特征在参与不同目标的建模时,也要使用不同的 Embedding。

2. 特征交叉时的 Embedding 独占

另一个独占 Embedding 的重要应用场景发生在特征交叉的时候。比如在 FM 中,每个特征与其他不同特征交叉时使用的是同一个 Embedding,如公式(3-1)所示。FM 的详细讲解见 4.2.2 节。

$$
\begin{aligned}
\text{logit}_{\text{FM}} &= \sum_{i=1}^{n} w_i x_i + \sum_{i=1}^{n} \sum_{j=i+1}^{n} w_{ij} x_i x_j \\
&= \sum_{i=1}^{n} w_i x_i + \sum_{i=1}^{n} \sum_{j=i+1}^{n} \left(v_i \cdot v_j \right) x_i x_j
\end{aligned}
\qquad \text{公式(3-1)}
$$

该公式中各关键参数的含义如下。

- x_i、x_j 分别表示一条样本的第 i、j 个特征,n 表示样本中的特征总数。
- v_i、v_j 分别表示第 i、j 个特征的 Embedding。
- $w_{ij} = v_i \cdot v_j$,是特征组合 $x_i x_j$ 的系数。

公式(3-1)说明,无论第 i 个特征与哪个特征交叉,FM 都是用相同 v_i 来生成交叉特征的系数,即 Embedding 是共享的。这可能存在互相干扰的问题,比如模型调整 v_i 以便把 w_{ij} 学习好,却可能对另一对特征组合的系数造成负面影响。

为了解决这一问题,业界提出了 FM 的改进版本 Field-aware Factorization Machine(FFM,域感知因子分解机),它在 Kaggle 比赛中取得了更好的效果。FFM 的核心思想是,每个特征在与不同特征交叉时,根据对方特征所属的 Field 要使用不同的 Embedding,如公式(3-2)所示。

$$
\begin{aligned}
x &= \sum_{i=1}^{n} w_i x_i + \sum_{i=1}^{n} \sum_{j=i+1}^{n} w_{ij} x_i x_j \\
&= \sum_{i=1}^{n} w_i x_i + \sum_{i=1}^{n} \sum_{j=i+1}^{n} \left(v_{i,f_j} \cdot v_{j,f_i} \right) x_i x_j
\end{aligned}
\qquad \text{公式(3-2)}
$$

该公式中各关键参数的含义如下。

- f_j 表示第 j 个特征所属的 Field。
- v_{i,f_j} 表示第 i 个特征针对第 j 个特征所属 Field 的 Embedding,这说明第 i 个特征在与其他不同的特征交叉时使用了不同的 Embedding。

FFM 的一大缺点是参数空间爆炸。FM 中每个特征只有一个 Embedding,如果系统中有 n 个特征,每个 Feature Embedding 的长度为 k,Embedding 部分的参数总量是 nk。而对于 FFM,

如果这 n 个特征属于 f 个 Field，那么 Embedding 部分的参数总量就变成了 nfk ，也就是需要更多的训练数据。

2021 年，阿里巴巴提出了 Co-Action Network（CAN），在独占 Embedding 这条技术路线上又迈进了一大步。CAN 的目标有两个：像 FFM 那样，让每个特征在与其他不同特征交叉时使用完全不同的 Embedding；不想像 FFM 那样引入那么多参数而导致参数空间爆炸，增加训练的难度。

为了同时达成以上两个目标，CAN 提出如图 3-6 所示的结构进行特征交叉。

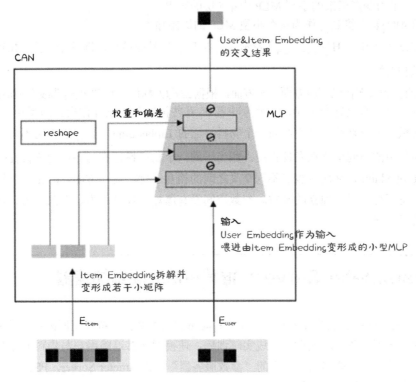

图 3-6　CAN 中特征交叉的结构示意

E_{item} 是参与交叉的某个物料特征的 Embedding。首先将 E_{item} 拆解成 K 段，每段子向量变形（reshape）成一个小矩阵 W_i 。这个拆解过程可以由公式(3-3)来表示，其中 Concat 表示拼接操作，Flatten 表示将一个二维矩阵展平成一个一维向量的操作。

$$E_{item} = Concat(\{Flatten(W_i) \mid i = 0, \cdots, K-1\}) \qquad 公式(3\text{-}3)$$

然后将各 W_i 组成一个小型多层感知器（Multilayer Perceptron，MLP），第 i 层的权重就是 W_i ，层与层之间插入非线性激活函数 ReLU。

使用的时候，将 E_{user} 这个参与交叉的某个用户特征的 Embedding 喂入由物料特征的 Embedding 变形而来的小型 MLP，MLP 的输出就是这两个特征交叉的结果，如公式(3-4)所示。其实，反过来将 E_{user} 变形为 MLP，拿 E_{item} 喂入 MLP，也是可以的。

$$h^{(0)} = E_{user} \tag{a}$$

$$h^{(i)} = ReLU\left(W_i h^{(i-1)}\right) \tag{b} \quad 公式(3-4)$$

$$H\left(E_{user}, E_{item}\right) = h^{(K)} \tag{c}$$

该公式中各关键参数的含义如下。

- $h^{(i)}$ 表示由变形而来的小型 MLP 中第 i 层的输出。
- 式(3-4)(a)表示将 E_{user} 作为这个小型 MLP 的原始输入。
- 公式(3-4)(c)中，$H\left(E_{user}, E_{item}\right)$ 表示 E_{user} 与 E_{item} 交叉的结果，即这个小型 MLP 最后一层的输出 $h^{(K)}$。

CAN 的优势表现在以下两方面。一方面，根据公式(3-4)(b)，$h^{(i-1)}$ 也是非线性激活函数 ReLU 的结果，其中有一些位置会是 0，这就意味着 W_i 有些神经元不发挥作用。由于 W_i 是由 E_{item} 中的某段子向量变形而来的，这说明同一个物料特征的 Embedding "E_{item}" 在与不同的用户特征交叉时，向量中的不同位置在发挥作用。相当于同一个物料特征在与不同用户特征交叉时使用了不同的 Embedding，从而减少了不同交叉之间的相互干扰。另一方面，CAN 并没有像 FFM 那样为每对特征交叉引入独立的参数。参数空间没有爆炸，计算压力、存储压力、训练不充分等问题都得以缓解。

3.3 Parameter Server：推荐算法的训练加速器

2.4 节提到，推荐系统的数据有两个特点：海量的训练数据；特征空间高维、稀疏。在这样严苛的数据环境下，我们还能做到在线实时训练，使模型能够追踪用户与物料的最新状态，这背后的利器就是一个功能强大、可靠的"参数服务器"（Parameter Server，PS）。因此，作为在推荐、广告、搜索算法里忙得不可开交的互联网工程师，需要了解一些 PS 的技术原理。毕竟，搞不定 PS，再强的模型也训练不出来。

3.3.1 传统分布式计算的不足

如前文所述，推荐系统对 Parameter Server 的需求并不是凭空产生的，而是针对推荐系统的两大痛点，即海量数据+高维稀疏特征空间。

其实推荐系统面对海量数据并不陌生，我们有 Hadoop/Spark 这样的大数据工具来应对，所以很自然地想到，能不能也拿 Hadoop/Spark 来分布式地训练模型？可以按照以下预想的步骤完成。

（1）将训练数据分散到所有 Slave 节点。

（2）Master 节点将模型的最新参数广播到所有 Slave 节点。

（3）每个 Slave 节点接收到最新的参数后，用本地训练数据先前代再回代，计算出梯度并上传至 Master 节点。

（4）Master 节点收集齐所有 Slave 节点发来的梯度后，取平均值，再用梯度的平均值更新模型参数。

（5）回到步骤（1），开始下一轮训练。

以上方案看上去似乎行得通。但是该方案忽略了推荐系统中数据的第二个特点，即高维、稀疏的特征空间，它对以上方案造成了两个困难：

- 推荐系统的特征数量动辄上亿、十亿，每个特征的 Embedding 有 16 位、32 位甚至更长，这么大的参数量是一个 Master 节点所容纳不下的；
- 每轮训练中，Master 节点都要将这么大的参数量广播到各 Slave 节点，每个 Slave 节点还要将相同大小的梯度回传，所占据的带宽、造成的时延都是不可想象的，绝对满足不了在线实时训练的需求。

3.3.2　基于 PS 的分布式训练范式

为了解决推荐系统中大规模分布式训练的难题，经典论文 *Scaling Distributed Machine Learning with the Parameter Server* 提出了 PS 架构。简单来说，PS 就是一个分布式的 KV（Key/Value）数据库，以下两点设计使它能够克服 Master/Slave 架构应用于大规模分布式训练时的困难。

- 模型参数不再集中存储于单一的 Master 节点，而是由一群 PS Server 节点共同存储、读写，从而突破了单台机器的资源限制，也避免了单点失效问题。
- 得益于推荐系统的特征超级稀疏，一个 batch 的训练数据所包含的非零特征的数目是极其有限的。因此，我们在训练每个 batch 时，没必要将整个模型的所有参数（也就是上亿个 Embedding）在集群内传来传去，而只需要传递当前 batch 所涵盖的有限几个非零特征的参数，从而能够大大节省带宽与传输时间。

在结构上 PS 架构主要由三大类节点组成，如图 3-7 所示，各类节点的功能如表 3-1 所示。

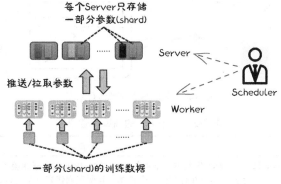

图 3-7　PS 中的三大类节点

表 3-1   PS 中的三类节点功能

节点类型	节点功能
Worker	PS 中会有多个 Worker 节点。每个 Worker 节点会进行如下操作 ■ 从 Server 拉取（Pull）最新的模型参数 ■ 用本地数据训练，计算出梯度 ■ 向 Server 推送（Push）梯度
Server	PS 中会有多个 Server 节点，每个 Server 节点其实就是一个 KV 数据库 ■ 若干 Server 节点共同存储推荐模型的上亿个参数，一个 Server 节点只负责处理海量参数中的一部分（又称为 Shard） ■ 应对 Pull 请求，将 Worker 节点请求的参数的最新值发送回去 ■ 应对 Push 请求，聚合各 Worker 节点发送过来的梯度，再利用各种 SGD 算法（比如 Adam、AdaGrad）更新模型参数
Scheduler	负责整个 PS 集群的管理，比如接受新节点的注册、将 Pull 请求路由到合适的 Server 节点等

基于 PS 的训练流程如图 3-8 所示，每个步骤的具体操作描述如表 3-2 所示。

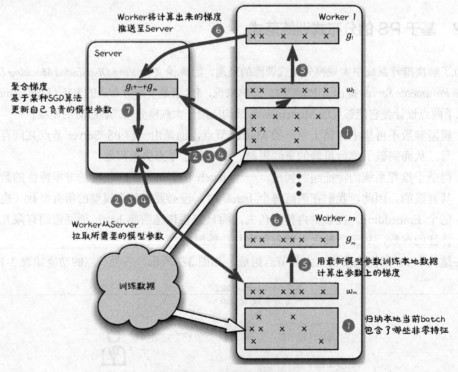

图 3-8   基于 PS 的训练流程示意

表 3-2   基于 PS 的训练步骤描述

步骤	操作节点	操作
1	Worker	训练前，每个 Worker 先归纳一下当前 batch 的本地训练数据涵盖了哪些特征。观察图 3-8 中的每个 "×" 标志，其所在行代表一个样本，其所在列代表一个特征，可以发现训练数据的确是非常稀疏的。因此一个 batch 所涵盖的非零特征相对于整个特征空间而言仍然是十分稀少的

续表

步骤	操作节点	操作
2	Worker	每个 Worker 根据第 1 步的结果，向 Server 集群发出 Pull 请求，拉取训练当前 batch 所需的模型参数（比如特征的一阶权重和 Embedding）
3	Scheduler	因为每台 Server 只拥有一部分特征的参数，所以需要一个路由机制，将 Worker 的 Pull 请求拆分，分别路由到合适的 Server
4	Server	接收到 Pull 请求的 Server，从本地存储中找到所请求的那些特征的最新参数，回复给 Worker
5	Worker	收集齐 Server 返回的最新模型参数，Worker 就可以在当前 batch 的训练数据上先前代后回代，得到这些参数上的梯度
6	Worker	Worker 向 Server 发送 Push 请求，将计算出来的梯度发往 Server
7	Server	接到 Workers 发来的梯度后，Server 聚合汇总梯度（比如求平均），再用某种 SGD 算法（比如 FTRL、Adam、AdaGrad 等）更新其负责的那一部分模型参数，至此完成一轮训练

总结下来，PS 训练模式是 Data Parallelism（数据并行）与 Model Parallelism（模型并行）这两种分布式计算范式的结合。

- 数据并行。数据并行很好理解，海量的训练数据分散在各个节点上，每个节点只训练本地的一部分数据，多节点并行计算加快了训练速度。
- 模型并行。推荐系统中的特征数量动辄上亿，每个 Embedding 又包含多个浮点数，这么大的参数量是单个节点无法承载的，因此必然分布在一个集群中。接下来会讲到，由于推荐系统中的特征高度稀疏的性质，一轮迭代中，不同 Worker 节点不太会在同一个特征的参数上产生冲突，因此多个 Worker 节点相对解耦，天然适合模型并行。

3.3.3　PS 中的并行策略

根据各 Worker 节点冲突的频繁程度，PS 中的并行策略可以划分为如下 3 类。

1. 批量同步并行（BSP）

批量同步并行（Bulk Synchronous Parallel，BSP）策略下，按顺序执行以下 4 步，如图 3-9 所示。

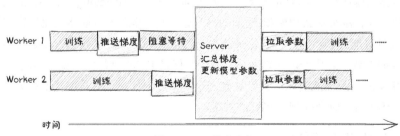

图 3-9　BSP 策略示意

（1）各 Worker 完成自己的本轮计算，将梯度汇报给 Server，然后阻塞等待。

（2）Server 在收集齐所有 Worker 上报的梯度后，聚合梯度，用 SGD 算法更新自己负责的那部分模型参数。

（3）Server 通知各 Worker 解除阻塞。

（4）Worker 接到解除阻塞的通知，从 Server 拉取更新过的模型参数，开始下一轮训练。

这种策略的优点是，多 Worker 节点更新 Server 上的参数时不会发生冲突，所以分布式训练的效果等同于单机训练。缺点是，一轮迭代中，速度快的节点要停下来等待速度慢的节点，从而形成了短板效应，一个慢节点就能拖累整个集群的计算速度。

2. 异步并行（ASP）

如图 3-10 所示，在异步并行（Asynchronous Parallel，ASP）策略下，每台 Worker 在推送自己的梯度至 Server 后，不用等待其他 Worker，就可以开始训练下一个 batch 的数据。由于无须同步，不存在"短板效应"，ASP 具有明显的速度优势。

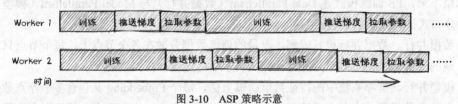

图 3-10　ASP 策略示意

但是由于缺乏同步控制，ASP 可能发生梯度失效（Stale Gradient）的问题，从而影响收敛速度。举一个极度简化的例子。当前 Server 端上模型参数的版本是 θ_0，有两个 Worker 节点，都从 Server 拉取 θ_0，同时开始一轮训练。Worker 1 的速度比较快，很快训练完本地数据并向 Server 上报梯度 g_1。Server 收到 g_1 后，根据 SGD 算法迭代一步（步长为 λ），将 Server 端的参数值由 θ_0 更新为 $\theta_1=\theta_0-\lambda g_1$。此时 Worker 2 才完成计算并向 Server 上报了自己的梯度 g_2。Server 收到 g_2 后，如果像 $\theta_2=\theta_1-\lambda g_2$ 这样更新模型参数，反而可能损害收敛。这是因为 g_2 是 Worker 2 基于 θ_0 计算得到的，而 Server 端的参数此时已经变成了 θ_1，g_2 已经失效。

但是在实践中，梯度失效问题并没有那么严重。得益于推荐系统中的特征超级稀疏，在一轮迭代中，各个 Worker 节点的局部训练数据所包含的非零特征相互重叠得并不严重。多个 Worker 节点同时更新同一个特征的参数（比如一阶权重或 Embedding）的可能性非常小，所以 Server 端的冲突也就没有那么频繁和严重，ASP 模式在推荐系统中依然是比较常用的。

细心的读者可能会有疑问，在一轮训练中，特征是稀疏的，两个 Worker 不太可能同时更新同一个特征的参数，使用 ASP 也较少发生冲突，但是 DNN 中各层的权重是所有 Worker 都要更新的，使用 ASP 导致了冲突怎么办？这是一个非常好的问题，也是现代 PS 改进的方向之一，3.3.5 节在介绍现代 PS 时会提到一些解决方案。

3. 半同步半异步（SSP）

半同步半异步（SSP）是 BSP 与 ASP 的折中方案。SSP 允许各 Worker 节点在一定迭代轮数之内保持异步。如果发现最快 Worker 节点与最慢 Worker 节点的迭代步数之差超过了允许的最大值，所有 Worker 都要停下来进行一次参数同步，如图 3-11 所示。SSP 希望通过采取折中策略，实现计算效率与收敛精度的平衡。

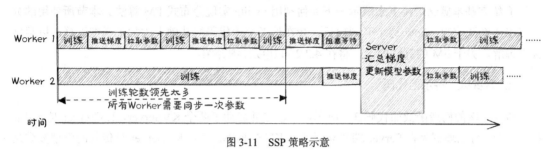

图 3-11 SSP 策略示意

3.3.4 基于 ps-lite 实现分布式算法

为了加深对 PS 的理解，本节演示如何利用 ps-lite 框架实现分布式 FM 算法。

1. ps-lite 简介

ps-lite 是 PS 的早期代表，首开 PS 大规模应用之先河。看名字中的 lite 就能猜出，简洁轻巧是它的最大特点。相比于那些大块头后辈，比如阿里巴巴的 XDL、百度的 PaddlePaddle Fleet、腾讯的 Angel、Uber 的 Horovod 等，ps-lite 所提供的功能相对简单和有限，缺乏现代 PS 针对推荐系统特色而专门做的一些优化，比如 Embedding 和 DNN 权重使用不同的通信与同步模式，为了避免存储空间膨胀而引入的特征准入与逐出机制等。但是"麻雀虽小，五脏俱全"，得益于简洁的代码与轻巧的结构，ps-lite 给我们提供了一个深入 PS 内部、一探 PS 运行机理的机会。也为我们在实际工作中调优 ps-lite 的那些更强大也更复杂的后辈，奠定了扎实的理论基础。

ps-lite 中有 5 个重要角色，如表 3-3 所示。其中，PostOffice、Van、Customer 都隐藏在 ps-lite 内部，ps-lite 的使用者无须过多关注。要想基于 ps-lite 实现分布式算法，我们只需要继承 Worker 并实现计算梯度的逻辑，以及继承 Server 实现训练参数的存储和更新逻辑。

表 3-3 ps-lite 中的 5 个重要角色

角色	功能
PostOffice	每个进程（无论 Scheduler、Worker 还是 Server），有且只有一个 PostOffice（邮局），它是该进程的消息集散中心，掌管着在它那里等待消息的 Customer 的名单
Van	每个邮局只有一辆 Van（邮车），负责收发信息的具体工作。派发信息时，Van 通过 PostOffice 掌握的 Customer 名单找到某个 Customer，将信件交给它
Customer	邮局的 Customer（顾客）其实就是中介。Worker 和 Server 为了更好地专心业务工作，将在邮局排队等消息的工作外包给了 Customer。Customer 从 Van 手中接收到消息后，转手交给它的雇主，即 Worker 或 Server
Worker	Customer 的雇主，训练模型时，主要负责处理样本、计算梯度等工作
Server	Customer 的雇主，训练模型时，主要负责读取参数、接收梯度、汇总梯度（同步模式下）、更新模型参数等工作

受篇幅所限，本书只介绍 ps-lite 的基本概念。对 ps-lite 的技术细节感兴趣的读者，可以参考作者在个人公众号上发布的《ps-lite 源码解析》一文，里面有比较详细的 ps-lite 源码解析。

介绍完基本概念，接下来演示一下如何利用 ps-lite 实现分布式 FM 算法。本节所使用的分布式 FM 源码来自 xflow 这个开源项目，我在作者原始代码的基础上添加了详细注释，以帮助读者理解。关于 FM 的算法理论，将在 4.2.2 节加以详细介绍。

2. Server 端示范代码

Server 端的构造函数如代码 3-4 所示，先建立并启动了两个 KVServer，KVServer 是 ps-lite 提供的类，可以理解为在 Server 端建立了两个 KV 数据库。建立 KVServer 时传入的整型参数是 app_id，可以理解为某个 KV 数据库的唯一标识。代码中指定 app_id=0 的数据库存储各特征的一阶权重，指定 app_id=1 的数据库存储各特征的 Embedding 向量。

代码 3-4　分布式 FM Server 构造函数

```
1.    Server()
2.    {
3.        // server_w_ 是 app_id=0 的 KV 数据库，用于读写各特征的一阶权重
4.        server_w_ = new ps::KVServer<float>(0);
5.        // 处理一阶权重的具体逻辑在 KVServerSGDHandle_w 中实现
6.        server_w_->set_request_handle(SGD::KVServerSGDHandle_w());
7.
8.        // server_v_ 是 app_id=1 的 KV 数据库，用于读写各特征的 Embedding
9.        server_v_ = new ps::KVServer<float>(1);
10.       // 处理 Embedding 的具体逻辑在 KVServerSGDHandle_v 中实现
11.       server_v_->set_request_handle(SGD::KVServerSGDHandle_v());
12.   }
```

Server 接收到 Worker 发来的梯度后，用 FTRL 算法更新一阶权重和 Embedding 向量，以上业务逻辑分别在 KVServerSGDHandle_w 和 KVServerSGDHandle_v 中实现。这两个类的逻辑差不多，KVServerSGDHandle_v 处理的是 Embedding 向量，而 KVServerSGDHandle_w 将一阶权重看成长度为 1 的 Embedding 向量，所以，接下来重点看一下 KVServerSGDHandle_v 是如何存储、更新 Embedding 向量的，如代码 3-5 所示。

代码 3-5　FM 的 Server 端读写 Embedding

```
1.    struct KVServerSGDHandle_v
2.    {
3.        // operator() 是 Server 端处理每个 Pull 和 Push 请求的响应函数
4.        // req_meta 包含请求的元信息，req_data 包含请求的数据
5.        // server 是调用这个回调函数的 KVServer 实例，提供一些 API 可在回调函数中使用
6.        void operator()(const ps::KVMeta &req_meta, const ps::KVPairs<float> &req_data,
          ps::KVServer<float> *server)
7.        {
```

```
8.          size_t keys_size = req_data.keys.size(); // keys_size代表一共请求了多少个特征的参数
9.          size_t vals_size = req_data.vals.size();
10.         ps::KVPairs<float> res; // 用于填充回复结果
11.
12.         if (req_meta.pull) // 如果是一个Pull请求
13.         {
14.             res.keys = req_data.keys; // 请求了哪些特征，就是回复哪些特征
15.             // v_dim是每个Embedding的长度，一共有keys_size个特征
16.             // 结果的vals一共要开辟长度为keys_size * v_dim的数组
17.             res.vals.resize(keys_size * v_dim);
18.         }
19.
20.         for (size_t i = 0; i < keys_size; ++i) // 遍历请求的每个特征
21.         {
22.             ps::Key key = req_data.keys[i]; // key是请求的第i个特征的id
23.
24.             // store是KVServerSGDHandle_v的成员变量，是一个unordered_map
25.             // SGDEntry_v就是只有一个vector<float>成员的struct
26.             SGDEntry_v &val = store[key]; // 根据请求的特征的ID，找到Server端存储的Embedding
27.
28.             for (int j = 0; j < v_dim; ++j) // 遍历Embedding的每一位
29.             {
30.                 if (req_meta.push) // 如果是Push请求，就要更新本地的Embedding
31.                 {
32.                     // 请求数据req_data的数据域vals，是所有特征的Embedding的梯度拼接成的大向量
33.                     // g表示对第i个特征的Embedding的第j位的梯度
34.                     float g = req_data.vals[i * v_dim + j];
35.                     // val是指向本地存储的引用，这里用SGD算法更新第i个特征的Embedding的第j位
36.                     val.w[j] -= learning_rate * g;
37.                 }
38.                 else // 否则就是Pull请求，从Server端提取Embedding
39.                 {
40.                     // val.w就是本地存储的第i个特征的Embedding
41.                     // 这里是将其按位复制到结果res.vals中
42.                     res.vals[i * v_dim + j] = val.w[j];
43.                 }
44.             } // for遍历每一位
45.         } // for遍历每个特征
46.         server->Response(req_meta, res); // 回复给Worker
47.     }
48.
49. private:
50.     // 用一个map来存储各特征的Embedding
```

```
51.       // Key是一个特征的唯一标识id, sgdentry_v是对vector<float>的封装, 用于存储Embedding向量
52.       std::unordered_map<ps::Key, sgdentry_v> store;
53.  };
```

3. Worker 端示范代码

FMWorker 类运行在每个 Worker 节点, 负责利用 FM 算法训练本地数据, 计算出参数梯度, 汇报给 Server。FMWorker 的构造函数如代码 3-6 所示, 其中构建了两个 KVWorker 的实例, 可以将它们理解为两个操作 KV 数据库的客户端, 其中 kv_w 的 app_id=0, 与 Server 端 server_w_ 的 app_id 相同, 负责各特征一阶权重的通信; kv_v 的 app_id=1, 与 Server 端 server_v_ 的 app_id 相同, 负责各特征的 Embedding 的通信。

代码 3-6   FM Worker 构造函数

```
1.   FMWorker(......)
2.   {
3.       //app_id=0, 与 Server 端 server_w_ 的 app_id 相同, 负责特征一阶权重的通信
4.       kv_w = new ps::KVWorker<float>(0);
5.       //app_id=1, 与 Server 端 server_v_ 的 app_id 相同, 负责特征的 Embedding 的通信
6.       kv_v = new ps::KVWorker<float>(1);
7.       ......
8.   }
```

Worker 侧训练的入口位于 **FMWorker::batch_training()**函数, 用于多线程并发计算, 如代码 3-7 所示。

代码 3-7   FM Worker 训练入口

```
1.   void FMWorker::batch_training(ThreadPool *pool)
2.   {
3.       ......
4.       for (int epoch = 0; epoch < epochs; ++epoch) // 训练若干 epoch
5.       {
6.           xflow::LoadData train_data_loader(train_data_path, block_size << 20);
7.           train_data = &(train_data_loader.m_data); // 用于存储读入的一个mini-batch 的数据
8.
9.           while (1)  // 循环直到将本批次的训练数据都读完
10.          {
11.              // 读取一个mini-batch 的数据存放在 train_data->fea_matrix 中
12.              // fea_matrix 包含一个 batch 的样本, 是一个 vector<vector<kv>>
13.              // 外层 vector 代表各个样本, 内层 vector 代表一个样本中的各个特征
14.              train_data_loader.load_minibatch_hash_data_fread();
15.
16.              // 把这个mini-batch 的训练数据平分到各个线程上
17.              // 每个线程分配到 thread_size 条训练数据
```

```
18.             int thread_size = train_data->fea_matrix.size() / core_num;
19.             gradient_thread_finish_num = core_num;
20.
21.             for (int i = 0; i < core_num; ++i) // 遍历并启动各训练线程
22.             {
23.                 int start = i * thread_size;    // 当前线程分到的数据, 在mini-batch的起始位置
24.                 int end = (i + 1) * thread_size;// 当前线程分到的数据, 在mini-batch的终止位置
25.                 // 启动线程运行FMWorker::update,训练当前mini-batch[start:end]这部分局部数据
26.                 pool->enqueue(std::bind(&FMWorker::update, this, start, end));
27.             }
28.             while (gradient_thread_finish_num > 0) {// 等待所有训练线程结束
29.                 usleep(5);
30.             }
31.         }
32.     }
33. }
```

在代码 3-7 的第 26 行被调用的 update() 函数，如代码 3-8 所示。它运行在一个线程中，用局部一部分数据进行前代和回代，计算出对每个特征的一阶权重和 Embedding 的梯度，汇报给 Server。

代码 3-8　FM Worker 中一个训练线程的业务逻辑

```
1.  void FMWorker::update(int start, int end)//运行在独立线程中,训练mini-batch[start:end]这部分数据
2.  {
3.      size_t idx = 0;
4.      auto unique_keys = std::vector<ps::Key>();
5.
6.      // ******************** 遍历分配给自己的数据, 统计其中包含了哪些非零特征
7.      for (int row = start; row < end; ++row)
8.      {
9.          // sample_size 是第 row 行样本内部包含的特征个数
10.         int sample_size = train_data->fea_matrix[row].size();
11.
12.         for (int j = 0; j < sample_size; ++j) // 遍历当前样本的每个非零特征
13.         {
14.             idx = train_data->fea_matrix[row][j].fid;
15.             ......(unique_keys).push_back(idx); // idx 就是 feature_id
16.         }
17.     } // 遍历每条样本
18.
19.     // 把这部分数据中出现的所有 feature_id 去重
20.     // 因为向 Server Pull 参数的时候, 没必要重复 Pull 相同的 key
21.     std::sort((unique_keys).begin(), (unique_keys).end());
```

```
22.        (unique_keys).erase(unique((unique_keys).begin(), (unique_keys).end()),
           (unique_keys).end());
23.        int keys_size = (unique_keys).size(); // 去重后的非零 feature_id 个数
24.
25.        // ******************** 用去重后的非零 feature_id 从 Server Pull 最新的参数
26.        // Pull 这部分样本所包含的非零特征的一阶权重 "w"
27.        auto w = std::vector<float>();
28.        kv_w->Wait(kv_w->Pull(unique_keys, &w));
29.
30.        // Pull 这部分样本所包含的非零特征的 embedding "v"
31.        auto v = std::vector<float>();
32.        kv_v->Wait(kv_v->Pull(unique_keys, &v));
33.
34.        // ******************** 前代
35.        // loss 这个名字取得不好, 其实里面存储的是每个样本 loss->final logit 的导数
36.        auto loss = std::vector<float>(end - start);
37.        ...... calculate_loss(w, v, ..., unique_keys, start, end, ..., loss);
           // loss 是计算结果
38.
39.        // ******************** 回代
40.        // push_w_gradient: 存放 loss 对各特征的一阶权重'w'上的导数
41.        auto push_w_gradient = std::vector<float>(keys_size);
42.
43.        // push_v_gradient: 存放 loss 对各特征的 Embedding 的每一位上的导数
44.        // 由于 Embedding 是个向量,
45.        // 因此需要开辟的空间是 keys_size(去重后有多少 feaute)*v_dim_(每个 Embedding 的长度)
46.        auto push_v_gradient = std::vector<float>(keys_size * v_dim_);
47.
48.        // 计算结果输出至 push_w_gradient 和 push_v_gradient
49.        calculate_gradient(..., unique_keys, start, end, v, ..., loss,
50.                           push_w_gradient, push_v_gradient);
51.
52.        // ******************** 向 Sever Push 梯度, 让 Server 端更新模型参数
53.        // 注意!!! 这里的 Wait 只是等待异步 Push 完成
54.        // 每个 Worker 线程各自 Push 各自的, 完全没有与其他 Worker 同步, 因此这里实现的还是异步模式
55.        kv_w->Wait(kv_w->Push(unique_keys, push_w_gradient));
56.        kv_v->Wait(kv_v->Push(unique_keys, push_v_gradient));
57.
58.        --gradient_thread_finish_num; // 表示有一个线程完成训练
59.    }
```

　　至此，基于 ps-lite 实现分布式 FM 就演示完毕，读者可以从中体会一下分布式训练推荐模型的基本流程。受篇幅所限，更多的代码细节就不在这里展示了，感兴趣的读者可以阅读作者在个人公众号上发布的《ps-lite 源码解析》一文。

3.3.5　更先进的 PS

前面提到，ps-lite 只是 PS 的早期代表，功能比较简单，已经无法支持现代推荐模型越来越复杂的网络结构。为此各互联网大厂纷纷开发自己的 PS，针对推荐系统的特点进行了专门优化，功能越来越强大。本节将介绍两款有特色的实现，使读者能够对当今 PS 的发展现状有所了解。如今的 PS 越来越复杂，每个都值得花整章详细介绍。受篇幅所限，本节只概括性地介绍它们针对推荐系统进行了哪些创新，关于具体实现细节请感兴趣的读者参考相关参考文献。

1. 阿里巴巴的 XDL

XDL 是阿里巴巴开发的大规模、高性能、分布式深度学习平台。XDL 的特色就是采用纯异步并行（ASP）的方式来训练模型。前面讲过，得益于推荐系统的特征超级稀疏的特点，一轮迭代中，不同 Worker 节点上的训练数据所包含的非零特征较少重叠，不太会出现多个 Worker 节点同时更新 Server 端同一个特征的 Embedding 的冲突情况。所以，用纯异步的方式来更新 Embedding 参数是合理且常见的。

但是，对于 DNN 权重是所有 Worker 节点都要参与更新的，采用纯异步方式更新会导致冲突，造成前面提到的梯度失效问题，可能会对模型收敛造成负面影响。对此，XDL 认为这并不是什么大问题，失效的梯度可以理解为一种 Dropout，对训练结果的影响并不大，所以，XDL 还是推荐采用异步方式来训练模型。

XDL 的一大创新是引入了流水线机制，从而大大加快了训练速度。训练一个推荐模型，从流程上可以划分为读取训练数据、从 Server 拉取模型参数、Worker 前代回代模型这 3 个步骤（Stage）。传统上，这 3 个步骤是顺序执行的，比如"读数据"模块在读取了 batch 0 的训练数据之后，必须等后面的"拉取参数"和"前代回代"模块都执行完毕后才能开始读取 batch 1 的训练数据，如图 3-12(a)和代码 3-8 所示。

XDL 的做法是为每个步骤分配专门的线程池，并在步骤间引入队列（Queue）作为流水线，从而让多个步骤可以并发执行，如图 3-12(b)所示。比如"读数据"模块在读取 batch 0 的训练数据之后，只需将训练数据插入队列，就可以开始读取 batch 1 的数据，而不必等待"拉取参数"与"前代回代"也将 batch 0 执行完毕。另外两个步骤也如此，从而充分利用了多核处理器的资源优势，大大提高了训练效率。

XDL 的另一个创新是在 PS 的 Server 节点上也能够部署、训练模型。传统 PS 中的训练只发生在 Worker 节点上，Server 节点相当于一个 KV 数据库，只负责模型参数的存储和更新，不涉及模型的前代回代。阿里巴巴遇到的问题是，它们的模型使用到了一些图片、视频之类的多媒体特征，而这些特征的 Embedding 都比较大，比如 4096 维。在 Server 与 Worker 之间频繁传递这么长的向量会占用大量带宽资源，也导致很大的时延。

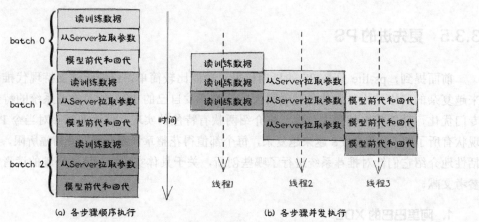

图 3-12 推荐训练过程中的顺序执行与并发执行

对此，XDL 的解决方案如下。

- 在每个 Server 节点部署一个可学习的压缩模型，其实就是一个简单的 MLP。
- 当 Worker 向 Server 请求某个图片特征的 Embedding 时，Server 提取出 4096 维的原始 Embedding 向量，其经过 Server 本地的压缩模型降低成 12 维的小向量，再回传给 Worker 节点，从而将网络通信量减少到原来的约 $\frac{1}{340}$。
- Server 端的压缩模型的参数，由每个 Server 利用存储在本地的图片随主模型一起优化得到。在一轮迭代结束时，各个 Server 上的压缩模型也需要同步参数。

显然，XDL 中 Server 端的功能更加强大，超出了传统的功能范围，因此 XDL 将其命名为先进模型服务器（Advanced Model Server，AMS）。

2. 快手的 Persia

Persia 是快手和苏黎世联邦理工学院（ETH）联合开发的、针对推荐场景的大规模分布式深度学习训练平台。Persia 最引人注目的创新点就是混合（Hybrid），即针对推荐模型中 Embedding 和 DNN 权重的不同特点，在训练时采取不同的更新策略和通信策略，如图 3-13 所示。

- 对于模型 Embedding 的参数，由于推荐系统中的特征超级稀疏，多个 Worker 节点同时更新同一个特征的 Embedding 的可能性不大，因此 Persia 对 Embedding 采用 ASP 模式，以加快训练速度，而不必过分担心冲突。对于 Embedding 的通信还是基于 PS 模式，即最新的 Embedding 保存在 Server 端，多个 Worker 节点通过 Server 作为中介，以保证访问到的 Embedding 统一一致，都是及时更新过的。
- 对于 DNN 各层的权重，这些参数是所有 Worker 都要更新的，采用 ASP 模式肯定会导致冲突。为此，Persia 采用 BSP 模式来更新 DNN 权重，也就是对 DNN 权重的更新必须等所有 Worker 节点都完成回代、上报梯度之后才能进行，以避免出现梯度失效问题，从而保证模型的收敛精度。对于 DNN 权重的通信，Persia 采用了 AllReduce 的通信模式。所谓

　　AllReduce 是一类高效的数据同步算法，让各 Worker 节点无须通过 Server 作为中介，就能够保证各自的 DNN 权重都是统一一致、及时更新过的。

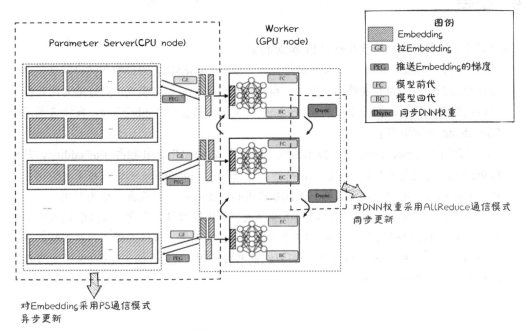

图 3-13　快手 Persia 平台的架构示意

　　另外，Persia 还优化了模型参数的存储空间。推荐模型为了提高推荐结果的个性化水平，大量采用了 User ID 和 Item ID 等细粒度特征，这就给 PS 如何存储这些特征的参数提出了以下挑战。

- 现代大型推荐系统有上亿级的用户和上百万甚至千万的物料，本来就要耗费大量的存储空间。这个问题通过多个 Server 组成集群分布式存储已经得到了很好的解决。
- 每天都会有新用户登录和新物料出现，如果它们的特征参数都保存进 PS，再多资源也有耗尽的一天。而且 PS 还为那些久未使用的僵尸用户和早就过期的旧物料保存参数，也是对资源的一种浪费。

　　为了避免 Server 上的存储空间无限制膨胀，包括 Persia 在内的现代 PS 都要具备特征准入和特征逐出的功能。

- 特征准入：当 PS 第一次遇到某个特征时，接纳它并为它分配存储空间的概率是 p，所以一个特征要平均出现 $\dfrac{1}{p}$ 次才能在 Server 端拥有一席之地。这么做的目的是避免为了只出现一两次的特征浪费存储空间。
- 特征逐出：如果有一个特征已经很久没有被更新了，就将这个特征的模型参数从 Server 端删除，以节省存储空间。

3.4 小结

本章聚焦于推荐算法中的核心概念 Embedding。

- 3.1 节介绍了 Embedding 的技术的来龙去脉，指出 Embedding 的目的和优势就是提高推荐模型的扩展性，使其能够举一反三，自动挖掘出低频、长尾模式，更好地为用户提供个性化服务。同时，演示了如何用 Python 实现稀疏特征的 Embedding，向读者揭示了 Embedding 的实现细节。

- 3.2 节介绍了 Embedding 两大技术路线，即共享 Embedding 和独占 Embedding。共享 Embedding 的优点在于节省参数和训练数据，而独占 Embedding 的优点在于避免相互干扰。互联网大厂不缺少训练数据，因此独占 Embedding 在大厂实践中更为常见。

- 海量数据和高维稀疏的特征空间增加了推荐模型的训练难度。为此，各互联网大厂都纷纷自行开发 PS 以提高训练效率。3.3 节介绍了 PS 的结构、训练流程和并发策略，通过一个例子演示了基于 PS 的分布式推荐算法的开发过程，最后介绍了现代 PS 针对推荐系统特点所进行的一系列创新。

第 4 章

精排

第 2 章和第 3 章主要讨论的是推荐系统中的特征，即如何构建特征和将特征喂入模型的主要形式 Embedding。从木章起，我们将讨论推荐算法模型。

4.1　推荐算法的 5 个维度

在介绍具体的模型之前，我们先看看当今算法研究的现状。如今我们面临的问题，不是论文太少，而是论文太多，信息爆炸。每年 KDD、SIGIR、CIKM 上，各种各样的 DNN、GNN、FM、Attention 的论文满天飞，其中不乏实打实的干货，但不少是价值不高的论文，让人不知道哪个方法才是解决自己问题的灵丹妙药（当然抱着找银弹的想法来读论文确实天真了一些）。

造成这种"永远追新、无所适从"的原因是，有些人孤立地读论文，结果只能是只见树木，不见森林。正确的思路应该是，梳理一门学问的脉络，然后在读论文的时候，根据这个脉络分门别类，比如某篇文章到底是在哪个分支上进行了改进。等日后遇到实际问题时先拆解问题，再到问题涵盖的分支上去寻找合适的解决方案。只有这样，才能真正将各篇论文中的观点融会贯通，而不是"狗熊掰棒子"，读得越多反而越糊涂。

作者根据个人经验将推荐算法模型梳理成如下 5 个维度。

第一维：记忆与扩展

记忆与扩展是推荐系统的两大永恒主题。推荐模型要能记住高频、常见模式以应对"红海"，也能够扩展发现低频、小众模式以开拓"蓝海"。这个观点在 3.1 节讲 Embedding 的前世今生时已经提到过，4.2.3 节将会讲到，经典的 Wide & Deep 模型就是记忆与扩展在模型设计中的体现。

第二维：Embedding

Embedding 技术将推荐算法由根据概念的精确匹配（生搬硬套）升级为基于向量的模糊查找（举一反三），极大增强了模型的扩展能力，是推荐系统中所有深度学习模型的基础。这个观点已经在 3.1 节讨论过。

第三维：高维稀疏的类别特征

高维稀疏的类别特征是推荐系统中的一等公民，充分认识这一数据特性，是理解推荐系统中很多技术的前提。比如：

- 为了加速对高维稀疏特征的训练，基于 PS 的分布式训练架构（见 3.3.2 节）应运而生，成为各互联网大厂的标配；
- 为了解决稀疏特征受训机会不均衡的问题，很多优化算法为每个特征采用不同的学习率和正则系数；
- 为了缓解单个类别特征表达能力弱的问题，我们采用 Embedding 来扩展其内涵，使用各种交叉结构扩展其外延。

第四维：交叉结构

正如上文提到的，我们需要设计交叉结构，使喂入模型的特征"融会贯通"，增强它们的表达能力。4.2 节将讨论推荐模型中常见的交叉结构。除了大家耳熟能详的 DNN 这种隐式交叉方案，还有一阶、二阶、多阶等显式交叉方案以及这两类交叉方案的相互融合。

第五维：用户行为序列建模

推荐系统的核心任务是猜测用户喜欢什么，而用户在 App 内部的各种行为（比如浏览、点击、点赞、评论、购买、观看、划过）组成的序列，隐藏着用户最真实的兴趣，是尚待我们挖掘的宝藏。因此，基于用户行为序列的兴趣建模是推荐模型的重中之重。

用户行为序列数据量大（短期行为几十、上百，长期行为成千上万），单个行为包含的信息有限而且随机性强，将这些行为序列压缩成一个或几个固定长度的用户兴趣向量绝非易事。4.3 节将介绍对用户短期/长期行为序列建模的几种经典模型。

4.2 交叉结构

精排算法发展脉络的一条主线就是交叉结构的演进。本节将详细介绍精排常用的几种经典交叉结构。

4.2.1 FTRL：传统时代的记忆大师

在深度学习大行其道之前，推荐系统的精排环节主要依赖的是 Logistic Regression（LR），一个说起来简单、实现起来又大有讲究的算法。

LR 本身很简单，如公式(4-1)所示。

$$\text{CTR}_{\text{predict}} = \text{sigmoid}\left(\boldsymbol{w}^{\text{T}}\boldsymbol{x}\right) = \text{sigmoid}\left(\sum_i w_i x_i\right) \qquad \text{公式(4-1)}$$

该公式中各关键参数的含义如下。

- x 是某条样本的所有特征组成的向量，x_i 表示其中的第 i 个特征。
- w 是权重向量，需要 LR 算法将其学习出来，w_i 是对应特征 x_i 的权重向量。
- $CTR_{predict}$ 代表模型预测出的点击率。

我们在第 2 章中提到过，推荐系统中的特征以类别特征为主，所以 x_i 不是 0 就是 1，因此 LR 公式可以简化为公式(4-2)。

$$CTR_{predict} = sigmoid\left(\sum_{j \in I} w_j\right), I = \{i \mid x_i = 1\} \qquad 公式(4\text{-}2)$$

其中，I 代表一条样本中所有非零特征的集合，其他参数的含义请见公式(4-1)。

按照 4.1 节提到的"推荐算法的 5 个维度"，我们可以将 LR 做如下归纳。

- LR 就是一个大的评分卡。它强于记忆，把每个特征（比如原始特征或组合特征）的重要性（即权重）都牢牢记住。LR 在预测时，看当前用户、当前物料、当前场景命中了哪些特征，再把这些特征对应的权重相加求和，就得到了排序得分。整个模型的预测过程就是一个提取记忆的过程。
- LR 中每个特征只贡献一个权重，没有 Embedding，缺乏"内涵"。LR 在模型侧不会对特征进行交叉（但是可以通过人工设计交叉特征来弥补），缺乏"外延"。基于这两点，LR 的扩展性比较弱。

1. 推荐系统对模型的技术要求

推荐系统中所使用的 LR 不简单，因为所有推荐系统所使用的模型都需要满足以下两条技术要求。

一是模型必须能够在线学习。

在一些简单的机器学习场景下，当我们训练完一版模型并部署上线后，很长一段时间内就不再更新了。下次更新要等一天、一周甚至更久，然后用这段时间间隔内收集到的数据重新训练一版新模型，以替换线上旧模型。

但是对于互联网大厂的推荐模型来说，日级甚至小时级的更新都是不可接受的，因为在推荐系统中，用户与系统的交互非常频繁，模型需要根据用户对上一次推荐结果的反馈快速调整自己。上一次推荐错了，需要及时修正；即使上次推荐对了，因为用户兴趣变化很快，模型也要能够及时察觉这种变化，并做出调整。

因此，互联网大厂的推荐模型都需要具备实时、在线学习（Online Learning）的能力，如图 4-1 所示。在线学习流程的步骤如下。

（1）用户在 App 前端的动作触发后台服务向排序服务 Ranker 发送一条请求，其中包括当前用户的信息和当前所有候选物料的信息。

（2）Ranker 从当前用户与候选物料的信息中提取出特征，喂入排序模型，模型给所有候选物料打分并排序，排序好的结果发往 App 展示给用户。

（3）与此同时，提取好的特征组成特征快照（见第 2 章），发送给拼接服务 Joiner。

（4）用户对步骤（2）所展示的结果进行反馈（比如点击、观看、购买），反馈结果也发送给 Joiner。

（5）Joiner 将对应同一条请求的特征快照和用户反馈拼接起来，组成一批新样本发往训练服务 Trainer。

（6）Trainer 利用这批新样本，增量更新模型参数。

（7）更新后的模型参数被推送至 Ranker，以服务于用户的下次请求。

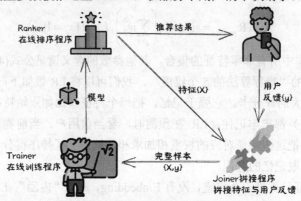

图 4-1　在线学习流程示意

LR 很容易实现在线学习，因为它的经典解法 Stochastic Gradient Descent（SGD，随机梯度下降）天生就是支持增量更新的。当一次只输入一条样本时，SGD 就变成了 Online Gradient Descent（OGD，在线梯度下降），如公式(4-3)所示。

$$w_{t+1} = w_t - \eta_t g_t$$
公式(4-3)

该公式中各关键参数的含义如下。

- g_t 是模型根据第 t 个样本计算出的梯度向量。
- η_t 是遇到第 t 个样本时，模型决定采用的迭代步长。
- w_t 是模型对第 t 个样本前代所使用的权重向量。
- w_{t+1} 是模型被第 t 个样本回代后得到的新的权重向量。

二是模型参数需要尽可能稀疏。

LR 就是一个评分卡。推荐系统中的特征是高维稀疏的，上亿属平常，上十亿、百亿也不罕见。如果每个特征都在评分卡中占据一项权重参数，那么如此庞大的评分卡在存储、查询时都面临着巨大的性能压力。因此，我们希望模型在保证预测精度的同时，它的输出（例如权重或 Embedding）也尽可能稀疏。如果某个特征 x_j 不重要，那么模型能够将它的权重 w_j 直接赋成 0，而不是保留一个非常接近 0 的小数来浪费空间。数值为 0 的权重被剔除出评分卡，"瘦身"成功后的评分卡在存储、查询时的性能都得到大幅提升。

LR 的 OGD 解法，其预测精度还是不错的，缺点在于输出的权重不够稀疏。原因在于，g_t 是根据单一样本计算出的梯度，随机性比较强，使得即使是 L1 正则这种在批量输入时效果还不错的手段，在 OGD 环境下也很难找到足够稀疏的解。

除了 OGD，业界还进行了很多尝试，比如 TG、FOBOS、RDA 等，效果都不能令人满意，无法在预测精度与稀疏解这两方面取得很好的平衡。

2. FTRL 算法原理

为了解决以上难题，Google 花费三年时间（2010～2013 年），从理论推导到工程化实现了 FTRL（Follow The Regularized Leader）算法。FTRL 兼顾预测精度与解的稀疏性，性能出色，被各互联网大厂效仿采纳。

FTRL 的前身是 FTL（Follow The Leader）。FTL 其实不单指某一个算法，而是在线学习的一种思路，即为了减少单个样本的随机扰动，第 t 步的最优参数不是单单最小化第 t 步的损失，而是让之前所有步骤的损失之和最小。FTRL 只不过在 FTL 的基础上添加了正则项，如公式(4-4)所示。

$$w_{t+1} = \mathrm{argmin}_w \left[\left(\sum_{s=1}^{t} \mathrm{Loss}(s, w) \right) + \mathrm{R}(w) \right] \qquad 公式(4\text{-}4)$$

该公式中各关键参数的含义如下。

- w_{t+1} 表示被前 t 条样本优化后用于预测第 $t+1$ 条样本的模型权重。

- $\mathrm{Loss}(s, w)$ 表示第 s 条样本在权重 w 下计算所得到的损失。

- $\mathrm{R}(w)$ 表示对权重 w 的正则项。

但是，公式(4-4)中的 $\sum_{s=1}^{t} \mathrm{Loss}(s, w)$ 不容易求解。因此，我们需要引入代理损失函数。FTRL 采用的代理损失函数如公式(4-5)所示。

$$w_{t+1} = \mathrm{argmin}_w \left[g_{1:t} \cdot w + \frac{1}{2} \left(\sum_{s=1}^{t} \sigma_s \parallel w - w_s \parallel_2^2 \right) + \lambda_1 \parallel w \parallel_1 + \frac{1}{2} \lambda_2 \parallel w \parallel_2^2 \right] \qquad 公式(4\text{-}5)$$

该公式中各关键参数的含义如下。

- $g_{1:t} = \sum_{s=1}^{t} g_s$，$g_s$ 表示由第 s 条样本回代得到的梯度向量，所以 $g_{1:t}$ 表示第 1~t 个样本的梯度向量之和。由于在线学习的随机性较强，使用累积梯度可以避免使用单样本梯度带来的较大抖动，这也是 FTL 思想的体现。

- $\sigma_s = \frac{1}{\eta_s} - \frac{1}{\eta_{s-1}}$ 主要是为了推导公式方便而设置的，η_s 表示第 s 步的步长。

- w_s 表示前代第 s 条样本时模型所使用的权重，同时也表示被前 $s-1$ 条样本优化后的权重。

- w 表示模型被前 t 条样本优化后的权重，是我们的求解目标，其优化结果就是 w_{t+1}，将被用于前代第 $t+1$ 条样本。

- $\sum_{s=1}^{t} \sigma_s \parallel w - w_s \parallel_2^2$ 相当于一个正则项，要求当前正在被优化的权重 w 与它的每个历史版本 w_s 不能相距过远，这是为了防止模型一味迎合新样本，而损害对旧样本的拟合能力。

- $\lambda_1 \parallel w \parallel_1$ 表示传统的 L1 正则，$\frac{1}{2} \lambda_2 \parallel w \parallel_2^2$ 表示传统的 L2 正则。

由于受篇幅所限，本书中不列出详细的优化过程，而是直接给出解，如公式(4-6)和公式(4-7)所示。对推导过程感兴趣的读者可以参考相关文献。

$$z_{t,i} = g_{1:t,i} - \sum_{s=1}^{t} \sigma_s w_{s,i}$$ 公式(4-6)

$$w_{t+1,i} = \begin{cases} 0 & ,|z_{t,i}| \leq \lambda_1 \\ -\dfrac{1}{\lambda_2 + \sum_{s+1}^{t} \sigma_s}\left(z_{t,i} - \mathrm{sgn}\left(z_{t,i}\right) \times \lambda_1\right) & ,|z_{t,i}| > \lambda_1 \end{cases}$$ 公式(4-7)

上述公式中各关键参数的含义如下。

- 以上公式中的下标 t 表示第 t 步，也就是模型针对第 t 条样本的训练过程。下标 i 表示一个向量的第 i 个元素。所以，$w_{t,i}$ 表示第 i 个特征在第 t 步时的权重。
- $z_{t,i}$ 是为了推导方便而引入的中间变量，其中 σ_s 的定义参考公式(4-5)。
- 特别地，当 $|z_{t,i}| \leq \lambda_1$ 时，第 i 个特征的新权重 $w_{t+1,i}$ 会被直接置为 0，这就是 FTRL 算法能够产生稀疏解的原因。
- sgn 表示符号函数。

另外，由于推荐系统中的特征超级稀疏，不同特征在训练数据中的分布不均，导致不同特征受训的机会严重不均等。为此，FTRL 放弃使用统一的步长，为每个特征单独设置步长，如公式(4-8)所示。

$$\eta_{t,i} = \frac{\alpha}{\beta + \sqrt{\sum_{s=1}^{t} g_{s,i}^2}}$$ 公式(4-8)

该公式中各关键参数的含义如下。

- $g_{s,i}$ 代表由第 s 条样本计算出的、针对第 i 个特征的梯度。
- 对于频繁出现的特征，很多样本都贡献了对它的梯度，$\sum_{s=1}^{t} g_{s,i}^2$ 累积得比较大，因此步长 η_i 会小一些，不会导致已经学得很好的 w_i 剧烈变化。
- 对于较少出现的特征，之前累积的 $\sum_{s=1}^{t} g_{s,i}^2$ 还比较小，步长 η_i 会大一些，因为对于超级稀疏的特征，每个样本都非常珍贵，大步长有利于对这些样本的应用。
- α 和 β 是两个超参数。

将公式(4-8)代入公式(4-7)，最终 FTRL 中对每个特征的权重 w_i 的迭代公式如公式(4-9)所示。

$$w_{t+1,i} = \begin{cases} 0 & ,|z_{t,i}| \leq \lambda_1 \\ -\left(\lambda_2 + \dfrac{\beta + \sqrt{\sum_{s=1}^{t} g_{s,i}^2}}{\alpha}\right)^{-1}\left(z_{t,i} - \mathrm{sgn}\left(z_{t,i}\right) \times \lambda_1\right) & ,|z_{t,i}| > \lambda_1 \end{cases}$$ 公式(4-9)

基于 FTRL 的 CTR 预测程序的伪代码实现如代码 4-1 所示。

代码 4-1　基于 FTRL 的 CTR 预测的伪代码实现

	Algorithm：FTRL for CTR prediction
1.	**Input**: hyper-parameters α，β，λ_1，λ_2
2.	**for** $i = 1$ to d **do** // 一共有 d 个特征
3.	$z_i = 0$，$\eta_i = 0$ // 为每个特征初始化中间状态变量 z_i 和 η_i
4.	**end for**
5.	**for** $t = 1$ to T **do** // 遍历所有样本，T 是样本总数
6.	receive feature vector x_t for t-th sample
7.	let $I = \{i \mid x_i \neq 0\}$ // 第 t 条样本中非零特征组成的集合
8.	
9.	**for** all $i \in I$ **do** // 利用中间状态变量，为每个特征计算出最新权重
10.	$w_{t,i} = \begin{cases} 0 & ,\lvert z_{t,i}\rvert \leq \lambda_1 \\ -\left(\lambda_2 + \dfrac{\beta + \sqrt{\eta_i}}{\alpha}\right)^{-1}\left(z_{t,i} - \mathrm{sgn}\left(\eta_{t,i}\right) \times \lambda_1\right) & ,\lvert z_{t,i}\rvert > \lambda_1 \end{cases}$
11.	**end for**
12.	
13.	$p_t = \mathrm{sigmoid}\left(w_t \cdot x_t\right)$ // 前代得到第 t 条样本的得分 p_t
14.	observe label $y_t \in \{0,1\}$ // 得到了用户反馈
15.	
16.	**for** all $i \in I$ **do** // 开始回代
17.	$g_i = \left(p_t - y_t\right)x_i$ // 针对第 i 个特征对应权重的梯度
18.	$\sigma_i = \dfrac{\sqrt{\eta_i + g_i^2} - \sqrt{\eta_i}}{\alpha}$ // 参考公式(4-8)
19.	$z_i = z_i + g_i - \sigma_i w_{t,i}$ // 更新每个特征的状态
20.	$\eta_i = \eta_i + g_i^2$ // 更新每个特征的状态
21.	**end for**
22.	**end for**

3. 用 Python 实现 FTRL

作者基于 Python 实现了 FTRL 算法，如代码 4-2 所示。请读者结合代码 4-1 中的伪代码对照学习，加深理解。

代码 4-2　基于 Python 实现的 FTRL

```
1.    class FtrlEstimator:
2.        def __init__(self, alpha, beta, L1, L2):
3.            self._alpha = alpha # 用于调节步长的超参
4.            self._beta = beta # 用于调节步长的超参
5.            self._L1 = L1 # L1 正则系数
```

```
6.          self._L2 = L2 # L2 正则系数
7.
8.          self._n = defaultdict(float)  # n[i]: i-th feature's squared sum of past gradients
9.          self._z = defaultdict(float)
10.
11.         # lazy weights, 实际上是一个临时变量，只在：
12.         # 1. 对应的 feature value != 0，并且
13.         # 2. 之前累积的 abs(z) > L1
14.         # 两种情况都满足时，w 才在 Feature id 对应的位置上存储一个值
15.         # 而且 w 中数据的存储周期只在一次前代、回代之间，在新的前代开始之前就清空上次的 w，节省内存
16.         self._w = {}
17.
18.         self._current_feat_ids = None
19.         self._current_feat_vals = None
20.
21.     def predict_logit(self, feature_ids, feature_values):
22.         """ 前代过程
23.         :param feature_ids: non-zero feature ids for one example
24.         :param feature_values: non-zero feature values for one example
25.         :return: logit for this example, i.e., wTx
26.         """
27.         self._current_feat_ids = feature_ids
28.         self._current_feat_vals = feature_values
29.
30.         logit = 0
31.         self._w.clear() # lazy weights，所以没有必要保留之前的 weights
32.
33.         # 如果当前样本在这个 Field 下的所有 Feature 都为 0，则 feature_ids==feature_values==[]
34.         # 没有以下循环，logit=0
35.         for feat_id, feat_val in zip(feature_ids, feature_values):
36.             z = self._z[feat_id]
37.             sign_z = -1. if z < 0 else 1.
38.
39.             # build w on the fly using z and n, hence the name - lazy weights
40.             # this allows us for not storing the complete w
41.             # if abs(z) <= self._L1: self._w[feat_id] = 0.  # w[i] vanishes due to
42.             # L1 regularization
42.             if abs(z) > self._L1:
43.                 # apply prediction time L1, L2 regularization to z and get w
44.                 w = (sign_z * self._L1 - z)/((self._beta + np.sqrt(self._n[feat_id]))/
                    self._alpha + self._L2)
45.                 self._w[feat_id] = w
46.                 logit += w * feat_val
47.
```

```
48.            return logit
49.
50.        def update(self, pred_proba, label):
51.            """ 回代过程
52.            :param pred_proba: 与 last_feat_ids/last_feat_vals 对应的预测 CTR
53.            注意 pred_proba 并不一定等于 sigmoid(predict_logit(...))，因为还要考虑 deep 侧贡
               献的 logit
54.            :param label:            与 last_feat_ids/last_feat_vals 对应的 true label
55.            """
56.            grad2logit = pred_proba - label
57.
58.            # 如果当前样本在这个 Field 下的所有 Feature 都为 0，则没有以下循环，没有更新
59.            for feat_id, feat_val in zip(self._current_feat_ids, self._current_feat_vals):
60.                g = grad2logit * feat_val
61.                g2 = g * g
62.                n = self._n[feat_id]
63.
64.                self._z[feat_id] += g
65.
66.                if feat_id in self._w: # if self._w[feat_id] != 0
67.                    sigma = (np.sqrt(n + g2) - np.sqrt(n)) / self._alpha
68.                    self._z[feat_id] -= sigma * self._w[feat_id]
69.
70.                self._n[feat_id] = n + g2
```

4.2.2 FM: 半只脚迈入 DNN 的门槛

FM 的前身就是 LR，担心只包含一阶特征表达能力弱，而加入了二阶特征交叉，如公式(4-10)
所示。

$$\text{logit}_{\text{FM}} = b + \sum_{i=1}^{n} w_i x_i + \sum_{i=1}^{n} \sum_{j=i+1}^{n} w_{ij} x_i x_j \qquad \text{公式(4-10)}$$

该公式中各关键参数的含义如下。

- x_i 代表输入样本中第 i 个特征对应的特征值。
- b 代表要学习的偏置项。
- w_i 代表一阶特征的权重。
- w_{ij} 代表二阶特征交叉的权重。

但是，引入二阶特征交叉后，也增加了训练难度，体现在以下方面。

- 假设一共有 n 个特征，所有特征之间两两交叉，只 w_{ij} 一项就引入了 n^2 个要训练的参数。

  而要将这么多的参数训练好，就需要更多的数据，否则就容易过拟合（overfitting）。

■ 由公式(4-10)可知，只有遇到 x_i 和 x_j 都不为 0 的样本，w_{ij} 才得到一次训练机会。但是推荐系统的一大特点就是类别特征高维稀疏，符合条件的样本少之又少，导致 w_{ij} 得不到充分训练。

为了解决以上难题，业界提出了 FM 算法，如公式(4-11)所示。

$$\text{logit}_{\text{FM}} = b + \sum_{i=1}^{n} w_i x_i + \sum_{i=1}^{n} \sum_{j=i+1}^{n} \left(v_i \cdot v_j \right) x_i x_j \qquad \text{公式(4-11)}$$

该公式中各关键参数的含义如下。

■ 模型对于每个特征，除了要学习它的一阶权重 w_i，还要再多学习一个 Embedding，也就是公式(4-11)中的 v_i。

■ 而 x_i 和 x_j 共现特征之前的权重 w_{ij} 等于对应特征的 Embedding 的点积，即 $w_{ij} = v_i \cdot v_j$。

FM 的想法虽然简单，但作用巨大：要学习的参数量由 n^2 变成了 nk，k 是每个特征 Embedding 的长度，大大减少了学习的参数量；只要 $x_i \neq 0$ 的样本都能训练 v_i，$x_j \neq 0$ 的样本都能训练 v_j，也就间接训练了 w_{ij}，因此数据利用率更高，训练更加充分。

除了使训练变得更容易，FM 还有效提升了模型的扩展性。如果还使用手动二阶交叉的 LR（见公式(4-10)），对于不曾在训练样本中出现过的特征组合 $x_i x_j$，LR 对这一特征组合前面的权重 w_{ij} 无从学起，只能赋成 0，也就是剥夺了小众模式发挥作用的机会。如果用 FM 模型，虽然 $x_i x_j$ 这种组合从来没有在训练样本中出现过，但是 x_i 和 x_j 在训练样本中都曾单独出现，因此模型训练好了 v_i 和 v_j。因此 FM 能够预测出 $w_{ij} = v_i \cdot v_j$，从而给小众模式提供了一个发挥作用的机会。

观察公式(4-11)，我们发现二阶交叉部分的复杂度仍然是 $O(n^2)$，并不实用。而且实际场景中以稀疏类别特征为主，x_i、x_j 不是 0 就是 1。因此，公式(4-11)可以等价变换成更加实用的公式(4-12)。

$$\begin{aligned}
\text{logit}_{\text{FM}} &= b + \sum_{i \in I} w_i + \sum_{i \in I} \sum_{j=i+1} v_i \cdot v_j \\
&= b + \sum_{i \in I} w_i + \text{reducesum}\left(\sum_{i \in I} \sum_{j=i+1} v_i \odot v_j \right) \qquad \text{公式(4-12)} \\
&= b + \sum_{i \in I} w_i + \frac{1}{2} \text{reducesum}\left[\left(\sum_{i \in I} v_i \right)^2 - \sum_{i \in I} v_i^2 \right]
\end{aligned}$$

该公式中各关键参数的含义如下。

■ $\odot$ 代表两个向量按位相乘。

■ reducesum 操作表示将一个向量所有位置上的元素相加。

■ I 是某个样本中所有非零特征的集合。

相比公式(4-11)的平方级的复杂度，公式(4-12)拥有线性复杂度，而且只需要遍历样本中的非零特征。得益于推荐系统中的特征超级稀疏，一个样本包含的非零特征非常有限，因此根据公式(4-12)训练与预测 FM 的速度都非常快。

关于 FM 的经典实现请参考 alphaFM，由于本书篇幅所限，这里不再讲解它的代码。alphaFM 在前代时遵循公式(4-12)，4.2.4 节将演示如何用 TensorFlow 来实现。alphaFM 在回代更新 w 和 Embedding 时遵循 FTRL 算法，4.2.1 节已经用 Python 实现过。

按照之前提到的"推荐算法的 5 个维度"，FM 为每个特征引入了 Embedding，还引入了允许所有特征进行自动二阶交叉的结构，这两个措施大大提升了模型的扩展性。因为引入了 Embedding 和交叉，所以说 FM 已经半只脚迈进了深度学习的大门。另外，除了用于精排环节，FM 还能用于召回和粗排，可谓推荐模型界的"瑞士军刀"，5.4 节还会再提到它。

4.2.3 Wide & Deep：兼顾记忆与扩展

如 3.1 节所述，记忆与扩展是推荐系统面临的两大永恒主题，需要推荐系统的各个环节携手解决。Google 在 2016 年发表的经典模型 Wide & Deep，正是在模型设计上对这两大主题的回应。Wide & Deep 深深影响了模型设计思路的发展，从之后的 DeepFM、DCN 上都能看到 Wide & Deep 的影子。

1. Wide & Deep 算法原理

Wide & Deep 网络由浅层网络 Wide 与深层网络 Deep 两部分组成，整体网络结构如图 4-2 所示。

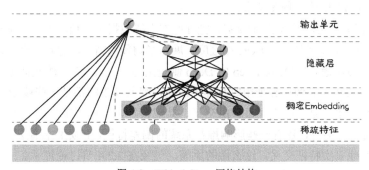

图 4-2　Wide & Deep 网络结构

Deep 侧是一个 DNN

Deep 侧遵循推荐模型的经典设计范式：Embedding + MLP，可以简单描述成公式(4-13)。

$$\text{logit}_{\text{dnn}} = \text{DNN}\Big(\text{Concat}\big(\text{Embedding}\big(\boldsymbol{x}_{\text{deep}}\big)\big)\Big) \qquad 公式(4\text{-}13)$$

该公式中各关键参数的含义如下。

- $\boldsymbol{x}_{\text{deep}}$ 代表要输入 Deep 侧的特征。
- Embedding 代表将稀疏特征映射成稠密向量的操作。其最底层是若干 Embedding 层。每个 Field 对应一个 Embedding 层，负责将每个 Field 内部的一个或多个 Feature 映射成一个固定长度的稠密浮点数向量。如果某个 Field 里面又包含多个 Feature，比如某个物料的 "物料标签" 这个 Field 里包含多个标签作为 Feature，那么这个 Field 的 Embedding 就是多个 Feature Embedding "池化"（Pooling）后的结果。Pooling 可以有多种选择，比如 Sum Pooling、Average Pooling、Max Pooling 等。关于 Embedding 的具体实现细节，可以参考 3.1.4 节的 Python 代码。

- Concat 代表将各个 Field 输出的 Embedding 拼接成一个大向量。
- 拼接好的向量喂入上层的 DNN。DNN 的最后一层输出 $\text{logit}_{\text{dnn}}$，代表 Deep 侧的预测结果。

Deep 侧对类别特征使用了 Embedding 以扩展它们的内涵，再加上 DNN 对特征进行高阶隐式交叉，大大增强了模型的扩展性和推荐系统的多样性，有利于满足低频、小众、个性化的用户需求。

Wide 侧是一个 LR

Wide 侧其实就是一个 LR，可以简写成公式(4-14)。

$$\text{logit}_{\text{wide}} = \boldsymbol{w}_{\text{wide}} \cdot \boldsymbol{x}_{\text{wide}} \qquad\qquad 公式(4\text{-}14)$$

该公式中各关键参数的含义如下。

- $\boldsymbol{x}_{\text{wide}}$ 是要喂入 Wide 侧的特征。
- $\boldsymbol{w}_{\text{wide}}$ 是 Wide 侧那个 LR 的权重。
- $\text{logit}_{\text{wide}}$ 是 Wide 侧的预测结果。

Wide 侧发挥 LR "强于记忆" 的优势，把那些在训练数据中高频、大众的模式牢牢记住。此外，Wide 侧的另一个作用是防止 Deep 侧过度扩展而影响预测精度，起到了类似正则化的作用。

基于以上两点考虑，Wide & Deep 中 Deep 侧是主力，Wide 侧主要起到查漏补缺的作用，因此，Wide 侧的 LR 不必像单独使用时那样大而全，喂入其中的都是一些被先验知识认定非常重要的精华特征，主要是一些人工设计的交叉、共现特征，比如 "用户喜欢军事类，而当前视频的标签是坦克"。另外，还有一些影响推荐系统的偏差特征，比如位置偏差，只能喂入 Wide 侧，以避免与其他真实特征交叉。这么做的原因，已经在 2.2.4 节讨论过了。

Wide & Deep 共同训练

模型最终的预测结果是：

$$\text{CTR}_{\text{predict}} = \text{sigmoid}\left(\text{logit}_{\text{wide}} + \text{logit}_{\text{deep}}\right)。$$

训练的时候，Wide 侧与 Deep 侧一同优化：为了保证 Wide 侧解的稀疏性，Wide 侧一般采用 FTRL 优化器；Deep 侧采用 DNN 的常规优化器，比如 AdaGrad、Adam 等。

2. Wide & Deep 源码解析

TensorFlow2 中自带对 Wide & Deep 的实现，关键代码和注释如代码 4-3 所示。

代码 4-3 TensorFlow 自带 Wide & Deep 实现

```
1.  class WideDeepModel(keras_training.Model):
2.
3.      def call(self, inputs, training=None):
4.          linear_inputs, dnn_inputs = inputs
5.
6.          # Wide 部分前代, 得到 logit
7.          linear_output = self.linear_model(linear_inputs)
8.          # Deep 部分前代, 得到 logit
9.          dnn_output = self.dnn_model(dnn_inputs)
10.
11.         # Wide logit 与 Deep logit 相加
12.         output = tf.nest.map_structure(
13.             lambda x, y: (x + y), linear_output, dnn_output)
14.
15.         # 一般采用 sigmoid 激活函数, 由 logit 得到 CTR
16.         return tf.nest.map_structure(self.activation, output)
17.
18.     def train_step(self, data):
19.         x, y, sample_weight = data_adapter.unpack_x_y_sample_weight(data)
20.
21.         # ------------- 前代
22.         # GradientTape 是 TF2 自带的功能, GradientTape 内的操作能够自动求导
23.         with tf.GradientTape() as tape:
24.             y_pred = self(x, training=True)  # 前代
25.             # 由外部设置的 compiled_loss 计算 loss
26.             loss = self.compiled_loss(
27.                 y, y_pred, sample_weight, regularization_losses=self.losses)
28.
29.         # ------------- 回代
30.         linear_vars = self.linear_model.trainable_variables  # Wide 部分的待优化参数
31.         dnn_vars = self.dnn_model.trainable_variables  # Deep 部分的待优化参数
32.
33.         # 分别计算 loss 对 linear_vars 的导数 linear_grads
34.         # loss 对 dnn_vars 的导数 dnn_grads
35.         linear_grads, dnn_grads = tape.gradient(loss, (linear_vars, dnn_vars))
36.
37.         # 一般用 FTRL 优化 Wide 侧, 以得到更稀疏的解
38.         linear_optimizer = self.optimizer[0]
39.         linear_optimizer.apply_gradients(zip(linear_grads, linear_vars))
40.
41.         # 用 Adam、AdaGrad 优化 Deep 侧
42.         dnn_optimizer = self.optimizer[1]
43.         dnn_optimizer.apply_gradients(zip(dnn_grads, dnn_vars))
```

4.2.4　DeepFM：融合二阶交叉

DeepFM 是华为于 2017 年发布的网络结构，在 Wide & Deep 的基础上对 Wide 侧进行了改进。

1.　DeepFM 算法原理

前文讲到 Wide & Deep 中的 Wide 侧是一个 LR，主要喂入一些手工设计的交叉特征，耗费精力并严重依赖工程师的经验。为了解决这一问题，华为在 Wide 侧增加了 FM，自动进行二阶特征交叉。整个网络结构如图 4-3 所示。

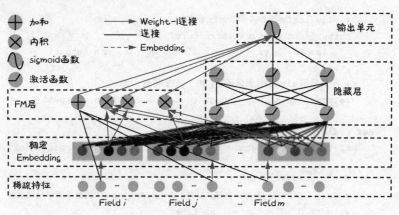

图 4-3　DeepFM 网络结构

DeepFM 的原理可以简写成公式(4-15)。

$$\text{logit}_{\text{dnn}} = \text{DNN}\Big(\text{Concat}\big(\text{Embedding}\big(\boldsymbol{x}_{\text{dnn}}\big)\big)\Big) \quad\text{(a)}$$

$$\text{logit}_{\text{fm}} = \text{FM}\big(\boldsymbol{x}_{\text{fm}}, \text{Embedding}\big(\boldsymbol{x}_{\text{fm}}\big)\big) \quad\text{(b)}$$

公式(4-15)

$$\text{logit}_{\text{lr}} = \boldsymbol{w}_{\text{lr}} \cdot \boldsymbol{x}_{\text{lr}} \quad\text{(c)}$$

$$\text{CTR}_{\text{predict}} = \text{sigmoid}\big(\text{logit}_{\text{lr}} + \text{logit}_{\text{fm}} + \text{logit}_{\text{dnn}}\big) \quad\text{(d)}$$

该公式中各关键参数的含义如下。

- 公式(4-15) (a)表示 DeepFM 中 Deep 侧的建模过程。$\boldsymbol{x}_{\text{dnn}}$ 是输入的特征，$\text{logit}_{\text{dnn}}$ 代表对特征进行高阶隐式交叉的预测结果。
- 公式(4-15) (b)表示 DeepFM 中 FM 侧的建模过程。$\boldsymbol{x}_{\text{fm}}$ 是输入的特征，一般情况下和喂入 DNN 的 $\boldsymbol{x}_{\text{dnn}}$ 相同。logit_{fm} 代表对特征进行二阶交叉的预测结果。
- 公式(a)和(b)都要进行 Embedding。华为原论文中，FM 部分与 DNN 部分共享 Embedding。这样做有一个缺点，就是 FM 要求所有特征的 Embedding 的长度都必须相同。这个要求太死板，而且不同模块共享 Embedding 也的确有可能相互干扰，因此在实现时可以让 FM 部分与 DNN 部分各自拥有独立的 Embedding。

- 公式(4-15)(c)和 Wide & Deep 中的 Wide 侧一样，就是一个 LR。目的是发挥 LR "强于记忆" 的优势，牢牢记住一些高频、大众的模式，也起到防止 Deep 侧与 FM 侧过度扩展的正则化 作用。x_{lr} 作为输入特征，主要包括那些被先验认定为重要的特征，比如位置偏差。

2. DeepFM 源码演示

作者用 TensorFlow 实现了支持多热编码、稀疏、共享权重的 DeepFM。由于篇幅所限，这 里只列出并注释关键部分代码，即用 TensorFlow 实现的 FM，如代码 4-4 所示。关于代码 4-4 中的 FM 公式请参考公式(4-12)。

代码 4-4　TensorFlow 实现 FM

```
1.  def output_logits_from_bi_interaction(features, embedding_table, params):
2.      # 见 Neural Factorization Machines for Sparse Predictive Analytics 论文的公式(4)
3.      fields_embeddings = []  # 每个 Field 的 Embedding，是每个 Field 所包含的 Feature Embedding 的和
4.      fields_squared_embeddings = []  # 每个元素，是当前 Field 所有 Feature Embedding 的平方的和
5.
6.      for fieldname, vocabname in field2vocab_mapping.items():
7.          sp_ids = features[fieldname + "_ids"]  # 当前 Field 下所有稀疏特征的 Feature id
8.          sp_values = features[fieldname + "_values"]  # 当前 Field 下所有稀疏特征对应的值
9.
10.         # --------- Embedding
11.         embed_weights = embedding_table.get_embed_weights(
12.             vocabname)  # 得到 Embedding 矩阵
13.         # 当前 Field 下所有 Feature Embedding 求和
14.         # Embedding: [batch_size, embed_dim]
15.         embedding = embedding_ops.safe_embedding_lookup_sparse(
16.             embed_weights, sp_ids, sp_values,
17.             combiner='sum',
18.             name='{}_embedding'.format(fieldname))
19.         fields_embeddings.append(embedding)
20.
21.         # --------- square of Embedding
22.         squared_emb_weights = tf.square(embed_weights)  # Embedding 矩阵求平方
23.         # 稀疏特征的值的平方
24.         squared_sp_values = tf.SparseTensor(indices=sp_values.indices,
25.                                             values=tf.square(sp_values.values),
26.                                             dense_shape=sp_values.dense_shape)
27.
28.         # 当前 Field 下所有 Feature Embedding 的平方的和
29.         # squared_embedding: [batch_size, embed_dim]
```

```
30.        squared_embedding = embedding_ops.safe_embedding_lookup_sparse(
31.            squared_emb_weights, sp_ids, squared_sp_values,
32.            combiner='sum',
33.            name='{}_squared_embedding'.format(fieldname))
34.        fields_squared_embeddings.append(squared_embedding)
35.
36.    # 所有 Feature Embedding 先求和, 再平方, 形状是[batch_size, embed_dim]
37.    sum_embedding_then_square = tf.square(tf.add_n(fields_embeddings))
38.    # 所有 Feature Embedding 先平方, 再求和, 形状是[batch_size, embed_dim]
39.    square_embedding_then_sum = tf.add_n(fields_squared_embeddings)
40.    # 所有特征两两交叉的结果, 形状是[batch_size, embed_dim]
41.    bi_interaction = 0.5 * (sum_embedding_then_square - square_embedding_then_sum)
42.
43.    # 由 FM 部分贡献的 logits
44.    logits = tf.layers.dense(bi_interaction, units=1, use_bias=True, activation=None)
45.    # 因为 FM 与 DNN 共享 Embedding, 所以除了 logit, 还返回各 Field 的 Embedding, 以便搭建 DNN
46.    return logits, fields_embeddings
```

4.2.5　DCN: 不再执着于 DNN

业界流传着这样的说法, 即"DNN 是万能函数模拟器, 只要网络层数足够多, 每层足够宽, DNN 就能够模拟任何函数"。这一优点对于严重依赖特征交叉的推荐模型是非常有吸引力的。这意味着, DNN 能够让喂入的特征产生任意高阶的交叉。由于 DNN 各层非线性激活函数的使用, DNN 产生的交叉是无穷高阶的, 无法明确用一个多项式表示。因此, 我们称 DNN 产生的交叉为隐式交叉。

但是随着研究的日渐深入, DNN 的"万能函数模拟器"的光环也渐渐退去。有研究表明, 某些场景下, DNN 甚至连二阶或三阶特征交叉都模拟不好。这种结论不足为奇, 否则业界也就不必挖空心思研究各种初始化方法或者残差网络(ResNet)这样的结构了。所谓"万能函数模拟", 只是一种理论上的假设, 真要实现起来, 恐怕需要非常宽与深的网络, 但是各种梯度消失、梯度爆炸的问题也都会随之而来。而且即便这种"宽且深"的 DNN 训练出来了, 在线推理的性能也会成为一个大问题。

因此, 在模型设计领域出现一种思路: 要实现特征交叉, 只依靠 DNN 这种隐式交叉是远远不够的, 还应该加上指定阶数的显式交叉作为补充。

- 4.2.1 节介绍的 Wide & Deep 就是用一阶 LR 作为 Deep 侧的补充。
- 4.2.2 节介绍的 DeepFM 用 FM 实现二阶交叉作为 Deep 侧的补充。
- 本节介绍的 DCN 可以指定任意阶数的显式交叉, 作为 Deep 侧的补充。

1. DCN 算法原理

DCN(Deep & Cross Network)是 Google 提出的交叉结构, 目前已经发展出了两个版本。

DCNv1

DCNv1 中，每个 Cross Layer 的前代公式如公式(4-16)所示。

$$x_{l+1} = x_0 x_l^{\mathrm{T}} w_l + b_l + x_l \qquad \text{公式(4-16)}$$

该公式中各关键参数的含义如下。

- x_0 是底部 Cross Layer 的输入，由各种类别特征的 Embedding 和稠密特征拼接而成，是一个长度为 d 的稠密浮点数向量。
- x_l, x_{l+1} 分别是第 l 个 Cross Layer 的输入与输出。
- w_l, b_l 是第 l 个 Cross Layer 要学习的参数。
- $x_0, x_l, x_{l+1}, w_l, b_l$ 都是长度为 d 的向量。

对于一个包含 L 个 Cross Layer 的 Cross Network，其最终结果包含了原始输入 $x_0 = [f_1, f_2, \cdots, f_d]$ 中所有 d 个元素之间小于或等于 $L+1$ 阶的交叉，即包含了所有 $f_1^{\alpha_1} f_2^{\alpha_2} \cdots f_d^{\alpha_d}$ 的可能组合，并且 $0 \leqslant \sum_{l=1}^{d} \alpha_i \leqslant L+1$。

DCNv2

在 DCNv2 中，DCN 的作者认为 DCNv1 中每层要学习的参数只有 w_l, b_l 两个 d 维向量，参数容量有限，限制了模型的表达能力。为此，在 DCNv2 中用一个 $d \times d$ 的矩阵 W_l 代替了 DCNv1 中的 d 维向量 w_l。DCNv2 中每个 Cross Layer 的前代如公式(4-17)所示。

$$x_{l+1} = x_0 \odot (W_l x_l + b_l) + x_l \qquad \text{公式(4-17)}$$

该公式中各关键参数的含义如下。

- x_l 表示第 l 层的输入向量，x_0 表示原始特征向量，它们的长度都等于 d。
- W_l, b_l 是第 l 个 Cross Layer 要学习的参数，其中 W_l 是 $d \times d$ 的矩阵，b_l 是 d 维向量。
- $\odot$ 表示按位相乘。

但是在实现场景中，原始输入 x_0 的长度 d 一般都很长，通常大于 1000。每个 Cross Layer 都要配备一个 $d \times d$ 的矩阵，这给模型的计算、存储都带来非常大的压力。因此，DCNv2 中还提出把 $d \times d$ 的大矩阵 W_l 分解为两个 $d \times r$（$r \ll d$）小矩阵相乘的形式，即 $W_l = U_l V_l^{\mathrm{T}}$，从而将要学习的参数量从 d^2 减少为 $2 \times d \times r$。使用矩阵分解形式的 DCNv2 迭代公式如公式(4-18)所示，其他符号参考公式(4-17)。

$$x_{l+1} = x_0 \odot \left(U_l \left(V_l^{\mathrm{T}} x_l \right) + b_l \right) + x_l \qquad \text{公式(4-18)}$$

尽管如此，由于原始输入的长度 d 一般很长，每个 Cross Layer 的参数量仍然不小，所以不能把所有特征一股脑儿喂进去，喂入 Cross Network 的输入一般都是经过挑选的潜在重要特征。而且，每个 Cross Layer 的输入和输出都是 d 维，相当于只做信息交叉，而不做信息的压缩和提炼。以上两个缺点，使得 DCN 在实战中的表现未必总是尽如人意。

DCN 与 DNN 融合

代表显式交叉的 DCN 与代表隐式交叉的 DNN 有两种融合方式，如公式(4-19)所示。

$$CTR_{stacked} = sigmoid\left(DNN\left(CrossNetwork\left(\boldsymbol{x}_0\right)\right)\right) \qquad (a)$$

公式(4-19)

$$CTR_{parallel} = sigmoid\left(CrossNetwork\left(\boldsymbol{x}_0\right) + DNN\left(\boldsymbol{x}_0\right)\right) \qquad (b)$$

- 串联（Stacked）：原始特征 $\boldsymbol{x}_0$ 先经过 Cross Network 进行显式交叉，其结果再喂入 DNN 进行隐式交叉，其结构如图 4-4(a)所示。
- 并联（Parallel）：原始特征 $\boldsymbol{x}_0$ 分别沿 Cross Network 与 DNN 向上传递，最终显式交叉与隐式交叉的预测结果相加，其结构如图 4-4(b)所示。

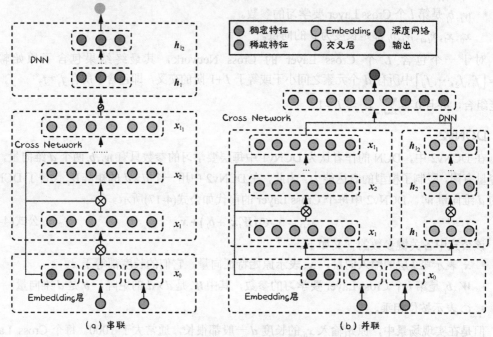

图 4-4　DCN 与 DNN 的两种融合方式

2. DCN 源码解析

TensorFlow Recommenders 这个库提供 DCN 的实现，其中的关键是"一个 Cross Layer"的实现，如代码 4-5 所示。

代码 4-5　DCN 中一个 Cross Layer 的代码

```
1.    class Cross(tf.keras.layers.Layer):
2.        """一个 Cross Layer"""
3.
4.        def __init__(self, ......):
5.            super(Cross, self).__init__(**kwargs)
6.
7.            self._projection_dim = projection_dim   # 矩阵分解时采用的中间维度
```

```
8.            self._diag_scale = diag_scale # 非负小数，用于改善训练稳定性
9.            self._use_bias = use_bias
10.           ......
11.
12.       def build(self, input_shape):   # 定义本层要优化的参数
13.           last_dim = input_shape[-1]    # 输入的维度
14.
15.           # [d,r]的小矩阵，d是原始特征的长度，r就是这里的_projection_dim
16.           # r << d 以提升模型的计算效率，一般取r=d/4
17.           self._dense_u = tf.keras.layers.Dense(self._projection_dim, use_bias=False, )
18.           # [r,d]的小矩阵
19.           self._dense_v = tf.keras.layers.Dense(last_dim, use_bias=self._use_bias,)
20.
21.       def call(self, x0: tf.Tensor, x: Optional[tf.Tensor] = None) -> tf.Tensor:
22.           """ x0 与 x 计算一次交叉
23.           x0:    原始特征，一般是 Embedding Layer 的输出。一个[B,D]的矩阵
24.                  B-batch_size，D 是原始特征的长度
25.           x:     上一个 Cross Layer 的输出结果，形状也是[B,D]
26.           输出:   也是形状为[B,D]的矩阵
27.           """
28.           if x is None:
29.               x = x0  # 针对第一层
30.
31.           # 输出是 x_{i+1} = x0 .* (W * xi + bias + diag_scale * xi) + xi
32.           # 其中.* 代表按位相乘
33.           # W 分解成两个小矩阵的乘积，W=U*V，以减少计算开销
34.           # diag_scale 为非负小数，加到 W 的对角线上，以增强训练稳定性
35.           prod_output = self._dense_v(self._dense_u(x))
36.
37.           if self._diag_scale:# 加大 W 的对角线，增强训练稳定性
38.               prod_output = prod_output + self._diag_scale * x
39.
40.           return x0 * prod_output + x
```

4.2.6　AutoInt：变形金刚做交叉

同样是出于对 DNN 交叉能力的不满意，北大团队提出 AutoInt 模型，借用 NLP 领域经典的 Transformer 结构实现推荐模型中的特征交叉。

1. Transformer 简介

由于篇幅所限，本书只列出 Transformer 的具体做法，关于原理细节请参考相关文献。

Transformer 的核心是注意力（Attention）机制，其思路是：我们的目标是要将一系列 Value 压缩成一个 Embedding，而压缩方式需要根据输入条件 Query 而变化。Attention 的压缩方式是

将所有 Value Embedding 加权求和，而权重就是 Query 与 Key 的相似度，如公式(4-20)所示。

$$\text{Attention}(\boldsymbol{Q}, \boldsymbol{K}, \boldsymbol{V}) = \text{softmax}\left(\frac{\boldsymbol{Q}\boldsymbol{K}^{\mathrm{T}}}{\sqrt{d_k}}\right)\boldsymbol{V} \qquad \text{公式(4-20)}$$

该公式中各关键参数的含义如下。

- 公式(4-20)对 $\boldsymbol{Q}/\boldsymbol{K}/\boldsymbol{V}$ 的形状有一定要求：B 代表 Batch Size；L_q 是 Query 序列的长度；Key/Value 两序列的长度必须相等，都是 L_k；Query/Key 两序列中 Embedding 的长度必须相等，都是 d_k；d_v 是 Value 序列中 Embedding 的长度。
- $\boldsymbol{Q}$ 代表 Query，是一个形状为 $[B, L_q, d_k]$ 的矩阵。
- $\boldsymbol{K}$ 代表 Key，是一个形状为 $[B, L_k, d_k]$ 的矩阵。
- $\boldsymbol{V}$ 代表 Value，是一个形状为 $[B, L_k, d_v]$ 的矩阵。
- $\text{softmax}\left(\dfrac{\boldsymbol{Q}\boldsymbol{K}^{\mathrm{T}}}{\sqrt{d_k}}\right)$ 的形状是 $[B, L_q, L_k]$，代表每个 Query 与每个 Key 的相似度。分母为 $\sqrt{d_k}$ 是为了防止训练中出现数值问题。
- $\text{softmax}\left(\dfrac{\boldsymbol{Q}\boldsymbol{K}^{\mathrm{T}}}{\sqrt{d_k}}\right)\boldsymbol{V}$ 表示对 Value Embedding 加权求和，权重就是 Query 与 Key 的相似度。
- 最终结果 Attention$(\boldsymbol{Q},\boldsymbol{K},\boldsymbol{V})$ 是一个形状为 $[B, L_q, d_v]$ 的矩阵。它的第 i 行、第 j 列表示，根据第 i 个样本中的第 j 个 Query 的视角，将所有 Value 压缩成的长度为 d_v 的向量。

前面提到，Attention 的输入必须满足一定形状上的要求，因此我们首先需要将原始输入线性映射成合适的形状。而且为了进一步增强表达能力，Transformer 还采用多头（Multi-Head）机制，也就是将原始的 Query/Key/Value 序列分别映射到不同的子空间，在每个子空间学习出不同的特征交叉。整个过程可以描述成公式(4-21)，其结构如图 4-5 所示。

$$head_i = \text{Attention}\left(\boldsymbol{Q}\boldsymbol{W}_i^{\boldsymbol{Q}}, \boldsymbol{K}\boldsymbol{W}_i^{\boldsymbol{K}}, \boldsymbol{V}\boldsymbol{W}_i^{\boldsymbol{V}}\right)$$
$$\text{MultiHeadAttention}(\boldsymbol{Q},\boldsymbol{K},\boldsymbol{V}) = \text{Concat}\left(head_1, \cdots, head_H\right)\boldsymbol{W}^{\boldsymbol{O}} \qquad \text{公式(4-21)}$$

该公式中各关键参数的含义如下。

- $\boldsymbol{Q}$ 代表原始 Query，是一个形状为 $[B, L_q, d_{q'}]$ 的矩阵。
- $\boldsymbol{K}$ 代表原始 Key，是一个形状为 $[B, L_k, d_{k'}]$ 的矩阵。
- $\boldsymbol{V}$ 代表原始 Value，是一个形状为 $[B, L_k, d_{v'}]$ 的矩阵。
- $W_i^{Q} \in \mathbf{R}^{d_{q'} \times d_k}, W_i^{K} \in \mathbf{R}^{d_{k'} \times d_k}, W_i^{V} \in \mathbf{R}^{d_{v'} \times d_v}$ 是第 i 个头的 3 个映射矩阵，负责将原始输入（最后一维的长度分别是 $d_{q'}, d_{k'}, d_{v'}$）映射成 Attention 希望的形状（d_k, d_k, d_v）。这 3 个矩阵对应图 4-5 中底层的 3 个线性层模块。
- Attention 对应公式(4-20)。

- ■ $head_i$ 是第 i 个头的 Attention 结果，一共有 H 个头，每个头输出的形状都是 $\left[B, L_q, d_v\right]$。

- ■ $\mathrm{Concat}\left(head_1, \cdots, head_H\right)$ 将所有头的 Attention 结果拼接起来，结果的形状是 $\left[B, L_q, H \times d_v\right]$。

- ■ $W^O \in \mathbf{R}^{Hd_v \times o}$，对应图 4-5 中顶层的线性层模块，将 Concat 的结果再映射成希望的形状。

Multi-Head Attention 的结果再喂入 MLP（图 4-6 中的 Feed Forward[前向迭代]）做进一步的非线性变换。为了改善训练稳定性，防止出现数值问题，再引入 Layer Norm 和 Residual 结构（图 4-6 中的 Add & Norm[相加并正则]）。至此，一个 Transformer 层就构造完毕了。

我们可以叠加多个 Transformer 层（图 4-6 中的 N），以实现序列特征间更高阶的交叉，整体结构如图 4-6 所示。

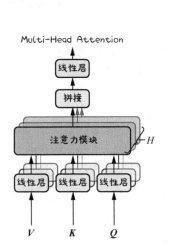

图 4-5　Multi-Head Attention 结构示意

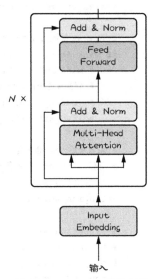

图 4-6　Transformer 结构示意

2. Multi-Head Attention 源码解析

Transformer 的核心是 Multi-Head Attention，其核心实现如代码 4-6 所示。

代码 4-6　实现 Multi-Head Attention 的具体函数

```
1.    def scaled_dot_product_attention(q, k, v, mask):
2.        """
3.        输入:
4.            q: (batch_size, num_heads, seq_len_q, dim_key)
5.            k: (batch_size, num_heads, seq_len_k, dim_key)
6.            v: (batch_size, num_heads, seq_len_k, dim_val)
7.            mask: 必须能够broadcastable to (..., seq_len_q, seq_len_k)的形状
8.        输出:
9.            output: q对k/v做Attention的结果, (batch_size, num_heads, seq_len_q, dim_val)
10.           attention_weights: q对k的注意力权重, (batch_size, num_heads, seq_len_q,
```

```
        seq_len_k)
11.     """
12.
13.     # q: (batch_size, num_heads, seq_len_q, dim_key)
14.     # k: (batch_size, num_heads, seq_len_k, dim_key)
15.     # matmul_qk: 每个 Head 下，每个 q 对每个 k 的注意力权重（尚未归一化）
16.     # (batch_size, num_heads, seq_len_q, seq_len_k)
17.     matmul_qk = tf.matmul(q, k, transpose_b=True)
18.
19.     # 为了使训练更稳定，除以 sqrt(dim_key)
20.     dk = tf.cast(tf.shape(k)[-1], tf.float32)
21.     scaled_attention_logits = matmul_qk / tf.math.sqrt(dk)
22.
23.     # 在 mask 的地方加上一个极小的负数-1e9，保证在 softmax 后，mask 位置上的权重都是 0
24.     if mask is not None:
25.         # mask 的形状一般是 (batch_size, 1, 1, seq_len_k)
26.         # 但是能够 broadcast 成与 scaled_attention_logits 相同的形状
27.         # (batch_size, num_heads, seq_len_q, seq_len_k)
28.         scaled_attention_logits += (mask * -1e9)
29.
30.     # 沿着最后一维(也就是 seq_len_k)用 softmax 归一化
31.     # 保证一个 query 对所有 key 的注意力权重之和==1
32.     # attention_weights: (batch_size, num_heads, seq_len_q, seq_len_k)
33.     attention_weights = tf.nn.softmax(scaled_attention_logits, axis=-1)
34.
35.     # attention_weights: (batch_size, num_heads, seq_len_q, seq_len_k)
36.     # v: (batch_size, num_heads, seq_len_k, dim_val)
37.     # output: (batch_size, num_heads, seq_len_q, dim_val)
38.     output = tf.matmul(attention_weights, v)
39.
40.     # output: (batch_size, num_heads, seq_len_q, dim_val)
41.     # attention_weights: (batch_size, num_heads, seq_len_q, seq_len_k)
42.     return output, attention_weights
```

再加上定义映射矩阵、对输入、输出做映射、变换形状，完整的 Multi-Head Attention 的代码如代码 4-7 所示。其中具体执行的函数 scaled_dot_product_attention() 见代码 4-6。

代码 4-7　Multi-Head Attention 完整实现

```
1.  class MultiHeadAttention(tf.keras.layers.Layer):
2.      def __init__(self, num_heads, dim_key, dim_val, dim_out):
3.          super(MultiHeadAttention, self).__init__()
4.          self.num_heads = num_heads
5.          self.dim_key = dim_key    # 每个 query 和 key 都要映射成相同的长度
6.          # 每个 value 要映射成的长度
7.          self.dim_val = dim_val if dim_val is not None else dim_key
```

```
8.
9.          # 定义映射矩阵
10.         self.wq = tf.keras.layers.Dense(num_heads * dim_key)
11.         self.wk = tf.keras.layers.Dense(num_heads * dim_key)
12.         self.wv = tf.keras.layers.Dense(num_heads * dim_val)
13.         self.wo = tf.keras.layers.Dense(dim_out)  # dim_out：希望输出的维度
14.
15.     def split_heads(self, x, batch_size, dim):
16.         # 输入 x：(batch_size, seq_len, num_heads * dim)
17.         # 输出 x：(batch_size, seq_len, num_heads, dim)
18.         x = tf.reshape(x, (batch_size, -1, self.num_heads, dim))
19.
20.         # 最终输出：(batch_size, num_heads, seq_len, dim)
21.         return tf.transpose(x, perm=[0, 2, 1, 3])
22.
23.     def call(self, q, k, v, mask):
24.         """
25.         输入：
26.             q: (batch_size, seq_len_q, old_dq)
27.             k: (batch_size, seq_len_k, old_dk)
28.             v: (batch_size, seq_len_k, old_dv)，与 k 序列相同长度
29.             mask: 可以为空，否则形状为(batch_size, 1, 1, seq_len_k)，表示哪个 key 不需
                   要做 Attention
30.         输出：
31.             output: Attention 结果，(batch_size, seq_len_q, dim_out)
32.             attention_weights: Attention 权重，(batch_size, num_heads, seq_len_q,
                   seq_len_k)
33.         """
34.         # ***************** 将输入映射成希望的形状
35.         batch_size = tf.shape(q)[0]
36.
37.         q = self.wq(q)  # (batch_size, seq_len_q, num_heads * dim_key)
38.         k = self.wk(k)  # (batch_size, seq_len_k, num_heads * dim_key)
39.         v = self.wv(v)  # (batch_size, seq_len_k, num_heads * dim_val)
40.
41.         q = self.split_heads(q, batch_size, self.dim_key)  # (bs, nh, seq_len_q, dim_key)
42.         k = self.split_heads(k, batch_size, self.dim_key)  # (bs, nh, seq_len_k, dim_key)
43.         v = self.split_heads(v, batch_size, self.dim_val)  # (bs, nh, seq_len_k, dim_val)
44.
45.         # ***************** Multi-Head Attention
46.         # scaled_attention: (batch_size, num_heads, seq_len_q, dim_val)
47.         # attention_weights:(batch_size, num_heads, seq_len_q, seq_len_k)
48.         scaled_attention, attention_weights = scaled_dot_product_attention(
49.             q, k, v, mask)
50.
51.         # ***************** 将 Attention 结果映射成希望的形状
```

```
52.         # (batch_size, seq_len_q, num_heads, dim_val)
53.         scaled_attention = tf.transpose(scaled_attention, perm=[0, 2, 1, 3])
54.
55.         # (batch_size, seq_len_q, num_heads * dim_val)
56.         concat_attention = tf.reshape(scaled_attention,
57.                                       (batch_size, -1, self.num_heads * self.dim_val))
58.
59.         output = self.wo(concat_attention)  # (batch_size, seq_len_q, dim_out)
60.
61.         return output, attention_weights
```

注意代码 4-6 中第 24～28 行中的 mask，其作用是用来指定一个序列中的哪些位置上的 Key、Value 不需要参与 Attention。比如一个 batch 内，各用户观看过的视频有长有短，对于较长的观看序列，我们需要截断（Truncate），对于较短的观看序列，我们需要填充（Padding）。总之，将每条样本中的观看序列整理成相同长度，才好喂入模型。假设有两个用户的观看序列组成一个 batch，模型允许的最大序列长度为 5，喂入模型的特征如图 4-7 所示，$v_1 \sim v_4$ 表示真正的视频 ID，0 表示因为长度不足而填充的占位符。

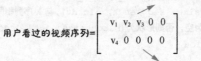

图 4-7　用户行为序列填充示意

对于这样的输入数据，我们必须制造一个 mask，以告知 Attention 凡是 0 的位置只是占位符，并非真正的视频，没必要做 Attention，其实现如代码 4-8 所示。

代码 4-8　制作 mask，避免不必要的 Attention

```
1.   def create_padding_mask(seq):
2.       """
3.       seq: [batch_size, seq_len]的整数矩阵。如果某个元素==0，代表那个位置是 padding
4.       """
5.       # (batch_size, seq_len)
6.       seq = tf.cast(tf.math.equal(seq, 0), tf.float32)
7.
8.       # 返回结果：(batch_size, 1, 1, seq_len)
9.       # 加入中间两个长度=1的维度，是为了能够 broadcast 成希望的形状
10.      return seq[:, tf.newaxis, tf.newaxis, :]  # (batch_size, 1, 1, seq_len)
```

3. 基于 Transformer 的特征交叉

熟悉了 Transformer，再来看 AutoInt 的过程就非常简单了，可以由代码 4-9 来实现。

代码 4-9　AutoInt 的伪代码实现

Algorithm: AutoInt for CTR prediction
1.　**for** m=1 to M **do** // 将每个 Field 映射成向量，一共有 M 个 Field
2.　　　e_m = Embedding$_m$($feature_m$) // e_m 是第 m 个 Field 的 Embedding，是一个 d 维向量
3.　**end for**
4.　// 将所有 Field 的 Embedding 拼接成一个 $[B,M,d]$ 的矩阵
5.　// B=batch size, M 是 Field 个数，d 是每个 Field Embedding 的长度
6.　X=Concat($e_1,\cdots,e_M$)
7.
8.　// 进行 N 层 Transformer 特征交叉
9.　**for** n=1 to N **do**
10.　　　// 每层 Q/K/V 都使用 X，相当于做 Self-Attention
11.　　　// 输入输出的 X 都是 $[B, M, d]$ 形状的矩阵
12.　　　X=Transformer(query=X, key=X, value=X)
13.　**end for**
14.
15.　// 充分交叉后的特征喂入一个浅层小网络，得到最终的 CTR
16.　X' = reshape(X) // 改变输入的 $[B, M, d]$ 矩阵的形状为 $[B,Md]$
17.　$CTR_{predict}$ =sigmoid(DNN(X')) // 映射成 CTR

AutoInt 的过程分为以下 3 步。

（1）代码 4-9 中的第 1～3 行，准备各 Field 的 Embedding。假设一共有 M 个 Field，其中第 m 个 Field 的 Embedding 是 $e_m \in \mathbf{R}^d$。至于如何得到 e_m 就非常常规了，请参考 4.2.3 节中介绍 Deep 实现的方法。

（2）代码 4-9 的第 6～13 行，将所有 Field 的 Embedding 组成一个 $[B,M,d]$ 的矩阵 X，然后套用 Transformer。

- Transformer 的技术细节请参考图 4-5 与公式(4-21)。
- 这个 Transformer 中 $Q = K = V = X$，所以这里面的 Attention 属于 Self-Attention。
- Transformer 中，每个头中的三个映射矩阵 W_i^Q、W_i^K、W_i^V 的形状都是 $[d,d']$，d 是特征向量的原始长度，d' 是便于计算的中间长度。一般 $d' < d$，可以减少一些计算量。
- Transformer 中，W^O 的形状是 $[Hd',d]$，将 Multi-Head Attention 的结果重新映射回 d，以便接入下一层 Transformer。

（3）代码 4-9 的第 15～17 行，多层 Transformer 的结果仍然是一个形状为 $[B,M,d]$ 的矩阵，将其拼接起来喂入一个浅层 DNN，得到最终预测结果。

AutoInt 有以下两个缺点。

- 为了使用 Self-Attention，要求各 Field Embedding 的长度必须相等，这显然太死板了。
- 和 DCN 一样，每层 Transformer 对信息只交叉不压缩，每层输出的形状都是 $[B, M, d]$。
  而且对 M 个 Field 做 Self-Attention 的时间复杂度是 $O(M^2)$。推荐系统的 M 和 d 都比较
  大，所以 AutoInt 的时间开销不小。

因此，在实践中，我们并不让 AutoInt 独立预测 CTR，而只是将它作为一个特征交叉模块
嵌入更大的推荐模型中。这样一来，我们可以只选择一部分重要特征喂入 AutoInt 做交叉，从
而减小了计算量。

实际上，推荐算法中的很多成果都借鉴了 NLP 领域中的理论与思想，AutoInt 只是其中的
一个代表。AutoInt 的核心是 Attention，在 4.3.3 节中，我们还会看到 Attention 在推荐模型中发
挥的重要作用。

4.3　用户行为序列建模

本节将聚焦于推荐系统中最重要的一类特征，用户行为序列（如点击序列、观看序列、购
买序列等）。这些行为序列之所以重要，是因为它们蕴含着丰富的用户兴趣信息，有待我们去
挖掘。本节将讨论将一个行为序列提炼、压缩成一个反映用户兴趣的 Embedding 的技术方法。

4.3.1　行为序列信息的构成

以 "用户最近观看的 50 个视频" 这个序列为例。序列中每个元素的 Embedding，一般由以
下几个部分拼接组成。

- 由每个视频的 ID 进行 Embedding 得到的向量。
- 时间差信息：计算观看该视频的时刻距离本次请求时刻之间的时间差，将这个时间差桶
  化成一个整数，再 Embedding。这个时间差信息非常重要，因为序列中不同元素之间的
  相互影响以及历史序列元素对当前候选物料的影响，肯定是随着间隔时间变长而衰减的，
  所以我们必须将如此重要的信息喂入模型，以便模型刻画时间衰减效应。
- 以上两点是每个序列元素最重要的信息。除此之外，还可以加入观看视频的一些元信息
  （比如视频的作者、来源、分类、标签等）和动作的程度（比如观看时长、观看完成度）。

4.3.2　简单 Pooling

将一个用户的行为序列压缩成一个兴趣向量的最简单的方法就是进行如下按位（element-wise）
操作。

- Sum Pooling：$\mathrm{E}_{\text{interest}} = \sum_i \boldsymbol{e}_i$。

- Average Pooling：$\mathrm{E}_{\text{interest}} = \dfrac{1}{N}\sum_i \boldsymbol{e}_i$。

- Weighted-sum Pooling：$\mathrm{E}_{\text{interest}} = \dfrac{1}{N}\sum_i \boldsymbol{w}_i\boldsymbol{e}_i$。权重 w_i 根据时间差或动作程度计算。比如对于某个历史上观看过的视频，观看的时间距离当前时间越近，观看完成度越高，就越能反映用户兴趣，权重 w_i 就应该越大。

简单 Pooling 所提取出的用户兴趣是固定的，不像接下来介绍的方法那样，能够随当前候选物料的变化而变化。对于精排，这当然是个缺点。但是对于召回、粗排这种用户、物料必须解耦建模的场景，反正提取用户兴趣时也拿不到候选物料信息，因此简单 Pooling 仍然是最常见的选择。

4.3.3　用户建模要"千物千面"

简单 Pooling 的问题在于它将序列中的所有元素一视同仁，而在现实中，不同历史记忆对当下决策的影响程度并不相同。举个例子，一个用户过去买过泳衣和 iPhone 手机。

- 当被展示的商品是游泳镜时，用户是否点击，更多取决于他对买过泳衣的历史记忆。
- 当被展示的商品是蓝牙耳机时，过去购买 iPhone 的历史记忆将主导他此次是否会点击。

换句话说，从用户行为序列中提取出的兴趣向量应该随当前候选物料的变化而变化，实现"千物千面"的效果。

阿里巴巴于 2018 年提出的 Deep Interest Network（DIN，深度兴趣网络）借鉴 NLP 中的 Attention，实现了这样的"千物千面"效果。DIN 中提取用户兴趣的结构如图 4-8 所示。

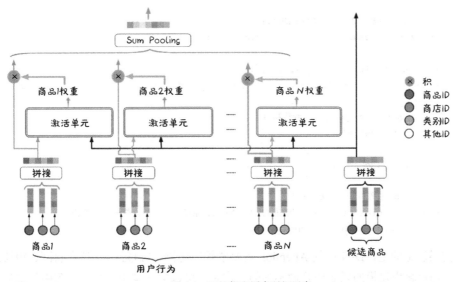

图 4-8　DIN 提取用户兴趣示意

DIN 的核心思想可以参考公式(4-22)。

$$UE_{u,t} = \sum_{j=1}^{N} w_j \boldsymbol{h}_j = \sum_{j=1}^{N} A(\boldsymbol{h}_j, t)\boldsymbol{h}_j \qquad 公式(4-22)$$

该公式中各关键参数的含义如下。

- UE 是 User Embedding 的缩写，下标 u 和 t 表示用户兴趣向量取决于用户 u 与候选物料 t 两方面的信息。
- $\boldsymbol{h}_j$ 表示用户交互过的第 j 个历史物料的 Embedding。它可以由该物料的各种属性（比如图 4-8 中的商品 ID、商店 ID、类别 ID）的 Embedding 拼接而成。
- $w_j = A(\boldsymbol{h}_j, t)$ 是历史物料 $\boldsymbol{h}_j$ 在构成用户兴趣中的权重，由当前候选物料 t 与 $\boldsymbol{h}_j$ 的相似度决定。
- A 是生成 w_j 的函数，对应图 4-8 中的激活单元，可以简单如点积，也可以复杂为一个小型 MLP。

对比 4.2.6 节，我们可以发现，DIN 就是在拿候选物料 t 当 Query 对用户的历史行为序列 $[\boldsymbol{h}_1, \cdots, \boldsymbol{h}_N]$ 做 Attention，从而将历史行为序列压缩成一个随候选物料变化的稠密向量，从而实现用户兴趣建模的"千物千面"。

DIN 中对用户兴趣建模的部分如代码 4-10 所示，其中的 Multi-Head Attention 实现见代码 4-7。

代码 4-10　DIN 中对用户兴趣建模

```
1.   target_item_embedding = ...  # 候选物料的 Embedding, [batch_size, dim_target]
2.   user_behavior_seq = ...  # 某个用户行为序列, [batch_size, seq_len, dim_seq]
3.   padding_mask = ...  # user_behavior_seq 中哪些位置是填充的, 不需要 Attention
4.
5.   # 把候选物料变形成一个长度为 1 的序列
6.   query = tf.reshape(target_item_embedding, [-1, 1, dim_target])
7.
8.   # atten_result: (batch_size, 1, dim_out)
9.   attention_layer = MultiHeadAttention(num_heads, dim_key, dim_val, dim_out)
10.  atten_result, _ = attention_layer(
11.      q=query, # query 就是候选物料
12.      k=user_behavior_seq,
13.      v=user_behavior_seq,
14.      mask=padding_mask)
15.
16.  # reshape 去除中间不必要的一维
17.  # user_interest_emb 是提取出来的用户兴趣向量, 喂给上层模型, 参与 CTR 建模
18.  user_interest_emb = tf.reshape(atten_result, [-1, dim_out])
```

另外需要注意的是，DIN 中的 Attention 需要拿候选物料 t 当 Query，这在召回、粗排这些要求用户、物料解耦建模的场景中是做不到的。这时，可以尝试拿用户行为序列中的最后一个

物料当作 Query 对整个行为序列进行 Attention 操作。毕竟最后的行为反映用户最近的兴趣，可以用来衡量序列中其他历史物料的重要性。

4.3.4 建模序列内的依赖关系

DIN 实现了用户兴趣的"千物千面"，但是仍有不足，就是它只刻画了候选物料与序列元素的交叉，却忽略了行为序列内部各元素之间的依赖关系。比如一个用户购买过 MacBook 和 iPad，这两个历史行为的组合将产生非常强烈的信号，但是这种序列内部的交叉组合却未能在 DIN 中体现。为此，业界提出了一系列模型，使从行为序列中提取出来的用户兴趣向量既能反映候选物料与历史记忆之间的相关性，又能反映不同历史记忆之间的依赖性。

目前较为常用的对用户行为序列建模的方法是采用双层 Attention，其结构如图 4-9 所示。

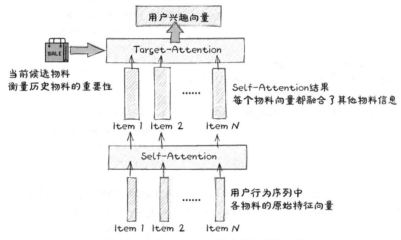

图 4-9 双层 Attention 对用户行为序列建模

双层 Attention 对用户行为序列建模的过程分为以下两步。

（1）用 Multi-Head Self-Attention 对行为序列内部的依赖关系建模。Multi-Head Self-Attention 的结果是一个与原始序列长度相同的新序列，新序列中的每个元素都以不同方式（也就是 Multi-Head）融合了原始序列中其他物料的信息。

还举上面的例子，在原始用户行为序列中，"购买过 Macbook"这一历史行为反映的只是单次购买本身。而对行为序列 Self-Attention 之后，同样的历史行为不仅反映了本次购买，还体现了 2 天前用户购买过 iPhone 以及和 1 天后又购买了 iPad。通过与前后历史行为的交叉、关联，一个苹果公司忠实用户的形象跃然纸上。这样，底层提取出的用户兴趣的质量得以提高，顶层的 CTR 建模自然也就降低了难度。

这里还可以像 Transformer 那样，叠加多层 Self-Attention 对更深的特征交叉建模，但是那样做产生的计算开销也更大，通常一层 Self-Attention 足矣。

（2）在当前候选物料和 Self-Attention 产生的新序列上套用 DIN，对候选物料与历史行为序列之间的相关性建模，得到最终的用户兴趣向量。

基于双层 Attention 对用户兴趣建模的实现如代码 4-11 所示，其中 MultiHeadAttention 的实现见代码 4-7。

代码 4-11 双层 Attention 对用户兴趣建模

```
1.    target_item_embedding = ...  # 候选物料的 Embedding, [batch_size, dim_target]
2.    user_behavior_seq = ...  # 某个用户行为序列, [batch_size, seq_len, dim_in_seq]
3.    padding_mask = ...  # user_behavior_seq 中哪些位置是填充的, 不需要 Attention
4.    dim_in_seq = tf.shape(user_behavior_seq)[-1]    # 序列中每个元素的长度
5.
6.    # ************ 第一层做 Self-Attention, 建模序列内部的依赖性
7.    self_atten_layer = MultiHeadAttention(num_heads=n_heads1,
8.                                          dim_key=dim_in_seq,
9.                                          dim_val=dim_in_seq,
10.                                         dim_out=dim_in_seq)
11.   # 做 Self-Attention, q=k=v=user_behavior_seq
12.   # 输入 q/k/v 与输出 self_atten_seq, 它们的形状都是
13.   # [batch_size, len(user_behavior_seq), dim_in_seq]
14.   self_atten_seq, _ = self_atten_layer(q=user_behavior_seq,
15.                                        k=user_behavior_seq,
16.                                        v=user_behavior_seq,
17.                                        mask=padding_mask)
18.
19.   # ************ 第二层做 Target-Attention, 建模候选物料与行为序列的相关性
20.   target_atten_layer = MultiHeadAttention(num_heads=n_heads2,
21.                                           dim_key=dim_key,
22.                                           dim_val=dim_val,
23.                                           dim_out=dim_out)
24.   # 把候选物料变形成一个长度为 1 的序列
25.   target_query = tf.reshape(target_item_embedding, [-1, 1, dim_target])
26.   # atten_result: (batch_size, 1, dim_out)
27.   atten_result, _ = target_atten_layer(
28.       q=target_query,  # 代表候选物料
29.       k=self_atten_seq,  # 以 Self-Attention 结果作为 Target-Attention 的对象
30.       v=self_atten_seq,
31.       mask=padding_mask)
32.
33.   # reshape 去除中间不必要的一维
34.   # user_interest_emb 是提取出来的用户兴趣向量, 喂给上层模型, 参与 CTR 建模
35.   user_interest_emb = tf.reshape(atten_result, [-1, dim_out])
```

4.3.5 多多益善: 建模长序列

4.3.3 节和 4.3.4 节介绍的用户行为序列建模方式主要是基于 Attention 的，观察一下它们的时间复杂度。假设一个 batch 的大小为 B，用户行为序列的长度为 L，序列中每个 Embedding 的长度为 d。DIN 中，拿候选物料当作 Query 对整个序列做 Attention 时时间复杂度=$O(B \times L \times d)$。双层 Attention 中，用户行为序列内部做 Self-Attention 的时间复杂度=$O(B \times L^2 \times d)$。

所以，Attention 的建模方式的时间复杂度与用户行为序列的长度呈线性甚至平方的关系，在 L 较小的时候还算可行，而当 L 非常大的时候，是无法满足在线预测与训练更新的实时性要求的。

而推荐系统是有对用户长期行为序列建模的需求的。如果建模的序列太短，其中难免会包含一些用户临时起意的行为，算是一种噪声。另外，太短的行为序列也无法反映用户的一些周期性行为，比如每周、每月的习惯性采购。

为了化解以上矛盾，业界提出了一些方法。根据用户兴趣向量的提取时机，可以分为动态在线与静态离线两个技术流派。

1. 在线提取用户兴趣

在线派的代表是阿里巴巴提出的 Search-based Interest Model（SIM，基于搜索的兴趣模型），如图 4-10 所示。

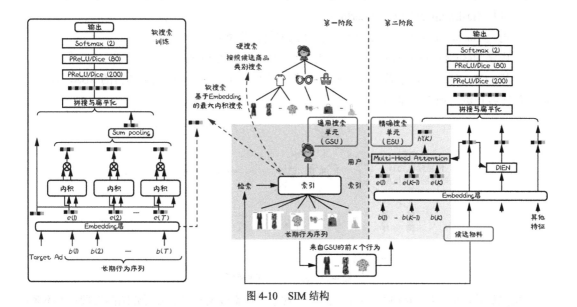

图 4-10 SIM 结构

- DIN 是拿候选物料 t 对行为序列 $[e_1, e_2, \cdots, e_H]$ 做 Attention。和 t 相似的历史物料 e_h，其权重会高一些，反之，权重会低一些。这里的 Attention 相当于对历史行为序列做软过滤。之前说过了，它的时间复杂度与序列长度 L 呈线性关系。
- 既然在长序列上做软过滤的代价太大，就干脆直接做硬过滤。在长序列中筛选（搜索）出与候选物料 t 相关的一个短序列（一般长度在 200 以下），称为 Subuser Behavior Sequence（SBS，子用户行为序列）。这个硬过滤的过程就是 General Search Unit（GSU，通用搜索单元）。
- 由于序列长度大大缩短（万级 → 百级），在 SBS 上再套用 DIN 变得可行。拿候选物料 t 和 SBS 做 Attention，加权平均后的结果就是用户长期兴趣的向量表达。这个过程就是 Exact Search Unit（ESU，精确搜索单元）。

而根据在 GSU 中如何搜索，SIM 又有 Hard Search（硬搜索）和 Soft Search（软搜索）两种实现方式。

硬搜索

所谓硬搜索，就是拿候选物料 t 的某个属性（比如物料分类或标签），在用户完整的长期历史中搜索与其有相同属性的历史物料，组成 SBS。比如当前候选物料是一件衣服，SIM 将该用户过去所有购买过的衣服挑选出来，组成针对这个候选物料的 SBS。

当然，真正的搜索过程中不可能为每个候选物料把用户全部历史都遍历一遍。为了加速这一过程，阿里巴巴特别设计了 User Behavior Tree（UBT，用户行为树）数据库，将每个用户的长期行为序列分门别类地缓存起来。UBT 的结构如图 4-11 所示，它类似一个双层的 HashMap。

- 外层 HashMap 的 key 是 UserId。
- 内层 HashMap 的 key 就是某个属性（比如物料分类）。
- 内层 HashMap 的 value 就是某个用户在某个属性下的 SBS。

这样一来，通过两层哈希查找，模型就能找到当前用户针对当前候选物料的 SBS，效率足以满足在线预测与训练的需要。

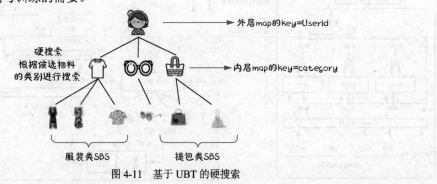

图 4-11　基于 UBT 的硬搜索

虽然简单，但是据 SIM 原论文中所述，硬搜索的搜索效果和接下来要介绍的软搜索差不多，反而实时性能优秀，维护更加方便。

软搜索

正如 3.1 节中指出的那样，硬搜索是拿物料属性进行精确匹配，不如用 Embedding 进行模糊查找的扩展性好。于是，很自然想到用候选物料的 Item Embedding，在用户长期行为序列中通过近似最近邻（Approximate Nearest Neighbor，ANN）搜索算法，查找与之距离最近的前 K 个历史物料，组成 SBS，这就是所谓的 Soft Search，如图 4-12 所示。

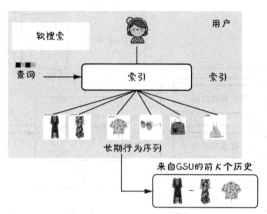

图 4-12 基于 ANN 搜索的软搜索

至于 Item Embedding 从何而来？在原论文中，是只用候选物料和长期行为序列构建了一个小模型预测 CTR。模型训练完成后的副产品就是 Item Embedding。除此之外，用双塔召回/粗排得到的 Item Embedding 行不行？用 Word2Vec 算法套用在长期行为序列上得到的 Item Embedding 行不行？作者觉得，理论上是没问题的，都可以试一试，让离线指标和在线 A/B 测试的结果来告诉我们具体用哪种是最好的。

值得注意的是，SIM 的论文中指出，用户长短期行为历史的数据分布差异较大，对用户短期行为序列建模的 Item Embedding 不宜复用于对用户长期行为序列建模。也就是说，同一个物料在用于对用户长期兴趣与短期兴趣建模时，应该对应完全不同的 Item Embedding。出于同样的原因，如果你想用双塔模型的 Item Embedding 来进行 Soft Search，双塔模型最好也拿长期行为序列来训练。如果嫌序列太长而拖慢双塔的速度，可以对长序列进行采样。

得到 Item Embedding 之后，要喂入 Faiss 这样的向量数据库，离线建立好索引（图 4-13 中的 Search Index），以加速在线预测和训练时的 Soft Search。

对于 SIM，注意如下两点。

- 无论是在线预测还是训练更新，面对不同的候选物料时，GSU 筛选出来的 SBS 是不同的，ESU 根据 SBS 压缩提炼出来的用户长期兴趣向量也是不同的，从而实现"千物千面"。这也就是称以 SIM 为代表的技术路线为"动态在线"的原因。
- 在 SIM 中，无论软搜索还是硬搜索都要离线维护一套索引，以加速在线搜索的过程，如图 4-13 所示。离线索引中的 Item Embedding 是另一套模型训练出来的，当初的训练目标可能未必与推荐主模型完全一致。而且索引中向量的更新频率肯定远不如推荐主模型。因为以上两个原因，第一阶段"搜索 SBS"与第二阶段"推荐主模型"会存在性能上的差异。目前有一些方法试图取消离线索引，让搜索与推荐两阶段共用一套 Item Embedding，以减少两阶段之间的性能差异。这种方式尚未成为主流，感兴趣的读者可以参考相关文献。

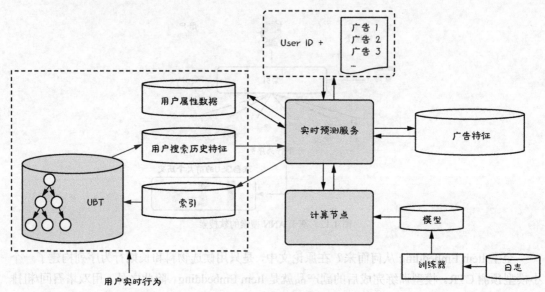

图 4-13　SIM 在线架构示意

2. 离线预训练用户兴趣

虽然 SIM 模型提取出来的长期用户兴趣有"千物千面"的优点，但其缺点是实现起来太过复杂，在线预测耗时增加得比较多。需要有工程团队的强有力配合，才能将在线预测和训练更新的耗时降低到满足实时性要求。即便如此，一次请求中的候选物料也不能太多，因此 SIM 只适用于精排这种候选集规模有限的环节。

没有阿里巴巴那么强的工程架构能力，或者想在召回、粗排阶段引入用户长期兴趣，这时无法使用 SIM，怎么办？别急，除了阿里巴巴的动态在线派技术路线，我们可以离线将用户的长期兴趣挖掘好，缓存起来供在线模型调用。这种静态离线派技术路线将费时的"挖掘用户长期兴趣"这一任务由线上转移到线下，省却了优化线上架构的麻烦，实现起来更加简单便捷。

一种实现方法就是人工统计长期兴趣。2.2.2 节就提到手工挖掘用户长期兴趣，在某些场合下代替 SIM 这种"强但重"的模型。比如，我们可以统计出每个用户针对某个商品分类或视频标签在过去 1 周、1 个月等较长时段内的 CTR，代表用户长期兴趣，喂进推荐模型。

另一种实现方法就是离线预训练一个辅助模型，以提取用户长期兴趣。其一般流程如下。

（1）预训练该模型，输入用户长期行为序列，输出一个 Embedding 代表用户长期兴趣。

（2）训练好这个辅助模型之后，将行为序列超过一定长度的用户都经这个模型过滤一遍，得到代表这些用户长期兴趣的 Embedding，存入 Redis 之类的 KV 数据库。

（3）当在线预测或训练需要用户长期兴趣时，就拿用户的 UserId 检索 Redis，得到代表其长期兴趣的 Embedding，喂入推荐主模型。

尽管用户一天之内动作频繁，但是各用户的长期兴趣向量和生成它们的预训练模型无须实时更新，只需要每天更新一次，因为用户刚刚发生的行为属于短期兴趣的建模范畴，留给 DIN、双层 Attention 等模型去应对足矣。

美团对超长用户行为序列建模时，遵循的就是这种静态离线派技术路线。据说在美团的业务场景下，取得了比 SIM 更好的效果。

至于如何构建这样的预训练模型，一种方法是，用同一个用户的长期行为序列预测他的短期行为序列，如图 4-14 所示。

- 模型采用双塔结构（5.5 节会详细介绍）。
- 喂入模型的样本是一个三元组 $\langle LS_A, SS_A, SS_B \rangle$，其中 LS_A 和 SS_A 分别是一个用户 A 的长期行为序列和短期行为序列，SS_B 是随机采样到的另一个用户 B 的短期行为序列。
- LS_A 喂入左塔得到 A 用户的长期兴趣向量 UL_a，SS_A 和 SS_B 喂入右塔得到 A、B 两用户的短期兴趣向量 US_A 和 US_B。
- 建模目标是，同一用户的长短期兴趣向量应该相近，即 $\mathrm{cosine}(UL_A, US_A)$ 越大越好；不同用户的长短期向量相距较远，即 $\mathrm{cosine}(UL_A, US_B)$ 越小越好。
- 双塔模型训练好之后，离线将老用户们的长期行为序列喂入左塔，就得到表示各用户长期兴趣的向量。

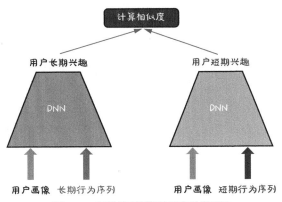

图 4-14 双塔模型预训练用户长期兴趣

再次强调，离线预训练用户长期兴趣的优点是不会增加线上耗时，实现简单；缺点就是得到的用户长期兴趣不会随候选物料而变化，无法做到"千物千面"。离线与在线两种技术路线各有优劣，请读者根据自己的实际情况进行权衡。

4.4 小结

本章从交叉结构与用户行为序列建模两个维度，讨论了精排环节使用到的模型。

从交叉结构维度出发讨论了下述内容。

- 前深度学习时代，偏重记忆的 FTRL 算法、FM 模型。
- 深度学习时代，兼顾记忆与扩展的 Wide & Deep、DeepFM 模型。
- 不再执着于 DNN，特征的显式交叉与隐式交叉并举的 DCN、AutoInt 模型。

用户行为序列隐藏着用户最真实的兴趣，是推荐模型最重要的信息来源。对它的建模，是推荐模型的重中之重。重点有如下内容。

- DIN 通过候选物料对历史行为序列做 Attention，使挖掘出来的用户兴趣在面对不同候选物料时，呈现"千物千面"的效果。
- 双层 Attention 模式，既对行为序列与当前候选物料之间的相关性建模，又行为序列内部的相互依赖关系建模。
- 在线提取和离线预训练两类方法，使我们能够在更长的用户行为序列上对用户兴趣建模，同时满足在线预测与训练的实时性要求。

第 **5** 章

召回

本章讲解推荐系统中的召回算法，分为如下几个部分展开。

5.1 节讲述 DNN 出现之前，推荐系统中使用的传统召回算法。这些算法主要基于规则和统计，较少训练模型。尽管不如后来的基于深度学习、图卷积的召回算法亮眼，但在某些场景下，这些算法仍有用武之地。

从 5.2 节开始进入各互联网大厂的绝对主力"向量化召回"领域。向量化召回是一个算法族，其中各类算法在实现细节、应用场景上都有所差别。孤立、教条地学习单个算法，容易"只见树木，不见森林"，陷入实现细节而忽略了算法的精髓、本质。所以 5.2 节提出了向量化召回统一建模框架，从如何定义正样本、如何定义负样本、如何生成 Embedding、如何定义优化目标这 4 个维度，为读者梳理了向量化召回的脉络，帮助读者加深对算法的理解。

5.3 节到 5.6 节根据向量化召回统一建模框架，详细分析了 Airbnb 召回、FM 召回、双塔召回、GCN 召回等业界常用算法的异同。从中我们可以看到，这些算法只是在某个维度上进行了创新，而在其他维度上未必最优。因此，我们在技术选型时，没必要生搬硬套，而应该根据统一建模框架，博采各算法之所长，取长补短。这一点，请读者在阅读时倍加注意。

另外，近年来以阿里巴巴的 Tree-based Deep Model（TDM，基于树的深度模型）为代表的新型召回算法异军突起。TDM 算法突破了向量化召回用户、物料必须解耦建模的限制，允许模型中候选物料与用户信息发生交叉，大大增强了模型的表达能力。但是在召回中引入交叉结构是一柄双刃剑，它一方面提升了召回结果的质量，另一方面也增加了线上预测的耗时和工程优化、日常维护的难度。受篇幅所限，本书就不涵盖 TDM 主题了。

5.1 传统召回算法

现在各互联网大厂的主流召回算法都是基于深度学习、图卷积的复杂算法。尽管如此，本书还是会用一些章节介绍一下传统召回算法。

原因之一是，复杂的算法，虽然效果更好，但是训练、部署都需要消耗更多的资源，训练时也需要更多的数据，而这些条件都是一些初创团队所不具备的。这时，传统召回算法就体现出训练方便、易于部署、易于调试等优势。甚至在一些小项目中，整个推荐算法不需要排序，只有一个召回模块就足够了。

原因之二是，即使是大厂的推荐系统，也并非完全自动化、智能化的。推荐系统工程师也经常需要配合其他业务团队完成一些临时性、运营性的需求。比如，近期业务团队的目标是提升文章的转发分享率。如果要让你的 DNN 模型配合这个需求，你可以添加一些与转发分享相关的特征，还可以提升转发目标在最终损失中的权重。但是，众所周知，DNN 是黑盒，改进模型的效果未必是立竿见影的。

这时，传统召回就显现出巨大的优势。要想提升转发率，你可以新增一路名为高转发率的召回。先离线统计出每个文章类别下转发率最高的前若干篇文章，存进倒排索引；线上发来一个用户请求时，根据该用户喜欢的文章分类，找到相应的索引，返回其中高转发率的文章；再做一些策略上的调整，使被高转发率召回的文章能够在最终返回给用户的结果集中出现得尽量多一些。

由此可以看出，传统召回算法简单直接，使我们能够更敏捷地应对业务需求，在现代推荐系统中仍然有一席之地。本节将介绍 3 类常用的传统召回算法，以及如何合并多路召回的结果。

5.1.1　基于物料属性的倒排索引

离线时将具备相同属性的物料集合起来，每个集合内部按照后验消费指标（比如 CTR）按降序排列。比如图 5-1 中，所有带有"坦克"标签的文章组成集合 $T_{tag=tank}$，作者 A 发表的文章组成 $T_{author=A}$，当前最火的几篇文章组成 $T_{popular}$。这种类似 Map<ItemAttribute, ItemSet>的数据结构称为倒排索引。

	物料属性	物料集合
0	标签"坦克"	doc1、doc2、doc3、doc4
1	作者"A"	doc2、doc3
2	热门爆款	doc1、doc4

图 5-1　倒排索引示意

线上发来一个用户请求时，提取用户喜欢的标签、关注的作者等信息，再据此检索倒排索引，把对应的物料集合作为召回结果返回。

5.1.2　基于统计的协同过滤算法

另一类常用的传统召回算法是协同过滤（Collaborative Filtering，CF）算法，它分为两种。

- 基于用户的协同过滤（User CF）：为用户 A 找到与他有相似爱好的用户 B，把 B 喜欢的东西推荐给 A。
- 基于物料的协同过滤（Item CF）：用户 A 喜欢物料 C，找到与 C 相似的其他物料 D，把 D 推荐给 A。

传统的协同过滤不需要训练模型，是完全基于统计的。以 Item CF 为例，首先，定义用户反馈矩阵 $A \in \mathbf{R}^{m \times n}$，$m$ 是用户总数，n 是物料总数。如果用户 u 与物料 t 交互过，则 $A[u,t]=v$。v 既可以来源于显式交互，比如 u 给 t 的打分，也可以来源于隐式交互，让 $v=1$ 代表 u 点击过 t。A 超级稀疏，因为对于某个用户 u，绝大多数的物料都未曾曝光过。再计算 $S = A^{\mathrm{T}} A \in \mathbf{R}^{n \times n}$，$S[i,j]$ 代表物料 i 与物料 j 的相似度。为用户 u 召回时，$r_u = A[u,:]S$，表示预测出的 u 对所有物料的喜欢程度。从中选择预测值最大的前 k 个物料，作为召回结果返回。

从以上流程可以看出 Item CF 的以下优势。

- 相比于数量庞大的用户，物料的数量更少而且稳定，因此 $A^{\mathrm{T}} A$ 可以提前离线计算好。
- $A^{\mathrm{T}} A$ 有非常成熟的 MapReduce 分布式算法，计算方便。
- 物料数量相对较少，所以 $A^{\mathrm{T}} A$ 也不会很大。在利用 MapReduce 分布式预测时，可以广播到各台 Worker 节点上，只用 Mapper 就可以完成分布式预测，避免了复杂的 Join 操作。

感兴趣的读者可以参考基于 MapReduce 实现 Item CF 的通用框架，支持用 cosine、Pearson 相关系数、Euclidean 距离、Jaccard 距离等多种方式计算相似度。

5.1.3　矩阵分解算法

矩阵分解（Matrix Factorization，MF）算法如图 5-2 所示。

和 5.1.2 节一样，定义矩阵 A 存储用户反馈。图 5-2 中 A 中有数的位置代表某用户对某物料做出了反馈，可能是显式的，也可能是隐式的。图 5-2 中 A 中为空的位置代表未知反馈，需要 MF 来预测。再定义用户隐向量矩阵 $U \in \mathbf{R}^{m \times k}$ 和物料隐向量矩阵 $V \in \mathbf{R}^{n \times k}$，它们是模型要优化求解的变量。定义预测反馈 $P = UV^{\mathrm{T}}$。如果 $A[u,t]$ 有值，那么 MF 就以 $A[u,t]$ 为目标，迭代优化 U 和 V，使 $P[u,t]$ 拟合、逼近 $A[u,t]$。等训练好 U、V 后，对于 $A[u,t]$（真实反馈）中为空的位置，就以 $P[u,t]$（预测反馈）填充。对于用户 u，选择 $P[u,t]$ 最大且 $A[u,t]$ 为空的前 k 个物料，作为对 u 的召回结果返回。

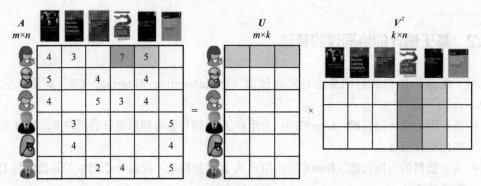

图 5-2　矩阵分解示意

MF 有两大缺点：只能用 User ID、Item ID 当特征，信息来源受限；对于未曾在训练集中出现过的新用户、新物料，无法给出预测结果。

基于以上两个缺点，MF 在互联网大厂中已经不再流行。受篇幅所限，本书不再给出 MF 的实现细节。感兴趣的读者可以参考相关文献，Spark 中也有现成的 API 可供调用。

5.1.4　如何合并多路召回

出于冗余防错和互相补充的目的，推荐系统中通常会有多路召回，这些各自召回的结果需要合并为一个结果集，再传递给下游的粗排或精排模块。合并时重复的召回结果只保留一份。如果合并后的结果集太大，超出下游粗排或精排的处理能力，需要截断。

作者见过一种合并方法，如代码 5-1 所示。在这种方法中，人为给各路召回指定了一个插入顺序。如果前面的召回把结果集插满了，后面召回的结果只能被丢弃。

代码 5-1　合并多路召回结果的错误方式

```
1.    def wrong_merge_recalls():
2.
3.        merged_results = {}
4.
5.        # recall_method：某一路的召回算法名
6.        # recall_results：此路召回的结果集
7.        for recall_method, recall_results in recall_results_list:
8.            capacity = MAX_NUM_RECALLS - len(merged_results)  # merged_results 还剩余的额度
9.            if capacity == 0:
10.               # 已经插满了，直接返回，后面召回的结果被丢弃
11.               return merged_results
12.
13.           # 当前召回能插入最终结果集的额度
14.           quota = min(len(recall_results), capacity)
15.           # 把当前结果集中的前 quota 个物料，插入最终结果集中
```

```
16.          top_recall_results = recall_results[:quota]
17.          merged_results.update(top_recall_results)
18.
19.      return merged_results
```

这种方式的缺点在于，人为规定的插入顺序过于主观。如果排在前面的召回退化了，而排在后面的召回进步了，没有应对方法。而且不同用户对不同召回的偏好不同，不适合用一个死板、统一的标准。

所以正确的方式应该如代码 5-2 所示。

代码 5-2　合并多路召回结果的正确方式

```
1.   def correct_merge_recalls():
2.       merged_results = {}
3.
4.       while True:
5.           # recall_method：某一路的召回算法名
6.           # recall_results：此路召回的结果集
7.           for recall_method, recall_results in recall_results_list:
8.               if len(merged_results) == MAX_NUM_RECALLS:
9.                   return merged_results    # 插满了，返回
10.
11.              if len(recall_results) > 0:  # 当前召回还有余额
12.                  # 弹出当前召回认为的用户最喜欢的物料，插入结果集
13.                  top_item = recall_results.pop()
14.                  merged_results.add(top_item)
```

各路召回的结果集，按照预测的用户喜欢程度按降序排列，用户最可能喜欢的物料排在最前面。对于每一轮合并，把所有召回都遍历一遍。每路召回，将各自结果集中的第一名弹出，插入合并结果集。

重复若干轮合并过程，直到最终结果集被插满。

这种合并方式的优点在于，不必刻板地指定各路召回的插入顺序，也就不会出现顺序靠后的召回的结果被全部丢弃的情况，能够确保各路召回的精华肯定会被插入合并结果集中，从而获得下游的处理机会。

5.2　向量化召回统一建模框架

从本节开始介绍当前推荐系统中的主流召回算法，向量化召回（Embedding-Based Retrieval，EBR）算法。所谓向量化召回，就是将召回问题建模成向量空间内的近邻搜索问题。

假设召回问题中包含两类实体 Q 和 T。

- 如果 Q 是用户，T 是物料，为用户直接找他喜欢的物料，就是 user-to-item（U2I）召回；
- 如果 Q 和 T 都是物料，那就是 item-to-item（I2I）召回，用于为用户找与他喜欢的物料相似的其他物料，比如"看了又看"场景；
- 如果 Q 和 T 都是用户，那就是 user-to-user-to-item（U2U2I）召回，先为当前用户查找与他相似的用户，再把相似用户喜欢的物料推荐给当前用户。

向量化召回的基本步骤如下。

（1）训练一个模型 M，将 Q 中的每个实例 q 和 T 中的每个实例 t 都映射到同一个向量空间。

（2）将 T 中几十万、上百万个实例喂入模型 M，映射成向量。再把这几十万、上百万个向量灌入 Faiss 或 Milvus 这样的向量数据库，建立索引。

（3）在线服务时，对于一个 Q 类的实例 q，通过模型 M 将其映射成向量 $\mathbf{Emb}_q$。再在向量数据库中，通过近似最近邻（ANN）搜索算法，查找与 $\mathbf{Emb}_q$ 最近的 K 个 T 类的邻居向量 $\mathbf{Emb}_{t_i}$。这些邻居向量对应的 $t_i\,(1 \leqslant i \leqslant K)$ 作为召回结果返回。

向量化召回不是单指某一个具体的算法，而是一个庞大的算法家族，比如 Item2Vec、YouTube 的召回算法、Airbnb 的召回算法、FM 召回、微软的 DSSM、双塔模型、百度的孪生网络、阿里巴巴的 EGES、Pinterest 的 PinSage、腾讯的 GraphTR 等。从召回方式上，这些向量化召回算法涵盖了 U2I、I2I、U2U2I 三大类；从算法实现上，有的来自"前 DNN"时代，有的基于深度学习，还有的基于图算法；从优化目标上，有的按照多分类问题来求解，有的基于 Learning-to-Rank（LTR）思路来优化。

尽管看上去形态迥异，让人眼花缭乱，但这些向量化召回算法其实都可以用一套统一的建模框架所囊括。向量化召回统一建模框架由 4 个维度构成，也就是需要我们在建模时回答以下 4 个问题：

- 如何定义正样本，即哪些 q 和 t 在向量空间内应该相近；
- 如何定义负样本，即哪些 q 和 t 在向量空间内应该较远；
- 如何将 q 和 t 映射成 Embedding；
- 如何定义优化目标，即损失函数。

作者希望本章介绍的向量化召回统一建模框架能够给读者带来两方面的提升。

- 融会贯通。借助向量化召回统一建模框架，读者学习的不再是若干孤立的算法，而是一个算法体系，不仅能加深对现有算法的理解，还能轻松应对未来出现的新算法。
- 取长补短。大多数召回算法只是在某一两个维度上进行了创新，而在其他维度上的做法未必是最优的。我们在技术选型时，没必要照搬某个算法的全部，而是借助本章梳理的脉络，博采多家算法之所长，取长补短，组成最适合你的业务场景、数据环境的算法。

5.2.1　如何定义正样本

正样本的定义，即哪些 q 和 t 的向量表示应该相近，取决于不同的召回场景。

- I2I 召回。q 和 t 都是物料。比如我们认为同一个用户在同一个会话（session，间隔时间较短的用户行为序列）交互过（例如点击、观看、购买等）的两个物料，在向量空间是相近的。这体现的是两个物料的相似性。
- U2I 召回。q 是用户，t 是物料。一个用户与其交互过的物料在向量空间中应该是相近的。这体现的是用户与物料的匹配性。
- U2U 召回。q 和 t 都是用户。比如使用孪生网络，q 是用户一半的交互历史，t 是同一用户另一半交互历史，二者在向量空间应该是相近的，这体现的是同一性。

5.2.2　重点关注负样本

负样本就是在举反例（q,t_-），告知模型 q 与 t_- 是不匹配的。负样本的要义是，让模型见识到形形色色、五花八门、不同角度的"q 与 t_- 之间的差异性"，达到让模型"开眼界，见世面"的目的。这听起来容易，但是实操方法中会违反许多初入推荐系统的新手甚至许多只做过排序的老手的直觉。

1. 负样本主要靠随机采样

作者曾经仿照 YouTube 复现过他们的召回算法。当时就特别不理解为什么 YouTube 不用"曝光未点击"的样本作为负样本，而是拿采样出的物料作为负样本。而且这样做的还不仅仅 YouTube 一家，微软的 DSSM 中的负样本也是随机抽取来的。他们都没有说明这样随机抽取负样本的原因。

当时，作者只有排序方面的经验，而排序是非常讲究所谓的"真负"样本的，即必须拿"曝光未点击"的样本作为负样本，以至于还有 Above Click 的做法，即只拿点击文章以上的未点击文章作为负样本，以保证确实对用户曝光过。所以，排序思维根深蒂固的作者觉得拿"曝光未点击样本"作为负样本简直是天经地义，何况还有以下优势。

- "曝光未点击"样本是用户偏好的真实反馈。而随机抽取的样本可能压根就没有曝光过，不能就此断定用户一定不喜欢。
- "曝光未点击"样本的数量有限，处理起来更方便快捷。
- 用"曝光未点击"样本作为负样本，能与排序共享同一套数据处理流程，很多数据都已经处理好了，无须重新开发和生成。
- 对于接下来会讲到的万能 FM 模型，拿曝光数据训练出一版模型，既能做排序，又能做召回，一举两得，省时省力。

所以，作者第一次实践 YouTube 召回算法时，直接拿"曝光未点击"样本作为负样本。训练出的模型，其离线 AUC 达到 0.7+，作为一个特征简化的召回模型，已经算是非常高了，但是在线表现一塌糊涂。排查时发现召回的物料与用户画像和用户点击历史完全没有相关性。而当作者"照着论文画瓢"，拿随机采样的样本作为负样本，在线结果却非常好。

"曝光未点击"样本哪里出错了？排序时的金科玉律到了召回环节为什么就失灵了呢？这是

因为作者自以为是的做法违反了机器学习的一条基本原则，即**"离线训练时的数据分布应该与在线服务时的数据分布保持一致"**。

以前，我们谈到召回与排序的不同时往往只强调速度，即因为召回的候选集更大，所以要求预测速度更快，而模型可以简单一些，这只是其一。而另一个往往被忽视的差异是排序与召回的候选集截然不同。

- 排序的目标是从用户可能喜欢的物料当中挑选出用户最喜欢的，是为了优中选优。排序所面对的候选物料是已经和用户兴趣比较匹配的优质集合。
- 召回的目标是将用户可能喜欢的和海量跟用户兴趣毫不相关的物料分隔开，所以，召回所面对的候选物料集合可谓"鱼龙混杂，良莠不齐"。

所以，对喂入召回模型的样本的要求是，既要让模型见过最匹配的 $\langle user, item \rangle$ 组合，也要让模型见过最不靠谱的 $\langle user, item \rangle$ 组合，这样才能让模型达到"开眼界、见世面"的目的，从而在"大是大非"上不犯错误。对于最匹配的 $\langle user, item \rangle$ 组合，没有异议，就是用户与他点击过的物料。而对用户最不靠谱的物料，是对他曝光但未点击的物料吗？

这就涉及推荐系统中常见的样本选择偏差（Sample Selection Bias，SSB）问题，即我们从在线日志中获得的曝光样本是通过上一版本的召回、粗排、精排替用户层层筛选过的，已经是对用户"比较靠谱"的物料了。拿这样的样本训练出来的模型做召回，只见树木，不见森林。就好比：一个老学究，一辈子待在象牙塔中，遍查古籍，能够一眼看出一件文物是"西周"的还是"东周"的。但是这样的老学究，到了旧货市场却非常可能打眼，识别不出一件"上周"生产的假货。为什么？因为他只见过"老的"和"更老的"，"新的"则被象牙塔那阅人无数的门卫给挡回去了，他压根就没见识过。

因此，为了让模型"开眼界、见世面"，领教最不靠谱的 (q, t) 组合，喂入召回模型的负样本主要依靠随机采样生成。特别是在 U2I 召回场景中，**坚决不能（只）拿"曝光未点击"样本作为负样本**。

细心的读者可能注意到了，作者在以上表述中对"只"字做了保留。召回模型的负样本全部由"曝光未点击"样本组成是绝对不行的。但是，"以随机负采样为主，以曝光未点击为辅"的混合方案能否行得通呢？业界尚无定论。以作者和 Facebook 的经验，都认为"曝光未点击"样本就是"鸡肋"，于召回模型无益。而在另外一些实践中，"曝光未点击"样本被认为是 Hard Negative（下一节会讲到），能够提升模型对细节的分辨能力。在随机负采样之外，加入"曝光未点击"能否提升召回性能？请读者在工作场景中亲自实践一下便知，毕竟推荐算法也属于实验科学，实验是检验算法成败的（唯一）标准。

2. 随机负采样大有讲究

综上所述，喂入召回模型的负样本主要依靠随机采样生成。采样听起来简单，实践起来也大有讲究与门道。

推荐系统中不可避免地存在"二八定律"，即 20% 的热门物料占据了 80% 的曝光流量。因此，在

U2I、I2I 召回中，正样本中的物料以少数热门物料为主，可能带偏模型对所有用户只推荐热门物料，损害推荐系统的个性化与多样性。这就要求我们进行针对性的纠偏，具体方法在 5.4.1 节中再详细讨论。

最让模型"开眼界、见世面"的负采样方法是在所有物料组成的大库中进行随机采样。但是考虑到推荐系统中的物料成百上千万，大库采样的方案代价太高，更是无法满足在线学习的实时性要求。因此业界也提出了许多近似的折中方案，在 5.5.2 节中会加以详细讨论。

另外，只通过随机采样获得负样本，可能导致模型的精度不足。举个例子，假如你要训练一个相似图片召回算法。当 q 是一只狗时，正样本 t_+ 是另一只狗。负样本 t_- 在所有动物图片中随机采样得到，大概率会抽到猫、大象、乌鸦、海豚等图片。这些随机负样本能够让模型"大开眼界"，从而快速"去伪存真"。但是猫、大象、乌鸦、海豚等随机负样本都与正样本（另一只狗）相差太大，使模型觉得只要能分辨粗粒度差异就足够了，没有动力去注意细节。这些负样本被称为 Easy Negative。

因此，我们要为"q=狗，t_+=另一只狗"配备一些狼、狐狸的图片作为负样本。这些负样本被称为 Hard Negative，它们与正样本有几分相似，能给模型增加难度，迫使其关注细节。至于如何挑选负例，业界也有不同做法，将在后续章节中详细阐述。

需要特别强调的是，Hard Negative 并非要替代随机采样得到的 Easy Negative，而是作为 Easy Negative 的补充。在数量上，负样本还是应该以 Easy Negative 为主，Facebook 的经验是将比例维持在 Easy：Hard=100：1。毕竟在线召回时，候选集中的绝大多数物料都是与用户毫不相关的，保证 Easy Negative 的数量优势才能保持召回模型的基本精度。

本书花费大量笔墨论述了召回中的负样本策略，目的就是向读者传递这样的观点：**如果说排序是特征的艺术，那么召回就是样本的艺术，特别是负样本的艺术**。做召回，"负样本为王"，负样本的选择对于算法成败是决定性的：选对了，模型基本合格；选错了，之后的特征工程、模型设计、推理优化都是南辕北辙，平添无用功罢了。

5.2.3 解耦生成 Embedding

以 U2I 召回为例，虽然与排序一样，召回也是对用户与物料之间的匹配程度建模，但是二者在样本、特征、模型上都有显著不同。在 5.2.2 节中详细论述了二者在样本选择上的区别，本节将论述二者在特征、模型上的区别。简言之，就是**排序鼓励交叉，召回要求解耦**。

1. 排序鼓励交叉

排序对交叉的偏爱在特征策略与模型结构两方面都有所体现。

- 特征策略上，排序除了单独使用用户特征和物料特征，最重要的是还使用了大量的交叉统计特征，比如"用户标签与物料标签的重合度"。这类交叉统计特征是衡量"用户与物料匹配程度"的最强信号，但是它们无法事先离线计算好，以服务于所有用户请求。
- 模型结构上，排序一般将用户特征、物料特征、交叉统计特征拼接成一个大向量，喂入

DNN，让三类特征层层交叉。从第一个全连接（Fully Connection，FC）层之后就已经无法分辨出输出的向量中哪几位属于用户信息，哪几位属于物料信息。

2. 召回要求解耦

排序之所以允许、鼓励交叉，还因为它的候选集比较小，最多不过一两千的规模。召回则要面对十万、百万级的海量候选物料，如果让每个用户与每个候选物料都计算交叉统计特征，进行一遍 DNN 那样的复杂运算，那么无论如何也无法满足在线的实时性要求。

所以，召回必须解耦、隔离用户信息与物料信息。

- 特征策略上，召回无法使用用户与物料的交叉统计特征（如用户标签与物料标签的重合度）。
- 模型结构上，召回不能将用户特征、物料特征一股脑喂进 DNN，而是两者必须各自处理。用户子模型只利用用户特征，生成用户向量 Emb_{user}。物料子模型只利用物料特征，生成物料向量 Emb_{item}。只允许最后计算 $Emb_{user} \cdot Emb_{item}$ 或 $cosine(Emb_{user}, Emb_{item})$ 时，才产生用户信息与物料信息的唯一一次交叉。

这样解耦的目的体现在两方面。

- 离线时，不必知道是哪个用户发出的请求，提前计算好，生成百万、千万级的物料向量（如 Emb_{item}），灌入 Faiss 并建立好索引；
- 在线时，独立生成用户向量（如 Emb_{user}），在 Faiss 中利用近似最近邻（ANN）搜索算法快速搜索出与 Emb_{user} 接近的 Emb_{item}。避免让每个用户与几百万、上千万的候选物料逐一进行"计算交叉特征"和"通过 DNN"这样复杂耗时的操作。

5.2.4 如何定义优化目标

无论哪种召回方式，为了能够与 Faiss/Milvus 等向量数据库兼容，方便在线服务快速搜索近邻向量，我们拿 q 的 Embedding 和 t 的 Embedding 的点积或 cosine 结果来表示 q 与 t 的匹配程度。显然，点积或 cosine 结果值越大，代表 q 与 t 越匹配。

至于如何定义损失函数，召回也与精排有很大不同。精排追求预测值的"绝对准确性"，它使用 Binary Cross-Entropy Loss（二分类交叉熵损失），力图将每条样本的 CTR/CVR 预测准确。这是因为：

- 精排的候选集小，而且每个负样本都来自用户的真实反馈，因此精排有条件把每个负样本的 CTR/CVR 都预测准确；
- 精排打分的准确性是下游任务（比如广告计费、打散重排等）成败的关键，因此，如果精排打分只能保证"将用户喜欢的排在前面"这样的相对准确性，是远远不够的。

而召回的优化目标、损失函数主要考虑的是排序的相对准确性。

- 召回的候选集非常庞大，而且只有正样本来自用户真实反馈，而负样本往往未曾向用户曝光过，所以召回没条件对负样本要求预测值绝对准确。召回常用的一类损失函数是多分类的 Softmax Loss，只要求把正样本的概率值预测得越高越好。

■ 召回的作用是筛选候选集，只要能把用户喜欢的排在前面就可以。因此，召回中另一类常用的损失函数遵循 Learning-To-Rank（LTR）思想，不求预测值的绝对准确，只求排序的相对准确。

接下来介绍召回中常用的几种损失函数。提前声明：以下讲解都是针对 U2I 召回而举例，但是对 U2U、I2I 同样适用；以下几种损失函数都被广泛应用，至于哪种损失函数能为读者的项目带来更佳的效果，还需要读者自己编写代码实现后根据离线和在线实验结果给出答案。

1. NCE Loss

如前所述，召回常用的一类损失函数是 Softmax Loss。以 U2I 召回为例，公式如(5-1)所示，优化目标是使用户 u_i 在 T 中选中 t_i 的概率 $\dfrac{\exp(u_i \cdot t_i)}{\sum_{j \in T} \exp(u_i \cdot t_j)}$ 越高越好。

$$L_{\text{Softmax}} = -\frac{1}{|B|} \sum_{(u_i, t_i) \in B} \log \frac{\exp(u_i \cdot t_i)}{\sum_{j \in T} \exp(u_i \cdot t_j)} \qquad \text{公式(5-1)}$$

该公式中各关键参数的含义如下。

■ B 代表一个 Batch，其中第 i 条样本 (u_i, t_i) 由用户 u_i 和与其交互过的物料 t_i 组成。

■ u_i 表示模型对用户 u_i 生成的向量表示。

■ t_i 表示模型对物料 t_i 生成的向量表示。

■ Softmax Loss 将召回看成一个超大规模的多分类问题，每个候选物料作为一个类别，所有候选物料组成的集合用 T 表示。

通过公式(5-1)可以看到，为了最小化损失，要求分子 $\exp(u_i \cdot t_i)$，即用户与他交互过的正向物料的匹配度尽可能大；而分母 $\sum_{j \in T} \exp(u_i \cdot t_j)$，即用户与所有负向物料的总匹配度尽可能小。体现出召回不求绝对准确性，只求排序的相对准确性的设计特点。但是，Softmax Loss 中的分母 $\sum_{j \in T} \exp(u_i \cdot t_j)$ 要计算用户向量与 T 中所有物料向量的点积，而 $|T|$ 的量级属于百万或千万，分母的计算量大得惊人。

Noise Contrastive Estimation（NCE）是简化分母的一种思路，它将召回原始的"超大规模多分类问题"简化为一系列"区别样本是否来自噪声"的二分类问题。以点击场景下的 U2I 召回为例，给定一个用户 u，他点击的物料组成正向物料集合 R，再为 u 随机采样一部分物料当负样本，组成负向物料集合 S，也就是所谓的"噪声"。这样一来，用户 u 的候选物料集合不再像原始 Softmax 那样是整个物料库 T，而是一个有限集合 $C = R \cup S$。而 NCE 的二分类问题就转变为，对于每个候选物料 $\forall t \in C$，如果 t 属于 R，(u,t) 算作一个正样本，如果 t 属于 S，(u,t) 算作一个负样本。

我们用 $G(u,t)$ 表示一条样本 (u,t) 是正样本的 logit，NCE 计算 $G(u,t)$ 如公式(5-2)所示。

$$G(u,t) = \log \frac{P(t \mid u)}{Q(t \mid u)} = \log P(t \mid u) - \log Q(t \mid u) \qquad \text{公式(5-2)}$$

该公式中各关键参数的含义如下。

- u、t 分别表示一条样本中的用户与物料。
- $P(t|u)$ 表示用户 u 确实喜欢物料 t 的概率，是召回模型的建模目标。
- $Q(t|u)$ 表示 t 来自噪声的概率，可以理解为用户 u 不喜欢 t 但随手点击过的概率。考虑推荐系统的实际情况，我们不难得出"$Q(t|u)$ 应该与物料 t 的热度正相关"的结论。因为 t 越热门，它被展示给用户的频率越高，被用户随手点击的概率也就越高。
- $G(t|u)$ 是 $P(t|u)$ 与 $Q(t|u)$ 的比值的 log 值，也就是 NCE 中 Contrastive（对比）一词的含义。

在向量化召回中，我们用向量点积来对 P($t|u$)建模，代入公式(5-2)，得到公式(5-3)。

$$G(u,t) = u \cdot t - \log Q(t \mid u) \qquad\qquad \text{公式(5-3)}$$

该公式中各关键参数的含义如下。

- u 是召回模型为用户 u 生成的向量表示。
- t 是召回模型为物料 t 生成的向量表示。
- 点积 $u \cdot t$ 表示用户与物料的匹配度，代替公式(5-2)中的 $\log P(t \mid u)$。

这里的重点在于理解修正项 $-\log Q(t \mid u)$ 的作用，这也是作者曾经犯过错误之所在。先说结论，$-\log Q(t \mid u)$ **的作用是为了防止热门物料被过度惩罚**。我们可以这样来理解，在负采样的时候，物料的热度越高，它被采样为负样本的概率也就越高。之所以如此，既有理论上刻意为之的因素（详细讨论见 5.4.1 节），也有现实情况的限制（详细讨论见 5.5.2 节）。这样一来，负样本主要由热门物料组成，实际上是对热门物料进行了过度打压，可能会导致推荐结果过于小众。为了补偿被过度打压的热门物料，公式(5-3)增加了 $-\log Q(t \mid u)$ 一项。根据定义，$G(u|t)$ 表示 (u,t) 是正样本的 logit，应该越大越好，这也就要求 $u \cdot t$ 不能只是一般大，而必须在减去 $\log Q(t \mid u)$ 之后依然很大。因为我们将 $Q(t|u)$ 设计成与 t 的热度正相关的函数，所以 t 的热度越大，修正时要减去的 $\log Q(t \mid u)$ 越大，训练时对 $u \cdot t$ 制定的训练目标较高，有意让用户向量 u 靠近热门物料的向量，从而达到补偿热门物料的目的。再次强调其中的逻辑是，理论与现实都导致召回的负样本主要由热门物料组成，这会导致学习到的用户向量 u 过度远离热门物料的向量，$-\log Q(t \mid u)$ 的作用是将 u 向热门物料适当靠拢，但是它的作用并非鼓励而只是补偿。

另外，需要提醒的是，$-\log Q(t \mid u)$ 修正只发生在训练阶段，预测时还是只拿 $u \cdot t$ 计算用户与物料的匹配度，和 Faiss/Milvus 等向量数据库兼容。

根据 $G(u,t)$ 计算 Binary Cross-Entropy Loss，就得到 NCE Loss，如公式(5-4)所示。

$$
\begin{aligned}
L_{\text{NCE}} &= \frac{-1}{|B|} \sum_{(u_i,t_i) \in B} \left[\log\left(\sigma\left(G\left(u_i,t_i\right)\right)\right) + \sum_{j \in S_i} \log\left(1 - \sigma\left(G\left(u_i,t_j\right)\right)\right) \right] \\
&= \frac{1}{|B|} \sum_{(u_i,t_i) \in B} \left[\log\left(1 + \exp\left(-G\left(u_i,t_i\right)\right)\right) + \sum_{j \in S_i} \log\left(1 + \exp\left(G\left(u_i,t_j\right)\right)\right) \right]
\end{aligned}
$$

$$\text{公式(5-4)}$$

该公式中各关键参数的含义如下。

- B 代表一个 Batch，第 i 条样本由用户 u_i 和他点击过的一个物料 t_i 组成。
- S_i 表示随机采样一些物料作为负样本。
- σ 表示 sigmoid 函数。
- 其中用到的 $G(u,t)$ 如公式(5-3)所示，注意其中的 $-\log Q(t\,|\,u)$ 修正项。

在实际操作中，为了进一步简化计算，干脆就在公式中忽略 $-\log Q(t\,|\,u)$ 修正项，还拿原始的 $\boldsymbol{u}\cdot\boldsymbol{t}$ 表示用户与物料的匹配度，于是得到了 Negative Sampling Loss（NEG Loss），如公式(5-5)所示。

$$L_{\mathrm{NEG}}=\frac{1}{|B|}\sum_{(u_i,t_i)\in B}\left[\log\big(1+\exp(-u_i\cdot t_i)\big)+\sum_{j\in S_i}\log\big(1+\exp(u_i\cdot t_j)\big)\right] \qquad \text{公式(5-5)}$$

NEG Loss 的优点是计算简便，而它的缺点是不像 NCE LOSS 那样有非常强的理论保证。已经证明，如果采样的负向物料足够多，NCE 的梯度与原始超大规模 Softmax 的梯度趋于一致，而 NEG 没有这种性质。但是由于我们的目标并不是为了将概率分布学准确，而是为了学习出高质量的用户向量与物料向量，因此 NEG 在理论上的缺陷并没有那么大，照样在召回场景中被广泛应用。

2. Sampled Softmax Loss

还是拿用户点击场景下的 U2I 召回来举例。给定一个用户 u 和他点击的物料 p，再给 u 按照 $Q(t|u)$ 的概率采样一批负样本 S。原始超大规模 Softmax 需要估计整个物料库 T 中每个物料被 u 点击的概率，负采样后变成 Sampled Softmax 问题，即在候选集 $C=\{p\}\bigcup S$ 中，$\forall t\in C$ 被 u 点击的概率有多大，即对 $P(t\,|\,u,C)$ 建模。

首先将 $P(t\,|\,u,C)$ 根据条件概率展开成公式(5-6)。

$$P\big(t|u,C\big)=\frac{P(t,C\,|\,u)}{P(C\,|\,u)} \qquad \text{公式(5-6)}$$

再对公式(5-6)中的分子按照 Bayes 公式展开，得到公式(5-7)，其中 $P(t\,|\,u)$ 是召回模型的建模目标。

$$P\big(t,C|u\big)=P\big(C|t,u\big)\times P\big(t\,|\,u\big) \qquad \text{公式(5-7)}$$

再来看公式(5-7)中的 $P\big(C|t,u\big)$，它表示给定了用户 u 和被点击物料 t 的前提下构建出整个候选集 C 的概率。由于假设 t 是被点击的，这也就意味着 $C-\{t\}$ 都是负采样得到的，而且 C 之外的其他物料 $T-C$ 都未被负采样到，由此展开 $P(C\,|\,t,u)$ 得到公式(5-8)。

$$\begin{aligned}
P(C\,|\,t,u)&=\prod_{t'\in C-\{t\}}Q\big(t'|u\big)\times\prod_{t'\in T-C}\big(1-Q\big(t'|u\big)\big)\\
&=\frac{1}{Q(t|u)}\times Q\big(t|u\big)\times\prod_{t'\in C-\{t\}}Q\big(t'|u\big)\times\prod_{t'\in T-C}\big(1-Q\big(t'|u\big)\big) \qquad \text{公式(5-8)}\\
&=\frac{1}{Q(t|u)}\times\prod_{t'\in C}Q\big(t'|u\big)\times\prod_{t'\in T-C}\big(1-Q\big(t'|u\big)\big)
\end{aligned}$$

把公式(5-6)、公式(5-7)、公式(5-8)结合起来，得到公式(5-9)。

$$P(t|u,C) = \frac{P(t,C|u)}{P(C|u)}$$

$$= \frac{P(C|t,u) \times P(t|u)}{P(C|u)}$$

$$= \frac{P(t|u) \times \frac{1}{Q(t|u)} \times \prod_{t' \in C} Q(t'|u) \times \prod_{t' \in T-C} (1-Q(t'|u))}{P(C|u)} \qquad 公式(5\text{-}9)$$

$$= \frac{P(t|u)}{Q(t|u)} \times \frac{\prod_{t' \in C} Q(t'|u) \times \prod_{t' \in T-C} (1-Q(t'|u))}{P(C|u)}$$

公式(5-9)中的 $\dfrac{\prod_{t' \in C} Q(t'|u) \times \prod_{t' \in T-C} (1-Q(t'|u))}{P(C|u)}$ 一项，只与 u 和其候选集 C 有关，而与建

模变量 t 在 C 中的取值无关，可以简写成 $K(u,C)$，于是公式(5-9)变成了公式(5-10)。

$$P(t|u,C) = \frac{P(t|u)}{Q(t|u)} \times K(u,C) \qquad 公式(5\text{-}10)$$

$$\Rightarrow \log P(t|u,C) = \log P(t|u) - \log Q(t|u) + \log K(u,C)$$

类似 NCE 的推导过程，$\log P(t|u)$ 是我们的建模目标，可以拿用户向量与物料向量的点积来替换。而 $\log K(u,C)$ 与建模变量 t 在 C 中的取值无关，不影响 Softmax 结果，可以忽略。我们用 $G(u,t)$ 表示用户 u 在其候选集 C 中点击物料 t 的 logit，将公式(5-10)写成公式(5-11)，其中符号含义可以参考公式(5-3)。

$$G(u,t) = \log P(t|u,C) = \boldsymbol{u} \cdot \boldsymbol{t} - \log Q(t|u) \qquad 公式(5\text{-}11)$$

公式(5-11)与公式(5-3)类似，同样告诉我们拿 $\boldsymbol{u} \cdot \boldsymbol{t}$ 计算用户与物料的匹配度后，还要根据负采样概率 $Q(t|u)$ 进行修正，防止热门物料被过度打压。而且与 NCE Loss 一样，修正只发生在训练阶段，预测时还是只计算 $\boldsymbol{u} \cdot \boldsymbol{t}$，和 Faiss/Milvus 等向量数据库兼容。

将公式(5-11)代入 Softmax 的公式中，计算 Sampled Softmax Loss 如公式(5-12)所示。

$$L_{\text{SampledSoftmax}} = -\frac{1}{|B|} \sum_{(u_i,t_i) \in B} \log \frac{\exp(G(u_i,t_i))}{\exp(G(u_i,t_i)) + \sum_{j \in S_i} \exp(G(u_i,t_j))} \qquad 公式(5\text{-}12)$$

该公式中各关键参数的含义如下。

- B 代表一个 Batch。
- u_i 表示用户，t_i 表示 u_i 点击过的一个物料，S_i 表示给 u_i 采样生成的负样本集合。
- $G(u_i,t_i)$ 的计算如公式(5-11)所示，注意其中的 $-\log Q(t|u)$ 修正项。

3. Pairwise Loss

Pairwise Loss 是 Learning-to-Rank 的一种实现。以 U2I 为例：一个样本是由用户、他交互过

的正向物料、随机采样的负向物料组成的三元组(u_i, t_{i+}, t_{i-})。优化目标是，针对同一个用户u，正向物料t_+与他的匹配程度，要远远高于负向物料t_-与他的匹配程度，即$Sim(u, t_+) \gg Sim(u, t_-)$。

一种表示"远远高于"的方法是使用 Marginal Hinge Loss，如公式(5-13)所示。

$$L_{Hinge} = \frac{1}{|B|} \sum_{(u_i, t_{i+}, t_{i-}) \in B} \max\left(0, m - u_i \cdot t_{i+} + u_i \cdot t_{i-}\right) \qquad \text{公式(5-13)}$$

该公式中各关键参数的含义如下。

- B 代表一个 Batch，其中第 i 条样本由三元组(u_i, t_{i+}, t_{i-})组成。
- u_i 表示用户，t_{i+} 是 u_i 点击过的一个物料，t_{i-} 是随机采样得到的一个物料。
- u_i、t_{i+}、t_{i-} 分别是召回模型给 u_i、t_{i+}、t_{i-} 生成的向量表示。
- m 代表边界值（Margin），是一个超参数。
- 整个公式要求，用户 u 与他点击过的物料 t_+ 的匹配程度，要比其与一个随机采样得到的物料 t_- 的匹配程度高出一个给定的边界值。

如果嫌调节超参 m 太麻烦，可以使用 Bayesian Personalized Ranking Loss (BPR Loss)。BPR的思想是给定一个由用户、正向物料、随机采样的负向物料组成的三元组(u_i, t_{i+}, t_{i-})，针对用户 u_i 的正确排序（将 t_{i+} 排在 t_{i-} 前面）的概率是 $P_{CorrectOrder} = \text{sigmoid}(u_i \cdot t_{i+} - u_i \cdot t_{i-})$，BPR Loss 就是要将这一正确排序的概率最大化。由于 $P_{CorrectOrder}$ 对应的真实 label 永远是 1，因此将 $P_{CorrectOrder}$ 代入 Binary Cross-Entropy 的公式，得到 BPR Loss 如公式(5-14)所示，符号含义参考公式(5-13)。

$$\begin{aligned} L_{BPR} &= \frac{1}{|B|} \sum_{(u_i, t_{i+}, t_{i-}) \in B} -\log\left(P_{CorrectOrder}^{(i)}\right) \\ &= \frac{1}{|B|} \sum_{(u_i, t_{i+}, t_{i-}) \in B} \log\left(1 + \exp\left(u_i \cdot t_{i-} - u_i \cdot t_{i+}\right)\right) \end{aligned} \qquad \text{公式(5-14)}$$

5.3 借助 Word2Vec

之前讲 Deep Interest Network 时，作者就曾经提到过，很多推荐算法都借鉴自 NLP 领域，本节要讲的类 Word2Vec 召回算法就是这方面的又一个经典案例。

先简单介绍一下 Word2Vec 算法，它的目标是为每个单词学习到能够表征其语义的稠密向量，即 Word Embedding。如果使用 Skip-Gram 算法来达成这一目标，学习的方法就是给定一个中心词 w，预测哪些词 o 能够出现在 w 的上下文（Context）中，与 w 搭配使用。比如给定一句话"The quick brown fox jumps over the lazy dog"，当我们选中 fox 当中心词，并且取宽度为 1 的窗口作为上下文的范围，Word2Vec 的训练目标就是使"fox, brown"和"fox, jump"这样的单词组合出现的概率越大越好。如果表示为成数学公式，Word2Vec 理论上的损失函数如公式(5-15)所示。

$$L_{\text{word2vec}} = -\frac{1}{|B|} \sum_{(w_i, c_i) \in B} \log \frac{\exp(w_i \cdot c_i)}{\sum_{j \in V} \exp(w_i \cdot c_j)} \qquad \text{公式(5-15)}$$

该公式中各关键参数的含义如下。

- B 代表一个 Batch，其中一条样本 (w_i, c_i) 由一个中心词 w_i 和其上下文 c_i 组成。
- V 是所有单词组成的集合。
- w_i、c_i 分别是 w_i、c_i 的 Embedding，二者的点积 $w_i \cdot c_i$ 越大，说明相关性越强，越有可能出现在同一个上下文中。

从公式(5-15)中可以看到，每次计算分母都要遍历一遍 V 中的所有单词，计算量太大。按照 5.2.4 节介绍的方法简化 Softmax 公式，Word2Vec 可以通过最小化 NEG Loss 训练完成，如公式(5-16)所示。

$$L_{\text{word2vec}} = \frac{1}{|B|} \sum_{(w_i, c_i) \in B} \left[\log\left(1 + \exp(-w_i \cdot c_i)\right) + \sum_{j \in S_i} \log\left(1 + \exp(w_i \cdot c_j)\right) \right] \qquad \text{公式(5-16)}$$

其中，S_i 表示给中心词 w_i 随机采样得到的一批单词，作为它的负样本。其他符号的含义可参考公式(5-15)。

5.3.1 最简单的 Item2Vec

将 Word2Vec 运用到推荐领域的最直接的算法就是 Item2Vec。Item2Vec 算法中，将用户的某一个行为序列（比如用户在一个 Session 内点击过的物料组成的序列）当成一个句子，序列中的每个 Item ID 当成一个单词。按照以上方式收集完训练数据后，直接套用 Word2Vec 训练，训练完成后，就能得到每个物料的 Embedding，可以用于 I2I 召回。

1. 用向量化召回统一建模框架理解 Item2Vec

以框架思维看待 Item2Vec，可以加深你对它的理解深度。

- **如何定义正样本**。Item2Vec 认为对于被同一个用户在同一个会话交互过的物料，彼此应该是相似的，它们的向量应该是相近的。但是考虑到，如果让一个序列内部的物料两两组合，生成的正样本太多了。因此 Item2Vec 照搬 Word2Vec，也采用滑窗，即只在某个物料前后出现的其他物料才被认为彼此相似，成为正样本。
- **如何定义负样本**。照搬 Word2Vec，从整个物料库中随机采样一部分物料，与当前物料组合成负样本。
- **如何 Embedding**。没有采用模型，只是定义了一个待学习的矩阵 $V \in \mathbf{R}^{|T| \times d}$，$|T|$ 是所有物料的个数，d 是 Embedding 的长度。第 i 个物料的 Embedding 就是 V 矩阵的第 i 行。
- **如何定义损失函数**。照搬 Word2Vec 的 NEG Loss，见公式(5-5)。

2. 基于 TensorFlow 实现 NCE Loss

Item2Vec（或它的原型 Word2Vec）的核心，比如负采样、概率修正、向量点积等，都可以直接调用 TensorFlow 自带的 nce_loss 函数来实现。nce_loss 的代码和注释如代码 5-3 所示。

代码 5-3 TensorFlow 自带的 nce_loss 函数

```
1.   def nce_loss(weights,
2.               biases,
3.               labels,
4.               inputs,
5.               num_sampled,
6.               num_classes,
7.               num_true=1,......):
8.       """
9.       weights: 待优化的矩阵，形状[num_classes, dim]。可以理解为所有 Item Embedding 矩阵，
         此时 num_classes=所有 Item 的个数
10.      biases: 待优化变量，[num_classes]。每个 Item 还有自己的 bias，与 User 无关，代表自己本
         身的受欢迎程度
11.      labels: 正向的 item ids，[batch_size,num_true]的整数矩阵。center item 拥有的最多
         num_true 个 positive context item id
12.      inputs: 输入的[batch_size, dim]矩阵，可以认为是 center item Embedding
13.      num_sampled: 整个 batch 要采集多少负样本
14.      num_classes: 在 I2I 中，可以理解成所有 Item 的个数
15.      num_true: 一条样本中有几个正向物料，一般就是 1
16.      """
17.      # logits: [batch_size, num_true + num_sampled]的 float 矩阵
18.      # labels: 与 logits 相同形状，如果 num_true=1 的话，每行就是[1,0,0,...,0]的形式
19.      logits, labels = _compute_sampled_logits(......)
20.
21.      # sampled_losses: 形状与 logits 相同，也是[batch_size, num_true + num_sampled]
22.      # 一行样本包含 num_true 个正向物料和 num_sampled 个负向物料
23.      # 所以一行样本也有 num_true + num_sampled 个 sigmoid loss
24.      sampled_losses = sigmoid_cross_entropy_with_logits(
25.              labels=labels,
26.              logits=logits,
27.              name="sampled_losses")
28.
29.      # 把每行样本的 num_true + num_sampled 个 sigmoid loss 相加
30.      return _sum_rows(sampled_losses)
```

其中的实现细节都在_compute_sampled_logits 函数中，它的代码和注释如代码 5-4 所示。

代码 5-4 TensorFlow 中的_compute_sampled_logits 函数

```
1.   def _compute_sampled_logits(weights,
2.                               biases,
```

```
3.                              labels,
4.                              inputs,
5.                              num_sampled,
6.                              num_classes,
7.                              num_true=1,
8.                              ......
9.                              subtract_log_q=True,
10.                             remove_accidental_hits=False,......):
11.     """
12.     输入:
13.         weights: 待优化的矩阵, 形状[num_classes, dim]。可以理解为所有 Item Embedding 矩
            阵, 此时 num_classes=所有 Item 的个数
14.         biases: 待优化变量, [num_classes]。每个 Item 还有自己的 bias, 与 User 无关, 代表自
            己的受欢迎程度
15.         labels: 正向物料的 item ids, [batch_size,num_true]的整数矩阵。center item 拥有
            的最多 num_true 个 positive context item id
16.         inputs: 输入的[batch_size, dim]矩阵, 可以认为是 center item Embedding
17.         num_sampled: 整个 batch 要采集多少负样本
18.         num_classes: 在 I2I 中, 可以理解成所有 Item 的个数
19.         num_true: 一条样本中有几个正向物料, 一般就是 1
20.         subtract_log_q: 是否要对匹配度进行修正。如果是 NEG Loss, 关闭此选项
21.         remove_accidental_hits: 如果采样到的某个负向物料恰好等于正向物料, 是否要补救
22.     输出:
23.         out_logits: [batch_size, num_true + num_sampled]
24.         out_labels: 与 out_logits 同形状
25.     """
26.     # labels 原来是[batch_size, num_true]的 int 矩阵
27.     # reshape 成[batch_size * num_true]的数组
28.     labels_flat = array_ops.reshape(labels, [-1])
29.
30.     # ------------ 负采样
31.     # 如果没有提供负向物料, 根据 log-uniform 进行负采样
32.     # 采样公式: P(class) = (log(class + 2) - log(class + 1)) / log(range_max + 1)
33.     # 在 I2I 场景下, class 可以理解为 Item id, 排名越靠前的 Item 被采样到的概率越大
34.     # 所以, 为了打压热门 Item, Item id 编号必须根据 Item 的热度降序编号
35.     # 越热门的 item, 排名越靠前, 被负采样到的概率越高
36.     if sampled_values is None:
37.         sampled_values = candidate_sampling_ops.log_uniform_candidate_sampler(
38.         true_classes=labels,# 正向物料的 item ids
39.         num_true=num_true,
40.         num_sampled=num_sampled,
41.         unique=True,
42.         range_max=num_classes,
43.         seed=seed)
44.
45.     # sampled: [num_sampled], 一个 batch 内的所有正样本, 共享一批负样本
46.     # true_expected_count: [batch_size, num_true], 正向物料在 log-uniform 采样分布中
        # 的概率, 接下来修正 logit 时用得上
```

```
47.     # sampled_expected_count: [num_sampled], 负向物料在 log-uniform 采样分布中的概率，
        # 接下来修正 logit 时用得上
48.     sampled, true_expected_count, sampled_expected_count = (
49.         array_ops.stop_gradient(s) for s in sampled_values)
50.
51.     # ------------ Embedding
52.     # labels_flat is a [batch_size * num_true] tensor
53.     # sampled is a [num_sampled] int tensor
54.     # all_ids: [batch_size * num_true + num_sampled]的整数数组，集中了所有正负 Item ids
55.     all_ids = array_ops.concat([labels_flat, sampled], 0)
56.     # 给 batch 中出现的所有 Item，无论正负，进行 Embedding
57.     all_w = embedding_ops.embedding_lookup(weights, all_ids, ...)
58.
59.     # true_w: [batch_size * num_true, dim]
60.     # 从 all_w 中抽取出对应正向物料的 Item Embedding
61.     true_w = array_ops.slice(all_w, [0, 0],
62.         array_ops.stack([array_ops.shape(labels_flat)[0], -1]))
63.
64.     # sampled_w: [num_sampled, dim]
65.     # 从 all_w 中抽取出对应负向物料的 Item Embedding
66.     sampled_w = array_ops.slice(all_w,
67.         array_ops.stack([array_ops.shape(labels_flat)[0], 0]), [-1, -1])
68.
69.     # ------------ 计算 center item 与每个 negative context item 的匹配度
70.     # inputs: 可以理解成 center item Embedding, [batch_size, dim]
71.     # sampled_w: 负向物料的 Item 的 Embedding, [num_sampled, dim]
72.     # sampled_logits: [batch_size, num_sampled]
73.     sampled_logits = math_ops.matmul(inputs, sampled_w, transpose_b=True)
74.
75.     # ------------ 计算 center item 与每个 positive context item 的匹配度
76.     # inputs: 可以理解成 center item Embedding, [batch_size, dim]
77.     # true_w: 正向物料的 Item Embedding, [batch_size * num_true, dim]
78.     # row_wise_dots: 是 element-wise 相乘的结果, [batch_size, num_true, dim]
79.     ......
80.     row_wise_dots = math_ops.multiply(
81.         array_ops.expand_dims(inputs, 1),
82.         array_ops.reshape(true_w, new_true_w_shape))
83.     ......
84.     # _sum_rows 是把所有 dim 上的乘积相加，得到 dot-product 的结果
85.     # true_logits: [batch_size, num_true]
86.     true_logits = array_ops.reshape(_sum_rows(dots_as_matrix), [-1, num_true])
87.     ......
88.
89.     # ------------ 修正结果
90.     # 如果采样到的负向物料恰好也是正向物料，就要补救
91.     if remove_accidental_hits:
92.         ......
93.         # 补救方法是在冲突的位置(sparse_indices)的负向物料的 logits(sampled_logits)
```

```
94.              # 加上一个绝对值非常大的负数 acc_weights（值为-FLOAT_MAX）
95.              # 这样在计算 softmax 时，相应位置上的负向物料所对应的 exp 值=0，就不起作用了
96.         sampled_logits += gen_sparse_ops.sparse_to_dense(
97.                 sparse_indices,
98.                 sampled_logits_shape,
99.                 acc_weights,
100.                default_value=0.0,
101.                validate_indices=False)
102.
103.    if subtract_log_q: # 如果是 NEG Loss, subtract_log_q=False
104.         # 对匹配度做修正，对应上边公式中的
105.         # G(x,y)=F(x,y)-log Q(y|x)
106.         # item 热度越高，被修正得越多
107.         true_logits -= math_ops.log(true_expected_count)
108.         sampled_logits -= math_ops.log(sampled_expected_count)
109.
110.    # ------------ 返回结果
111.    # true_logits: [batch_size,num_true]
112.    # sampled_logits: [batch_size, num_sampled]
113.    # out_logits: [batch_size, num_true + num_sampled]
114.    out_logits = array_ops.concat([true_logits, sampled_logits], 1)
115.
116.    # We then divide by num_true to ensure the per-example
117.    # labels sum to 1.0, i.e. form a proper probability distribution.
118.    # 如果 num_true=n，那么每行样本的 label 就是[1/n,1/n,...,1/n,0,0,...,0]的形式
119.    # 对于下游的 sigmoid loss 或 softmax loss，属于 soft label
120.    out_labels = array_ops.concat([
121.        array_ops.ones_like(true_logits) / num_true,
122.        array_ops.zeros_like(sampled_logits)], 1)
123.
124.    return out_logits, out_labels
```

5.3.2　Airbnb 召回算法

Item2Vec 直接把 Word2Vec 套用到用户行为序列组成的"句子"上，尽管简单方便，但是忽略了推荐领域与 NLP 领域的许多差异之处，学习到的物料向量的质量受到影响。比如，在 NLP 中，受语法规则所限，你只能说一个词与它周围的几个词是相关的，才能成为正样本。一句话的首尾两个词相距太远，不太可能相关。但是在推荐领域，一个 Session 中用户点击的第一个物料与最后一个物料非常有可能还是高度相关的。为此，Airbnb 发表了论文，针对民宿中介的业务特点，对 Word2Vec 进行了若干改进。

1. Airbnb 的 I2I 召回

根据向量化召回统一建模框架，分析一下 Airbnb 的 I2I 召回算法。

- **如何定义正样本**。如同前边分析的那样，给定一个用户点击的房屋（Airbnb 叫 listing）序列，序列内部的房屋，其两两之间都应该是相似的。但由于两两组合太多，因此仿照 Word2Vec 采用滑窗，认为某个房屋 l 只与窗口内的有限几个房屋 c 是相似的。但是，如果一个点击序列最终导致某个房屋 l_b 成功预订，则 l_b 业务信号非常强，必须保留。因此，Airbnb 还额外增加了一批正样本，即点击序列中的每个房屋 l 与最终被成功预订的房屋 l_b 是相似的。
- **如何定义负样本**。根据召回的一贯原则，随机采样得到的其他房屋肯定是主力负样本。但是民宿中介的业务特色决定了，在一个点击序列中的房屋（即正样本）基本上都是同城的，而随机采样得到的负样本多是异地的。如果只有随机负采样，模型可能只使用"所在城市是否相同"这一粗粒度差异来判断两房屋相似与否，导致最终学到的房屋向量按所在城市聚类，而忽视了同一城市内部不同房屋的差异。为了弥补随机负采样的不足，Airbnb 还为每个房屋在与其同城的其他房屋中采样一部分作为 Hard Negative，迫使模型关注所在城市之外的更多细节。
- **如何 Embedding**。类似 Item2Vec，定义一个大矩阵 V，第 l 个房屋的 Embedding v_l 就是 V 的第 l 行。
- **如何定义损失函数**。与 Word2Vec 一样采用 NEG Loss，但增加了额外的正负样本，如公式(5-17)所示。

$$L_{\text{AirbnbI2I}} = \frac{1}{|B|} \sum_{(l,c)\in B} \left[\log\left(1+\exp(-v_l \cdot v_c)\right) + \sum_{nc\in N_l} \log\left(1+\exp(v_l \cdot v_{nc})\right) \right.$$
$$\left. + \log\left(1+\exp(-v_l \cdot v_{lb})\right) + \sum_{nc\in N_{city}} \log\left(1+\exp(v_l \cdot v_{ncity})\right) \right]$$
公式(5-17)

该公式中各关键参数的含义如下。

- v 符号表示一个房屋的 Embedding。
- 下标 l 表示当前房屋。
- 下标 c 表示在某点击序列中出现在 l 上下文中的房屋。
- 下标 nc 表示随机负采样得到的房屋。
- 下标 lb 代表最终成功预订的房屋。
- 下标 $ncity$ 代表与 l 同处一个城市采样到的负样本房屋。

2. Airbnb 的 U2I 召回

Airbnb 的第二个创新是将 Word2Vec 扩展到了 U2I 和冷启动领域。这一次，Airbnb 希望从对业务更重要的预订数据中学习出用户和房屋的 Embedding。但是问题在于，大多数用户预订和大多数房屋被预订的记录数都非常有限，稀疏的预订数据不足以支持模型学习出高质量的用户和房屋的 Embedding。

为此，Airbnb 的做法是，根据属性和人工规则，将用户和房屋分类，比如"20～30 岁，使用英语，平均评价 4.5 星，平均消费每晚 50 美元的男性"算一类用户，"一床一卫，接纳两人，平均评价 5 星，平均收费 60 美元的美国房屋"算一类房屋。单个用户与单个房屋的预订记录是稀疏的，但是某类用户与某类房屋的预订记录就丰富许多，允许我们使用 Word2Vec 算法学习出高质量的某一类用户或房屋的 Embedding，有助于新用户与新房屋的冷启。

从向量化召回统一建模框架来理解从用户类别到房屋类别的召回。

- **如何定义正样本**：如果某用户 u 预订过某房屋 l，u 所属的类别 U 和 l 所属的类别 L 在向量空间应该是相似的，成为正样本。
- **如何负样本**：对于一个用户类别 U，随机采样一部分房屋类别作为主力负样本。除此之外，如果 u 被房东拒绝了，该房屋的类别 L 就成为 U 的 Hard Negative，应该加入负样本。
- **如何 Embedding**：定义两个待学习的矩阵，$V_{UT} \in \mathbf{R}^{|UT| \times d}$ 和 $V_{LT} \in \mathbf{R}^{|LT| \times d}$，$|UT|$是所有用户类别的个数，$|LT|$是所有房屋类别的个数。第 i 类用户的 Embedding 就是 V_{UT} 的第 i 行，第 i 类房屋的 Embedding 就是 V_{LT} 的第 i 行。
- **如何定义损失函数**：与 Word2Vec 一样采用 NEG Loss，只不过增加了"被房东拒绝"作为 Hard Negative，如公式(5-18)所示。

$$L_{\text{AirbnbU2I}} = \frac{1}{|B|} \sum_{(ut,lt) \in B} \left[\log\big(1 + \exp(-v_{ut} \cdot v_{lt})\big) + \sum_{nlt \in N_{ut}} \log\big(1 + \exp(v_{ut} \cdot v_{nlt})\big) \right.$$
$$\left. + \sum_{nlt \in N_{rlt}} \log\big(1 + \exp(v_{ut} \cdot v_{rlt})\big) \right] \qquad \text{公式(5-18)}$$

该公式中各关键参数的含义如下。

- v 符号表示 Embedding。
- 下标 ut 代表当前用户类别。
- 下标 lt 代表被 ut 这一类用户预订过的房屋类别。
- 下标 nlt 是给 ut 随机采样的一批负样本的房屋类别。
- 下标 rlt 是拒绝过 ut 的房屋类别。

5.3.3　阿里巴巴的 EGES 召回

阿里巴巴于 2018 年提出 Enhanced Graph Embedding with Side Information（EGES）模型，它是将 Word2Vec 移植到推荐领域的又一次针对性改进。根据向量化召回统一建模框架，EGES 的改进如下。

1. 如何定义正样本

之前介绍的 Item2Vec 以及 Airbnb I2I 召回都认为只有被同一个用户在同一个 Session 内交互过的两个物料才有相似性，才可能成为正样本。EGES 认为这个限制太狭隘了。比如一个用户点击过物料 A 和物料 B，另一个用户点击过物料 B 和物料 C。Item2Vec 认为只有 AB 和 BC 才存在相似性，但是 AC 难道就不相似了吗？EGES 应该把这种跨用户、跨 Session 的相似性考虑进去，这样能够提高模型的扩展性，也能够给那些冷门物料更多的训练机会。

具体做法如图 5-3 所示，分为 3 个步骤。

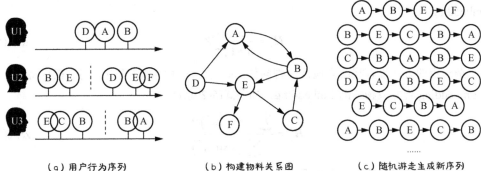

图 5-3　EGES 正样本生成流程

（1）根据用户行为序列（如图 5-3(a)所示）建立物料关系图（如图 5-3(b)所示）。图上的每一个节点代表一个物料，每一条边代表两个物料被顺序交互过。比如，图 5-3(a)中的用户 U1 先点击过物料 D，再点击过物料 A，那么在图 5-3(b)上就有一条边由 D 指向 A。第 i、j 两个节点之间的边上的权重 M_{ij}，等于数据集中"先点击物料 i 后点击物料 j"的次数。

（2）沿图 5-3(b)中的边随机游走，生成一批新的序列（如图 5-3(c)所示）。随机游走过程中，由节点 i 到节点 j 的转移概率 $P(v_j|v_i) = \dfrac{M_{ij}}{\sum_{j \in N_+(v_i)} M_{ij}}$，$M_{ij}$ 是由 i 指向 j 那条边上的权重，$N_+(v_i)$ 是由第 i 个节点出发的邻居节点的集合。

（3）在这些随机游走生成的新序列（如图 5-3(c)所示）上，再套用 Word2Vec 的方法，定义滑窗，窗口内的两个物料是相似的，成为正样本。

2. 如何定义负样本

照搬 Word2Vec 中的随机负采样方法，这里不再赘述。

3. 如何 Embedding

推荐系统与 NLP 的区别就在于，通常 NLP 中除了单词本身，就没有多少其他特征可利用了；但是在推荐系统中，除了 ID，每个物料还有丰富的属性信息（也称为 Side Information），比如商品的类别、品牌、商铺等。这些信息在照搬 Word2Vec 的 Item2Vec 中没有被利用上，太可惜了。另外，加入这些额外的物料属性当特征，还有利于新物料的冷启。对于 ID 从未在训练集中出现过的新物料，Item2Vec 无法给出其 Embedding；但是新物料的属性大多在训练集中出现过，并且它们的 Embedding 已经被训练好了，EGES 可以拿这些属性的 Embedding 合成新物料的 Embedding，解一时之需。

EGES 的解决方法是，首先，定义了 $1+n$ 个 Embedding 矩阵 $V_{s_i} \in \mathbf{R}^{|s_i| \times d}$，$0 \leq i \leq n$，其中，$i=0$ 时对应物料的 ID，$|s_i|$ 表示第 i 类属性（如类别、品牌、商铺等）的取值个数。

至于如何将每个物料的 ID Embedding 和它的 n 个属性 Embedding 合并成一个 Embedding H_v，最简单的方法是进行 Average Pooling，如公式(5-19)所示，其中 W_v^s 表示物料 v 的属性 s 的 Embedding。

$$H_v = \frac{1}{n+1} \sum_{s=0}^{n} W_v^s \qquad \text{公式(5-19)}$$

复杂一点的方法没有将所有属性一视同仁，而是允许每个物料使用不同的权重将 $1+n$ 个属性的 Embedding 合并成物料的 Embedding，如公式(5-20)所示。

$$H_v = \frac{\sum_{j=0}^{n} \exp\left(a_v^j\right) W_v^j}{\sum_{j=0}^{n} \exp\left(a_v^j\right)} \qquad \text{公式(5-20)}$$

该公式中各关键参数的含义如下。

- EGES 又新定义了一个待学习的权重矩阵 $A \in \mathbf{R}^{|V| \times (1+n)}$，$|V|$ 是所有物料数，n 是物料属性的个数，矩阵列数+1 是为了包含 Item ID 这个属性。
- a_v^j 是矩阵 A 的第 v 行第 j 列，代表第 j 个属性对第 v 个物料的重要性，它的数值是通过训练得到的。$\exp\left(a_v^j\right)$ 是为了保证权重永远是正数。
- W_v^j 表示物料 v 的属性 j 的 Embedding。

注意，EGES 与 Airbnb U2I 都将除 ID 之外的属性信息（Side Information）引入了 Word2Vec 算法之中，从而弥补了 Word2Vec 用于推荐时无法处理新用户、新物料的不足。但是二者引入属性信息的方法不同。

- Airbnb U2I 引入了人工先验规则进行分类，以学习某类用户、某类物料的 Embedding 来代替学习单个用户或物料的 Embedding。这种方法在引入属性信息的同时，也使训练数据变得更稠密，降低了训练难度。
- EGES 还纳入了各类属性的 Embedding。这些 Embedding 是什么？它们如何与 ID Embedding 相融合？这些都交由算法自动学习出来。这种方法避免了人工规则的烦琐和可能引入的偏见，但是也增加了模型的参数量，需要更多的数据才能学习出来。

4. 如何定义损失函数

套用了 Word2Vec 中的 NEG Loss，这里不再赘述。

5.4 "瑞士军刀" FM 的召回功能

第 4 章已经介绍过 FM 及其在精排中的应用。FM 是推荐算法中名副其实的"瑞士军刀"，其结构简单，但功能齐全，不仅能做精排，也能做召回，还能用于第 6 章要讲的粗排。虽然相比于业界正当红的双塔、基于 GNN 的召回等复杂模型，FM 简单的结构限制了特征交叉，削弱了模型的表达能力，但是也使 FM 具备了易于上线部署、解释性强等优点，特别适合初创团队。我们拿"向量化召回统一建模框架"来分析一下 FM 召回。

5.4.1 打压热门物料

FM 召回主要应用于 U2I 召回场景。很自然，一个用户与他正向交互过的物料构成正样本。根据"不能（只）拿曝光未点击作为负样本"的基本原则，我们再为该用户随机采样一部分物料，作为他的负向物料。说起来简单，但是这里存在一个打压热门物料的问题，值得大家重视。

任何一个推荐系统都难逃二八定律的影响，即 20% 的热门物料占据了 80% 的曝光率与点击率。因为正样本中的物料都是用户点击过的物料，所以可以说正样本被少数热门物料所"垄断"。导致的后果就是，训练时，模型会迫使每个用户向量尽可能接近少数热门物料的向量；预测时，每个用户从 Faiss 检索出来的邻居都是那少数几个热门物料，使推荐结果丧失了个性化与多样性。由此可见"打压热门物料"的必要性。视物料出现在正样本还是在负样本中，要采取截然不同的打压策略。

1. 热门物料在正样本中要降采样

物料热度越高，越不容易出现在正样本中。比如我们可以参考 Word2Vec 过滤高频停用词的做法，定义一个物料 t_i 能够被任何用户选为正样本的概率 $P_{pos}(t_i)$，如公式(5-21)所示。

$$P_{pos}(t_i) = \sqrt{\frac{\alpha}{f(t_i)}} \qquad \text{公式(5-21)}$$

该公式中各关键参数的含义如下。

- $f(t_i)$ 是物料 t_i 的曝光频率。可见，t_i 曝光越频繁（如热度越高），它成为正样本的概率越低。
- α 是一个超参，可以理解成定义冷门物料的门槛，如果 $f(t_i) \leqslant \alpha$ 且被点击过，则 t_i 必须成为正样本。

2. 热门物料在负样本中要过采样

物料热度越高，越有可能出现在负样本中。可以从以下两个角度来理解。

- 既然少数热门物料已经"垄断"正样本，我们也需要提高热门物料在负样本中的比例，以抵消热门物料对损失函数的影响。
- 如果在负采样时采取 Uniform Sampling，因为候选集规模巨大而采样量有限，所以极有可能采样到的物料与用户毫不相关，是所谓的 Easy Negative。而绝大多数用户都喜欢热门物料，热门物料当负向物料构成所谓的 Hard Negative，能极大地提升模型的分辨能力。

在随机负采样时，一方面需要采样到的负向物料能够尽可能广泛地覆盖所有候选物料，另一方面又需要使它们多采样一些热门物料。为了平衡这两方面的需求，参考 Word2Vec，定义负采样概率公式如公式(5-22)所示。

$$P_{\text{neg}}(t_i) = \frac{F(t_i)^b}{\sum_{t' \in V} F(t')^b} \qquad 公式(5\text{-}22)$$

该公式中各关键参数的含义如下。

- V 代表所有候选物料。
- $F(t_i)$ 是第 i 个物料的曝光次数。
- 超参 b=1 时，负采样完全遵循物料热度，对热门物料的打压最厉害，但对所有候选物料的覆盖不足。超参 b=0 时，负采样变成 Uniform Sampling，对所有候选物料的覆盖度最高，但是对热门物料无打压，采样的都是 Easy Negative。根据 Word2Vec 的经验，b 值一般取 0.75。

5.4.2　增广 Embedding

首先，不同于 Item2Vec、Airbnb 召回那样只能使用 User ID、Item ID 作为特征，FM 召回能使用的特征大为丰富。只有一个例外，为了能够独立、解耦生成用户向量与物料向量，FM召回不能使用交叉特征。

我们重温一下 FM 公式，对于给定的用户 u 与物料 t，FM 描述(u,t)之间的匹配度，如公式(5-23)所示。

$$\text{FM}(u,t) = b + \sum_{i \in I(u,t)} w_i + \sum_{i \in I(u,t)} \sum_{(j=i+1) \in I(u,t)} v_i \cdot v_j \qquad 公式(5\text{-}23)$$

该公式中各关键参数的含义如下。

- 一条样本由一个用户 u 和一个物料 t 组成，$I(u,t)$ 表示这条样本中所有非零特征的集合。
- b 代表偏置项。
- w_i 代表第 i 个特征的一阶权重。
- v_i 代表第 i 个特征的 Embedding。

根据特征是用户特征还是物料特征将 $\sum_{i \in I} w_i$ 与 $\sum_{i \in I} \sum_{(j=i+1) \in I} v_i \cdot v_j$ 进行拆解，得到公式(5-24)。

$$\text{FM}(u,t) = b + [W_u + W_t] + [V_{uu} + V_{tt} + V_{ut}] \qquad 公式(5\text{-}24)$$

该公式中各关键参数的含义如下。

- $W_u = \sum_{i \in I_u} w_i$ 表示所有用户特征的一阶权重之和，I_u 表示所有非零用户特征的集合。
- $W_t = \sum_{i \in I_t} w_i$ 表示所有物料特征的一阶权重之和，I_t 表示所有非零物料特征的集合。
- $V_{uu} = \sum_{i \in I_u} \sum_{(j=i+1) \in I_u} v_i \cdot v_j$ 表示用户特征集内部的两两交叉。

- $V_{tt} = \sum_{i \in I_t} \sum_{(j=i+1) \in I_t} \boldsymbol{v}_i \cdot \boldsymbol{v}_j$ 表示物料特征集内部的两两交叉。
- $V_{ut} = \sum_{i \in I_u} \sum_{j \in I_t} \boldsymbol{v}_i \cdot \boldsymbol{v}_j$ 表示每个用户特征与每个物料特征的两两交叉。

在给不同的候选物料打分的过程中，由于用户是固定的，因此公式(5-24)中 b、W_u、V_{uu} 对于不同候选物料都是相同的，忽略它们也不影响排序结果，从而可以将公式(5-24)简化成公式(5-25)。

$$\mathrm{FM}(u,t) = W_t + V_{tt} + V_{ut} \qquad\qquad 公式(5\text{-}25)$$

将 V_{tt} 变形，使其复杂度降为线性，写成公式(5-26)，其中的 reducesum 操作表示将一个向量所有位置上的元素加总求和。

$$V_{tt} = \sum_{i \in I_t} \sum_{(j=i+1) \in I_t} \boldsymbol{v}_i \cdot \boldsymbol{v}_j = \frac{1}{2}\mathrm{reducesum}\left[\left(\sum_{i \in I_t} \boldsymbol{v}_i\right)^2 - \sum_{i \in I_t} \boldsymbol{v}_i^2\right] \qquad 公式(5\text{-}26)$$

再将 V_{ut} 也拆解成两个向量的点积的形式，如公式(5-27)所示。

$$V_{ut} = \sum_{i \in I_u} \sum_{j \in I_t} \boldsymbol{v}_i \cdot \boldsymbol{v}_j = \left(\sum_{i \in I_u} \boldsymbol{v}_i\right) \cdot \left(\sum_{j \in I_t} \boldsymbol{v}_j\right) \qquad 公式(5\text{-}27)$$

将公式(5-26)与公式(5-27)代入公式(5-25)，将公式(5-25)也写成两个向量点积的形式，如公式(5-28)所示，其中 concat 代表向量拼接。

$$\mathrm{FM}(u,t) = \boldsymbol{E}_u \cdot \boldsymbol{E}_t$$
$$\boldsymbol{E}_u = \mathrm{concat}\left(1, \sum_{i \in I_u} \boldsymbol{v}_i\right) \qquad\qquad 公式(5\text{-}28)$$
$$\boldsymbol{E}_t = \mathrm{concat}\left(W_t + V_{tt}, \sum_{j \in I_t} \boldsymbol{v}_j\right)$$

该公式中各关键参数的含义如下。

- $\boldsymbol{E}_u$ 代表用户向量，召回时，由在线实时计算生成。
- $\boldsymbol{E}_t$ 代表物料向量，提前离线计算好，并灌入 Faiss 建立索引。注意前面增广的 $W_t + V_{tt}$，代表不随用户改变的物料自身的受欢迎程度。面对新用户时，V_{ut} 提供的信息有限，$W_t + V_{tt}$ 会发挥主要作用。W_t 见公式(5-24)，V_{tt} 见公式(5-26)，这两项的复杂度都是线性。

提醒大家注意的是，公式(5-28)只针对预测的时候。训练时，没必要将用户特征与物料特征拆开，假设采用 BPR Loss，FM 召回的损失函数如公式(5-29)所示。

$$\mathrm{FM}(u,t) = b + \sum_{i \in I(u,t)} w_i + \frac{1}{2}\mathrm{reducesum}\left[\left(\sum_{i \in I(u,t)} \boldsymbol{v}_i\right)^2 - \sum_{i \in I(u,t)} \boldsymbol{v}_i^2\right] \qquad 公式(5\text{-}29)$$
$$L_{\mathrm{BPR}} = \frac{1}{|B|} \sum_{(u_i, t_{i+}, t_{i-}) \in B} \log\left(1 + \exp\left(\mathrm{FM}(u_i, t_{i-}) - \mathrm{FM}(u_i, t_{i+})\right)\right)$$

该公式中各关键参数的含义如下。

- B 代表一个 Batch，其中一条样本由 (u_i, t_{i+}, t_{i-}) 三元组构成， u_i 表示用户， t_{i+} 是他点击过的物料， t_{i-} 是给他随机采样的一个物料。
- reducesum 操作表示将一个向量所有位置上的元素加总求和。

5.5 大厂主力：双塔模型

双塔模型是各互联网大厂目前最主要的召回算法，本节借助向量化召回统一建模框架来理解该算法。

5.5.1 不同场景下的正样本

双塔模型的应用场景非常广泛，在不同的场景中，可以用不同规则生成正样本。

- U2I 召回：一个用户 u 与他交互过的物料 t 相互匹配，可以构成一对正样本。
- I2I 召回：一个用户在一个 Session 交互过的两个物料 t_i 和 t_j 应该具备相似性，可以成为一对正样本。
- U2U 召回：一个用户的一半行为历史与同一个用户另一半的行为历史，都源于同一个用户的兴趣爱好，应该彼此相似，可以组成一对正样本。

5.5.2 简化负采样

为了达到让召回模型"开眼界、见世面"的目的，理论上我们应该从全体候选物料中采样物料成为负样本。但在实践中，这是做不到的。

- 一方面，全体候选物料中至少有几十万还在动态更新，采样代价太高。
- 另一方面，只有那些已经曝光过的物料的已经拼接好的特征向量才会出现在日志中，方便我们接下来的处理。对于未曝光过的物料，压根没有现成的特征可用。

基于以上两点原因，召回实践中的负样本主要来自曝光过的物料。这种做法有优点，接下来会谈到；也有缺点，就是曝光过的物料以热门物料为主，计算损失时需要修正，修正的细节在 5.2.4 节讲述 NCE Loss 时已经详细讨论过了。

1. Batch 内负采样

互联网大厂在实践双塔召回时，一个常见的做法是采取 Batch 内负采样。以点击场景下的 U2I 召回为例，在一个 Batch B 中，第 i 条正样本由用户 u_i 和与他交互过的物料 t_i 组成，是正样本。Batch 内负采样是指， u_i 与除了 t_i 之外 B 中其他正样本中的物料组成负样本。即 $(u_i, t_j), \forall j \in B - i$ ，都是负样本。

Batch 内负采样示意如图 5-4 所示。注意 Batch 内的每个用户向量，要与 Batch 内的每个物料向量做点积。这其实也是它的优点，由于 u_i 的某个负向物料 t_j 的向量已经作为另一个用户 u_j 的正向物料被计算过，可以被复用而避免重复计算。计算量的降低，对于面临海量数据和模型实时更新压力的各互联网大厂是非常具有诱惑力的。

Batch 内负采样的缺点是容易造成样本选择偏差（Sample Selection Bias，SSB）。这是因为，召回的正样本来自点击数据，而被点击的多是热门物料。再加上一个 Batch 的大小有限，其中的热门物料就更加集中，与召回要被应用于整个物料库的数据环境差距较大。换句话说，Batch 内负采样所采集到的负样本都是 Hard Negative（大多数用户都喜欢热门物料），缺少与用户兴趣毫不相关的 Easy Negative。

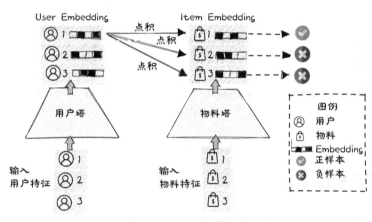

图 5-4　Batch 内负采样示意

2. 混合负采样

为了缓解样本选择偏差问题，Facebook、Google 和华为都在 Batch 内负采样的基础上发展了混合负采样（Mixed Negative Sampling）策略。混合负采样的示意如图 5-5 所示。

- 额外建立了一个向量缓存，存储物料塔在训练过程中得到的最新的物料向量。
- 在训练每个 Batch 的时候，先进行 Batch 内负采样，同一个 Batch 内两条样本中的物料互为 Hard Negative。
- 额外从向量缓存采样一些由物料塔计算好的之前的物料向量 B'，作为 Easy Negative 的 Embedding。

尽管在一个 Batch 内热门物料比较集中，但是向量缓存汇集了多个 Batch 计算出的物料向量，从中还是能够采样到一些小众、冷门物料作为 Easy Negative 的。所以，混合负采样对物料库的覆盖更加全面，更加符合负样本要让召回模型"开眼界、见世面"的一般原则。

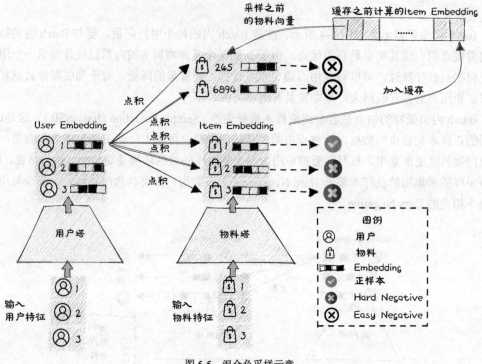

图 5-5　混合负采样示意

5.5.3　双塔结构特点

召回的应用场景规定，复杂的结构可以出现在一个塔的内部，但绝对不允许出现在两塔之间。

1. 单塔可以很复杂

双塔的一个特点在于"塔"，这里的"塔"就是一个 DNN，如图 5-6 所示。

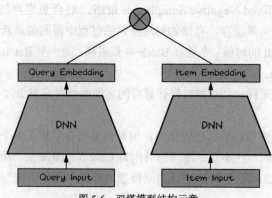

图 5-6　双塔模型结构示意

- 以 U2I 为例，用户特征喂入用户塔，输出用户向量；物料（无论正向还是负向）特征喂入物料塔，输出物料向量。
- 塔的底座宽。不像 Item2Vec 那样只能接受 Item ID 作为特征，双塔能够接受的特征很丰富。用户侧可以包括 User ID、用户的属性（如性别、年龄）、用户画像（如用户对某个标签的 CTR）、用户的各种行为历史（如点击序列）。物料侧可以包括 Item ID、物料的基本属性（如店铺、品牌）、物料静态画像（如所属类别）、物料动态画像（如过去 1 天的 CTR），还可以包括由内容理解算法生成的各种文字、图像、音频、视频的向量。
- 塔身很高，每层的结构可以很复杂。这样一来，底层喂入的丰富信息在沿塔向上流动的过程中，可以完成充分而复杂的交叉，模型的表达能力相较于之前的 Item2Vec、FM 召回大为增强。

2. 双塔一定要解耦

双塔的另一个特点在于"双"。遵循在 5.2.3 节介绍的召回模型的一般原则，双塔模型要求两塔之间绝对独立、解耦。只允许在生成最终的用户向量和物料向量之后才点积交叉一次。在此之前，用户信息只能沿着用户塔向上流动，物料信息只能沿着物料塔向上流动。绝对不允许出现跨塔的信息交流，避免双塔勾连成单塔。

为了解耦，特征上，绝对不能使用任何交叉特征（比如用户标签与当前物料的标签的重合度）；结构上，像 Deep Interest Network 那样由候选物料对用户行为序列做 Attention，也是做不到的。

但是用户的各种行为序列是反映用户兴趣的最重要的信息来源，如何将它们接入用户塔也是业界研究的重要课题。最简单的如 YouTube 的做法，把用户过去观看的视频列表先 Embedding，再做 Average Pooling 聚合成一个向量，接入用户塔。

但是 Average Pooling 将用户的各个历史行为一视同仁，损失了太多信息。我们还是希望能遵照 Attention 的方法，给每个历史行为赋以不同权重，在聚合过程中体现轻重缓急。既然拿当前物料当 Query 做 Attention 违反了双塔解耦原则而行不通，业界提出了以下一些替代方案。

- 如果是在搜索场景下，用户输入的搜索文本是最能反映用户当下意图的，可以作为 Attention 中的 Query 衡量用户各历史行为的重要性。
- 阿里巴巴的 SDM 召回中，使用用户画像当 Query，给各历史行为打分。
- 微信的 CDR 模型中，认为用户最后点击的物料能够反映用户最新的兴趣偏好，可以当 Query 去衡量之前历史行为的重要性。

5.5.4 Sampled Softmax Loss 的技巧

双塔模型比较常用的是基于 Batch 内负采样的 Sampled Softmax Loss。以 U2I 召回为例，双塔模型的损失函数如公式(5-30)所示。

$$G(u,t) = \frac{\boldsymbol{u} \cdot \boldsymbol{t}}{\tau} - logQ(t)$$

公式(5-30)

$$L_{\text{Tower}} = -\frac{1}{|B|} \sum_{(u_i,t_i) \in B} \log \frac{\exp\left(G(u_i,t_i)\right)}{\exp\left(G(u_i,t_i)\right) + \sum_{j \in B, j \neq i} \exp\left(G(u_i,t_j)\right)}$$

该公式中各关键参数的含义如下。

- B 代表一个 Batch，其中第 i 条正样本 (u_i, t_i) 由用户 u_i 和他点击过的物料 t_i 组成。
- 第 i 条正样本对应的负样本由 (u_i, t_j), $j \in B-i$ 组成，也就是说 Batch 内其他样本中的物料 t_j 与 u_i 搭配成为负样本。
- $G(u,t)$ 计算用户 u 与物料 t 的匹配程度，其中的 $\boldsymbol{u}$、$\boldsymbol{t}$、τ、Q 的含义在接下来的内容中加以详细说明。

1. L2 正则化

$\boldsymbol{u}$ 代表由用户塔将用户 u 的所有信息压缩成的向量，$\boldsymbol{t}$ 表示由物料塔将候选物料 t 的所有信息压缩成的向量。

一个常见的技巧是，在拿用户向量与物料向量计算点积之前，先除以它们各自的 L2 Norm，转化成长度为 1 的向量。这样做点积，等价于用 cosine(u,t) 来计算用户向量 $\boldsymbol{u}$ 与物料向量 $\boldsymbol{t}$ 的匹配度。很多实践都证明，使用 cosine 要比使用点积的效果好。其实也很好理解，毕竟衡量两个向量是否相似的方法是看它们之间的夹角，没有必要让优化器浪费精力在调整向量的长度上。

2. 温度调整难度

公式(5-30)中的 τ（$0 < \tau < 1$），被称为温度。我们知道 Softmax Loss 的优化目标是，使正样本的概率 $P_{\text{pos}} = \dfrac{\exp\left(G(u_i,t_i)\right)}{\exp\left(G(u_i,t_i)\right) + \sum_{j \in B, j \neq i} \exp\left(G(u_i,t_j)\right)}$ 尽可能大，这就要求分母中每个负样本的得分 $G(u_i, t_j)$ 要尽可能小才行。所以 τ 起到一个放大器的使用，但凡有哪个负样本 (u_i, t_j) 没被训练好，导致 cosine$(u_i, t_j) > 0$，$\dfrac{1}{\tau}$ 就能把这个"错误"放大许多倍，导致分母变大，损失增加。那个没被训练好的负样本就会被模型聚焦，被重点"关照"。

温度 τ 可以用来调节召回结果的记忆性与扩展性，或者说，精度与多样性。

- 如果 τ 设置得很小，它对错误的放大功能就很强。只要物料 t_j 未被用户 u_i 点击过，模型就会强力将它们拉开。但是我们知道，t_j 是负采样得到的，它未被 u_i 点击，可能只是还没有曝光给 u_i 而已。所以 τ 很小的话，将使模型牢牢记住用户历史点击反映出的兴趣爱好，召回时不敢偏离太远。推荐结果的精度高，但对用户潜在兴趣覆盖得不够，容易使用户陷入"信息茧房"而疲劳。

- 如果 τ 设置大了，它对错误的放大功能就很弱。对于负样本 (u_i, t_j)，也不会将 u_i 和 t_j 拉开得非常远，召回时仍有可能将 t_j 当成 u_i 的近邻推荐出去。好处是，t_j 确实覆盖了用户的一部分潜在兴趣，推荐 t_j 是对用户兴趣的一次探索与扩展，实现了推荐结果的多样性，打破了"信息茧房"。坏处是，有可能 t_j 确实不是 u_i 的"菜"，召回把关太松，有损用户体验。

3. 采样概率修正

公式(5-30)中的 $Q(t)$ 表示负采样到某个物料 t 的概率，$-\log Q(t)$ 是为了防止热门物料被过度打压而进行的修正，细节在 5.2.4 节讨论 NCE Loss 时已经讨论过了。

如果我们使用 Batch 内负采样而且样本来自点击数据，$Q(t)$ 就等于物料 t 在所有点击样本中的占比，即 $Q(t_i) = \dfrac{C(t_i)}{\sum_{t_j} C(t_j)}$，其中 $C(t)$ 表示物料 t 的点击次数。通常对精度要求没那么高，$Q(t)$ 可以离线、定时统计得到。对精度要求高的，可以通过流式算法在线预估 $Q(t)$。

如果我们使用"混合负采样"，损失函数如公式(5-31)所示。

$$L_{\text{Tower}} = -\frac{1}{|B|} \sum_{(u_i, t_i) \in B} \log \frac{\exp\big(G(u_i, t_i)\big)}{\exp\big(G(u_i, t_i)\big) + \sum_{j \in B + B', j \neq i} \exp\big(G(u_i, t_j)\big)} \qquad \text{公式(5-31)}$$

与公式(5-30)唯一的不同之处就是在生成负样本时，引入额外的负样本 B'，B' 代表之前生成的物料向量的缓存，详情参考 5.5.2 节的"混合负采样"部分。

因为现在负采样来自两种采样策略，所以 $Q(t)$ 是一个组合概率，如公式(5-32)所示。

$$Q(t) = \frac{|B|}{|B| + |B'|} Q_{\text{in-batch}}(t) + \frac{|B'|}{|B| + |B'|} Q_{\text{cache}}(t) \qquad \text{公式(5-32)}$$

该公式中各关键参数的含义如下。

- $Q_{\text{in-batch}}(t)$ 就是 Batch 内负采样的概率，前边已经介绍过了，就等于物料 t 在所有点击样本中的占比。
- $Q_{\text{cache}}(t)$ 是在物料"向量缓存"B' 中采样到物料 t 的概率。如果在缓存中平均采样，$Q_{\text{cache}}(t) = \dfrac{1}{\text{CacheSize}}$，CacheSize 就是"向量缓存"的大小。

5.5.5　双塔模型实现举例

TensorFlow Recommenders 提供了一个双塔的实现。受篇幅所限，本书只列举并注释核心重要代码。关于完整代码细节，请感兴趣的读者参考相关文献。

电影推荐场景下的双塔召回如代码 5-5 所示。

代码 5-5　双塔召回示例

```
1.    class MovielensModel(tfrs.models.Model):
2.        """电影推荐场景下的双塔召回模型"""
3.        def __init__(self, layer_sizes):
4.            super().__init__()
5.            self.query_model = QueryModel(layer_sizes)  # 用户塔
6.            self.candidate_model = CandidateModel(layer_sizes)  # 物料塔
7.            self.task = tfrs.tasks.Retrieval(......)  # 负责计算 Loss
8.
9.        def compute_loss(self, features, training=False):
10.           # 只把用户特征喂入用户塔，得到 User Embedding "query_embeddings"
11.           query_embeddings = self.query_model({
12.               "user_id": features["user_id"],
13.               "timestamp": features["timestamp"],
14.           })
15.           # 只把物料特征喂入物料塔，生成 Item Embedding "movie_embeddings"
16.           movie_embeddings = self.candidate_model(features["movie_title"])
17.
18.           # 根据 Batch 内负采样方式，计算 Sampled Softmax Loss
19.           return self.task(query_embeddings, movie_embeddings, ......)
```

tfrs.tasks.Retrieval 实现了基于 Batch 内负采样的 Sampled Softmax Loss，如代码 5-6 所示。

代码 5-6　实现基于 Batch 内采样的 Sampled Softmax Loss

```
1.    class Retrieval(tf.keras.layers.Layer, base.Task):
2.
3.        def call(self, query_embeddings, candidate_embeddings,
4.                 sample_weight, candidate_sampling_probability, ......) -> tf.Tensor:
5.            """
6.            query_embeddings: [batch_size, dim], 可以认为是 User Embedding
7.            candidate_embeddings: [batch_size, dim], 可以认为是 Item Embedding
8.            """
9.            # query_embeddings: [batch_size, dim]
10.           # candidate_embeddings: [batch_size, dim]
11.           # scores: [batch_size, batch_size], batch 中的每个 User 对 batch 中每个 Item 的匹配度
12.           scores = tf.linalg.matmul(query_embeddings, candidate_embeddings,
                  transpose_b=True)
13.
14.           # labels: [batch_size, batch_size], 对角线上全为 1, 其余位置都为 0
15.           labels = tf.eye(tf.shape(scores)[0], tf.shape(scores)[1])
16.
17.           if self._temperature is not None:  # 通过温度，调整训练难度
18.               scores = scores / self._temperature
19.
```

```
20.        if candidate_sampling_probability is not None:
21.            # SamplingProbablityCorrection 的实现就是
22.            # logits - tf.math.log(candidate_sampling_probability)
23.            # 因为负样本是采样的，而非全体 item，Sampled Softmax 进行了概率修正
24.            scores = layers.loss.SamplingProbablityCorrection()(scores,
               candidate_sampling_probability)
25.
26.        ......
27.
28.        # labels: [batch_size, batch_size]
29.        # scores: [batch_size, batch_size]
30.        # self._loss 就是 tf.keras.losses.CategoricalCrossentropy
31.        # 对于第 i 个样本，只有 labels[i,i] 等于 1，scores[i,i] 是正样本得分
32.        # 其他位置上的 labels[i,j] 都为 0，scores[i,j] 都是负样本得分
33.        # 所以实现的是 Batch 内负采样，第 i 行样本的用户把除 i 之外所有正样本中的物料当成负样本物料
34.        loss = self._loss(y_true=labels, y_pred=scores, sample_weight=sample_weight)
35.        return loss
```

5.6 邻里互助：GCN 召回

近年来，图卷积网络（Graph Convolutional Network，GCN）受到了机器学习领域的广泛关注。本节介绍 GCN 应用于推荐召回领域时所遇到的问题和解决方案。

5.6.1 GCN 基础

我们可以将推荐系统构建成一张图（见图 5-7），各种实体（如用户、商品、店铺、品牌等）可以作为图的顶点，各种互动关系（如浏览、点击、购买）等互动关系构成了图的边。

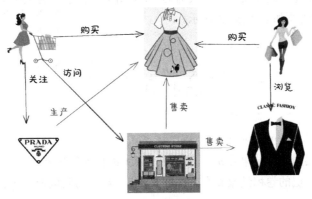

图 5-7 将推荐系统建模成图

在这张图上，GCN 将召回建模为边预测问题，即预测图上两节点之间是否有边存在。如果 GCN 预测某用户节点 u 与物料节点 t 之间存在边，那么 t 可以作为 u 的 U2I 召回结果；如果 GCN 预测两个物料节点 t_1 和 t_2 之间存在边，那么 t_2 可以作为 t_1 的 I2I 召回结果。

从向量化召回统一建模框架的角度来看 GCN。

（1）如何定义正样本？比如，图上一条边两端的节点 v_1 和 v_2，构成正样本。

（2）如何定义负样本？为 v_1 在图上随机采集一部分顶点，组成负样本。

（3）如何定义损失函数？5.2.4 节中介绍过的 NEG Loss、Sampled Softmax Loss、Marginal Hinge Loss、BPR Loss 都可以使用。

对于以上三个环节，GCN 都是"老生常谈"，只是在"如何 Embedding"这个环节上进行了创新，将图上的拓扑连接关系也考虑了进去。

- 像用户访问过的店铺、商品品牌这样的信息，之前只是单纯地为刻画用户和物料贡献了它们本身的信息，但是它们背后的"信息传递媒介"功能还未被开发和利用。
- GCN 能够让两个用户的信息，通过他们共同购买过的商品、共同关注的品牌、共同逛过的商店等媒介相互传递，从而丰富用户建模时的信息来源。
- GCN 能够让两个物料的信息，通过它们共同从属的品牌、共同拥有的标签、被相同关键词搜索过等媒介相互传递，从而丰富物料建模时的信息来源。

GraphSAGE 是 GCN 的一种实现思想。在 GraphSAGE 出现之前，GCN 的实现都是直推式（Transductive）的，也就是预测与训练只能使用相同的图，对于未曾在训练图上出现过的节点，传统 GCN 无法给出它们的向量表示。GraphSAGE 并不直接学习图上各节点的向量，而是要学习出一个转换函数。只要输入节点的特征和它的连接关系，该转换函数就能返回该节点的向量表示。所以，GraphSAGE 是归纳式（Inductive）的，能够在训练时未曾出现过的新节点上也获得向量表示。

大型推荐系统构造出的图通常包含上亿个节点，不可能因新来一个用户或一个物料就重新建图，把所有节点的向量都重新学习一遍。因此，GraphSAGE 的 Inductive 性质能够将训练结果扩展至新用户和新物料，非常实用，成为 GCN 应用于推荐系统的主流实现方案。

GraphSAGE 的思路如公式(5-33)所示。

$$
\begin{aligned}
&\boldsymbol{h}_v^0 = \boldsymbol{x}_v \\
&\boldsymbol{h}_v^k = \sigma\left(\boldsymbol{W}_k \sum_{u \in N(v)} \frac{\boldsymbol{h}_u^{k-1}}{\left|N(v)\right|} + \boldsymbol{B}_k \boldsymbol{h}_v^{k-1}\right), \forall k > 0 \qquad \text{公式(5-33)} \\
&\boldsymbol{z}_v = \boldsymbol{h}_v^{\text{last}}
\end{aligned}
$$

该公式中各关键参数的含义如下。

- 节点 v 第 0 层的卷积结果是 $\boldsymbol{h}_v^0$，就等于节点 v 的特征向量 $\boldsymbol{x}_v$。
- 节点 v 最后一层的卷积结果 $\boldsymbol{h}_v^{\text{last}}$，就等于节点 v 最终的向量表示 $\boldsymbol{z}_v$。

公式(5-33)的第二行代表第 k 层卷积，由两部分组成。$W_k \sum_{u \in N(v)} \dfrac{h_u^{k-1}}{|N(v)|}$ 代表聚合节点 v 的

所有邻居（即 $N(v)$）向量，再用权重 W_k 线性映射。$B_k h_v^{k-1}$ 表示对节点 v 的上一层的输出 h_v^{k-1}，用权重 B_k 线性映射。第 k 层的卷积结果是将以上两部分之和用函数 σ 非线性激活。

如果我们忽略邻居节点，第 k 层的卷积公式就变成 $h_v^k = \sigma\left(B_k h_v^{k-1}\right)$，它就是 MLP 中第 k 层的前代公式。从这里可以看出，GraphSAGE 相当于 MLP 的一种改进，在第 k 层前代中，先把节点 v 的邻居信息与 v 本身的旧信息融合成一个新向量，再进行常规的线性映射和非线性激活。

公式(5-33)中用 $\sum_{u \in N(v)} \dfrac{h_u^{k-1}}{|N(v)|}$ 这样的 Average Pooling 来聚合邻居节点的信息。实践中，我们

还可以采用其他聚合方式，比如拼接、Attention 等，在接下来介绍具体算法时，我们再详细说明。

整个图卷积过程如图 5-8 所示，图中的 AGG 表示聚合操作，PROJB 对应公式(5-33)中的 B_k，PROJW 对应公式(5-33)中的 W_k。可以看到，虽然第 3 层建模 A 节点时，只用到了第 2 层的 B/C/D 三个邻居节点的信息，但是第 2 层的 C 节点信息已经融合了第 1 层中的 E/F 两节点的信息，所以最终 A 节点的向量表示实际上已经融合了图 5-8 中所有节点的信息。归纳下来，GCN 中建模单个节点所使用的信息来源大为扩展，建模结果具备全局视野。按照 CNN 的术语来说，GCN 扩大了单个节点的感受野（Receptive Field）。

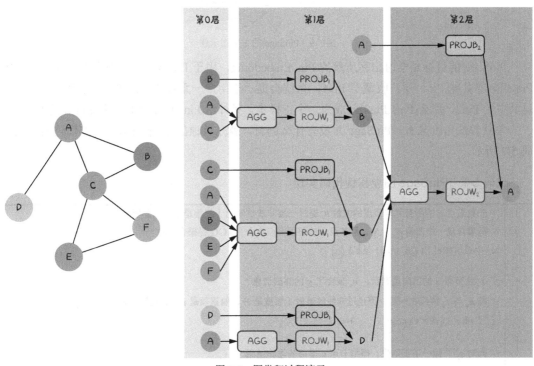

图 5-8　图卷积过程演示

5.6.2　PinSage：大规模图卷积的经典案例

PinSage 是 Pinterest 团队开发的召回算法系统。PinSage 在一个含有 30 亿个节点、180 亿条边的超大型图上实现了 GraphSAGE，被誉为 GCN 在互联网大型推荐系统中的首次实战。

PinSage 建模的是只有 Pin（Pinterest 的业务概念，可以理解成一个网址）和 Board（Pinterest 的业务概念，可以理解成网址的收藏夹）两类节点的二部图，即只有 Pin 和收藏它的 Board 之间才有边，如图 5-9 所示。特征上，每个 Pin 节点有 ID、文本、图片特征，Board 节点被视为一类特殊的、只有 ID 特征的 Pin 节点，将二部图按照同构图方式建模。

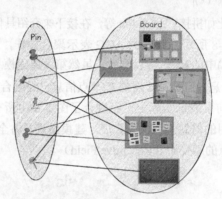

图 5-9　PinSage 的二部图示意

PinSage 的目标是学习出高质量的 Pin Embedding，用于 I2I 召回，给用户推荐与他收藏的 Pin 相似的其他 Pin。用户收藏了 Pin1，系统会提示给用户一系列相似的 Pin，如果用户又收藏这其中的 Pin2，那么(Pin1,Pin2)就成为一个正样本，另外给 Pin1 随机采样一些 Pin 作为负样本。

单从算法角度来看，PinSage 并没有什么创新，就是普通的 GraphSAGE，伪代码实现如代码 5-7 所示。

代码 5-7　PinSage 图卷积伪代码实现

1.	// 先将节点 u 的所有邻居节点的向量 h_v 通过一层非线性映射（权重是 Q，偏置项是 q）
2.	// 再聚合成一个向量 n_u，$N(u)$ 是节点 u 的邻居节点集合，AGG 是聚合函数
3.	$n_u = \text{AGG}(\{\text{ReLU}(Q h_v + q) \mid v \in N(u)\})$
4.	
5.	// z_u 是节点 u 的旧向量表示，n_u 聚合了 u 的邻居信息
6.	// 将 n_u 与 z_u 拼接在一起，再经过非线性映射（权重是 W，偏置项是 w），得到 u 的新向量 z_u^{NEW}
7.	$z_u^{\text{NEW}} = \text{ReLU}(W \times \text{Concat}(n_u, z_u) + w)$
8.	
9.	// 再对 z_u^{NEW} 做一下正则化，得到节点 u 最终的卷积结果
10.	$z_u^{\text{NEW}} = z_u^{\text{NEW}} / \| z_u^{\text{NEW}} \|$

PinSage 的技术亮点在于其一系列的工程优化技巧，使其能够在一个上亿规模的超大型图上高效地训练与推理。

1. Mini-Batch 训练

PinSage 面向的是互联网大型推荐系统，不可能把上十亿规模的节点和边一股脑装进内存，更甭提装载入显存，也不可能每次前代回代把十亿个节点的向量都更新一遍。所以，我们必须采用基于 Mini-Batch 的迭代算法，每轮训练时，GPU 只加载计算当前 Mini-Batch 所需的子图，也只前代回代该 Mini-Batch 涉及的节点。整个基于 Mini-Batch 的前代流程如代码 5-8 所示。

代码 5-8　基于 Mini-Batch 的 PinSage 前代算法流程

Input M：一个节点的集合
Input N：一个邻居采样函数，$N(u)$ 从节点 u 的所有邻居节点中采样一部分并返回
Output：M 中每个节点的 Embedding $z_u, \forall u \in M$

1.	// ********* 自上而下，把计算 M 所需要的所有节点都提前收集好*********
2.	$S^{(K)} = M$ // 第 K 层要计算的节点就是 M 指定的那些节点
3.	**for** $k=K,\cdots,1$ **do**
4.	// 找出第 k-1 层卷积要计算哪些节点的 Embedding
5.	$S^{(k-1)} = S^{(k)}$
6.	**for** $u \in S^{(k)}$ **do**
7.	$S^{(k-1)} = S^{(k-1)} \bigcup N(u)$ // 第 k 层目标节点的邻居都要在 k-1 层计算
8.	**end for**
9.	**end for**
10.	// ********* 自下而上，逐层卷积 *********
11.	**for** $u \in S^{(0)}$ **do** // $S^{(0)}$ 代表第 0 层要计算哪些节点的卷积
12.	$h_u^{(0)} = x_u$ // $h_u^{(0)}$ 是节点 u 在第 0 层的卷积结果，就等于该节点的原始输入 x_u
13.	**end for**
14.	**for** $k=1,\cdots,K$ **do** //进行第 k 层的卷积
15.	**for** $u \in S^{(k)}$ **do** // $S^{(k)}$ 代表第 k 层要计算的节点
16.	$H=\{ h_v^{(k)}, \forall v \in N(u) \}$ // 节点 u 的邻居的向量集合
17.	$h_u^{(k)} = $CONVOLVE$(h_u^{(k-1)}, H)$ // 将本节点与邻居节点卷积，**CONVOLVE** 的内容见代码 **5-7**
18.	**end for**
19.	**end for**
20.	// ********* 把卷积结果再做一下映射（可选） *********
21.	**for** $u \in M$ **do**
22.	// $h_u^{(K)}$ 是最后一层的卷积结果，W_1、W_2、b_1 是映射的权重与偏置
23.	$z_u = W_2 \cdot $ReLU$(W_1 h_u^{(K)} + b_1)$
24.	**end for**

代码 5-8 中的第 1～9 行就是根据 Mini-Batch 逐层生成所需的子图的过程，如图 5-10 所示。

- 代码中的 $S^{(k)}$ 代表第 k 层卷积所在子图的输出节点（即目标节点）。第 k 层卷积子图的输入节点就是第 k-1 层卷积的输出节点 $S^{(k-1)}$。
- 如果一个 Batch 所包含的节点是 M，最后一层卷积（即第 K 层）的输出节点 $S^{(K)}$ 就是 M，也就是代码 5-8 中的第 2 行。
- 从此向下迭代，第 k-1 层卷积所需的子图，由第 k 层的子图扩展而来。扩展方法是中 $S^{(k)}$ 中每个节点 u 都采样一部分它的邻居，得到 $N(u)$，合并到 $S^{(k-1)}$ 中，也就是代码 5-8 中的第 7 行。具体采样方法，即 $N(u)$ 是如何实现的，将在下面详细描述。
- 这个过程如图 5-10，假设 $S^{(k)}$ 只有一个节点 {A}，$S^{(k-1)}$ 通过在 A 的邻居中采样扩展生成，就是图 5-10 中的 {A,B,C,D}。

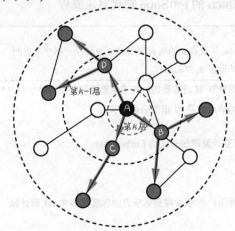

图 5-10　Mini-Batch 逐层生成子图

代码 5-8 的第 10～19 行就是自下向上逐层卷积的过程，注意以下两点。

- 第 15 行，遍历 $u \in S^{(k)}$，说明第 k 层卷积并不会更新全图上亿个节点，而只更新涉及 $S^{(k)}$ 的那一小部分节点。
- 第 16 行获取 u 的邻居向量，也只包含采样后 $N(u)$ 那几个有限的邻居，不受节点 u 可能非常庞大的邻居数目的影响。

由此可以看到，基于 Mini-Batch 的图卷积，每层卷积只计算有限个节点的向量，每个节点只考虑有限个邻居，不受原始图的节点规模和边规模的影响，既能加快计算速度，又能减轻 GPU 的存储压力。

代码 5-8 的第 20～24 行，只不过是在图卷积完成后，再套上一个小的 MLP 进行简单变换，其实可以忽略。

为了进一步提升计算效率，PinSage 还实现了生产者-消费者（Producer-Consumer）结构。

- 为当前 Mini-Batch 生成各层卷积的计算子图（代码 5-8 中的第 1～7 行）运行在 CPU 上，允许利用 CPU 的大内存优势，能够加载十亿规模的超大图。
- GPU 负责在各层子图上实现卷积的前代与回代。各层子图规模有限，GPU 装载得下，计算速度也快。

- CPU 为当前 Batch 抽取好各层子图后，就发往 GPU 去卷积，接下来就开始为下一个 Batch 抽取子图。"抽取子图"与"子图上卷积"并发执行，进一步提高了训练效率。

2. 邻居采样

代码 5-8 中的第 5 行，在生成各层子图时，并没有采用 u 的全部邻居，而是从 u 的邻居中采样得到 $N(u)$。这是因为在大型推荐系统构成的图中，一个节点可能会有海量的邻居，比如图 5-9 中热门的 Pin 可能会被收藏进上万个不同的 Board 中，也就是热门 Pin 节点可能有上万个邻居。如果每次卷积热门 Pin 节点时都要聚合那么多邻居的信息，则计算和存储的压力都非常大，所以邻居采样势在必行。

PinSage 采用的是基于随机游走（Random Walk）的采样方式，也就是由图上某个节点 p 开始，进行若干次随机游走（代码 5-9 中的第 4～13 行），并记录游走过程中访问到的其他节点和访问次数（代码 5-9 中的第 8 行）。最后，Visits[p] 中访问次数最多的前 K 个邻居，也就是对节点 p 影响最大的前 K 个邻居，作为采样结果被纳入计算节点 p 的子图中。

代码 5-9　基于随机游走的邻居采样

Input： G（二部图），nw（一个节点要游走的步数），α（游走被打断回到原点的概率）
Output： 从每个节点出发最频繁访问的 K 个邻居

```
1.   // Visits 是一个二维 map，Visits[p][e]表示从 p 节点出发访问 e 节点的次数
2.   Initialize Visits = {}
3.   for each pin p in G do // 最外层循环，遍历图中的每个节点
4.       for each step i in nw do // 中层循环，从每个节点出发游走 nw 次
5.           current_node = p // 回到原点，重新开始
6.           while true do // 最内层循环，开始一次随机游走，直到被打断
7.               current_node = SampleFromNeighbors(current_node)
8.               Visits[p][current_node] += 1 // 更新从 p 出发能访问到 current_node 的次数
9.               if ShouldStop( α ) do // 抛一个正面概率= α 的硬币，结果是正面就结束本次游走
10.                  break
11.              end if
12.          end while
13.      end for
14.  end for
15.  // 为每个 pin 从 Visits 提取它最频繁访问的前 K 个节点，并返回
16.  return RetrieveTopK(Visits)
```

代码 5-9 中的 Visits[p] 记录了从节点 p 出发的游走过程中对其他节点的访问次数，相当于其他节点对节点 p 的重要性，除了用于邻居采样，还在 PinSage 以下方面发挥了重要作用。

- 代码 5-7 中的 AGG 是聚合邻居向量的函数，PinSage 将 AGG 实现为一个加权平均函数，权重就来自代码 5-9 中 Visits 记录的访问次数。

- 对于某个 Pin 节点 p，PinSage 对 Visits[p]进行降序排列，排名在 3000～5000 的其他 Pin 节点被认为与 p 相关但是相关性又没那么强，从中采样一部分作为 p 的 Hard Negative 参与训练，可以提升模型的分辨力。

3. 基于 MapReduce 分布式推理

模型按照代码 5-8 训练完毕，接下来我们要生成图上所有节点的 Embedding，这依然不是一个简单的任务。

- 图上有上亿个节点，单机计算肯定无法承担，必须采用分布式并发计算。
- 代码 5-8 描述的是训练时前代生成 Embedding 的过程，并不适用于推荐预测。原因一是代码中采用了邻居采样而引入了随机性，预测时必须聚合节点的全部邻居。

原因二是代码 5-8 是基于 Mini-Batch 的。尽管两个 Batch 所包含的节点不同，但是为了计算这两个 Batch 而生成的各层子图很可能包含了相同的邻居节点。这些共享邻居节点上的卷积结果被反复计算，浪费了算力。

基于以上原因，PinSage 开发了基于 MapReduce 的分布式算法，并发生成各节点的 Embedding。

第 k 层卷积的 map 伪代码见代码 5-10，各节点独立地将上一轮卷积得到的旧向量映射成新向量，并发送给邻居节点，算法原理参考代码 5-7。

代码 5-10　PinSage 第 k 层卷积时的 map 伪代码

```
1.    class Mapper:
2.        def __init__(self, k) -> None:
3.            # 装载第 k 层卷积的权重
4.            self._Q = load_variables(k, "Q")
5.            self._q = load_variables(k, "q")
6.
7.        def map(self, node, embedding, neighNodes, weightsToNeigh):
8.            """
9.            node: 某个节点
10.           embedding: node 上一层卷积后得到的向量
11.           neighNodes: node 的邻居节点
12.           weightsToNeigh: node 对其每个邻居的重要程度
13.           """
14.           # 线性映射+非线性激活，获得要发送给邻居节点的新向量
15.           emb4neigh = ReLU(self._Q * embedding + self._q)
16.
17.           for (destNode, weight2neigh) in zip(neighNodes, weightsToNeigh):
18.               message = (node, emb4neigh, weight2neigh)
19.               # node 作为消息来源，将其新向量发往目标 destNode
20.               # MapReduce 框架会以 destNode 为 key，将所有 message 聚合起来
21.               emit(destNode, message)
22.
23.           # node 自身作为目标节点也要参与 reduce，所以也要发出
24.           emit(node, (node, embedding, 1))
```

第 k 层卷积的 reduce 伪代码见代码 5-11，各节点聚合邻居节点发来的向量，再映射成新向量，算法原理参考代码 5-7。

代码 5-11　PinSage 第 k 层卷积时的 reduce 伪代码

```
1.   class Reducer:
2.       def __init__(self, k) -> None:
3.           # 装载第 k 层卷积的权重
4.           self._W = load_variables(k, "W")
5.           self._w = load_variables(k, "w")
6.
7.       def reduce(self, node, messages):
8.           """
9.           node: 当前节点
10.          messages: node 的所有邻居发向 node 的消息集合
11.          """
12.          old_self_embedding = None
13.          neigh_agg_embedding = zero_vector()    # 初始化空向量
14.          neigh_sum_weight = 0
15.
16.          for (nbNode, nbEmbedding, nbWeight) in messages:
17.              # 每个消息由三部分组成
18.              # nbNode: 从哪个邻居节点发来的
19.              # nbEmbedding: 邻居节点发来的向量
20.              # nbWeight: 邻居节点对当前节点 node 的重要程度
21.              if nbNode == node:
22.                  old_self_embedding = nbEmbedding    # 当前节点上一轮的向量
23.              else:
24.                  neigh_agg_embedding += nbWeight * nbEmbedding
25.                  neigh_sum_weight += nbWeight
26.
27.          # 所有邻居向当前节点扩散信息的加权平均
28.          neigh_agg_embedding = neigh_agg_embedding / neigh_sum_weight
29.
30.          new_embedding = ReLU(self._W * concat(neigh_agg_embedding, old_self_
             embedding) + self._w)
31.          new_embedding = new_embedding / l2_norm(new_embedding)    # L2 normalization
32.
33.          emit(node, new_embedding)    # MapReduce 会把每个节点和它的新向量保存到 HDFS 上
```

代码 5-12 调用代码 5-10 和代码 5-11，将以上 map、reduce 工作迭代 num_layers 轮，就得到各节点的最终的 Embedding。

代码 5-12　PinSage 分布式推理的入口函数

```
1.   def inference_embeddings():
2.       # 把每层卷积所需要的权重广播到集群中的每台机器上
```

```
3.      for k in range(num_layers):
4.          broadcast(Q[k], q[k], W[k], w[k])
5.
6.      for k in range(1, num_layers+1):
7.          old_emb_path = get_emb_path(k-1) # 上一轮卷积结果的保存路径
8.
9.          # 上一轮的卷积结果，每个节点只有(node,embedding)信息
10.         # 还要再拼接上每个节点的邻居列表，和当前节点对每个邻居的重要性
11.         # 拼接后每个节点的数据包括(node,embedding,neighNodes,weightsToNeigh)，才符合
            # map 的需要
12.         # 保存到 HDFS 的 input_path 路径下
13.         input_path = join_emb_with_neighbors(old_emb_path)
14.
15.         run_distributedly(input=input_path,
16.                           job=Mapper(k),
17.                           output=temp_path)
18.
19.         output_path = get_emb_path(k)
20.         run_distributedly(input=temp_path,
21.                           job=Reducer(k),
22.                           output=output_path)
23.
24.     # 各节点最终 embedding 的保存路径
25.     final_path = get_emb_path(num_layers)
```

4. PinSage 源码演示

开源项目 Deep Graph Library（DGL）提供了一个 PinSage 的实现。由于完整实现代码繁复，而本书篇幅有限，因此这里只列出并注释 PinSage 的两个关键步骤"采样生成每层的计算子图"和"图卷积"的实现代码，起到一个提纲挈领的作用。剩下的实现细节，请感兴趣的读者参考相关文献。

通过邻居采样生成各层的计算子图的代码如代码 5-13 所示，对应代码 5-8 中的第 1～9 行。

代码 5-13　DGL 实现的邻居采样

```
1.    class NeighborSampler(object):
2.        """邻居采样，生成各层卷积所需的计算子图"""
3.
4.        def __init__(self, g, ......):
5.            self.g = g
6.            # 每层都有一个采样器，根据随机游走来决定某邻居节点的重要性
7.            # 可以认为经过多次游走，落脚于某邻居节点的次数越多，则这个邻居越重要，越应该优先作为邻居
8.            self.samplers = [dgl.sampling.PinSAGESampler(g, ......) for _ in range
              (num_layers)]
9.
10.       def sample_blocks(self, seeds, heads=None, tails=None, neg_tails=None):
```

```
11.        blocks = []
12.        for sampler in self.samplers:
13.            # 通过随机游走，选择重要邻居，构成子图
14.            frontier = sampler(seeds)
15.
16.            if heads is not None:
17.                # 如果是在训练，需要将 heads->tails 和 heads->neg_tails 这些待预测的边都去掉
18.                # 否则 heads/tails 的信息会沿着边相互传递，引发信息泄露
19.                eids = frontier.edge_ids(torch.cat([heads, heads]), torch.cat
                   ([tails, neg_tails]), return_uv=True)[2]
20.                if len(eids) > 0:
21.                    old_frontier = frontier
22.                    frontier = dgl.remove_edges(old_frontier, eids)
23.
24.            # 只保留 seeds 这些节点，将 frontier 压缩成 block
25.            block = compact_and_copy(frontier, seeds)
26.
27.            # 本层的输入节点就是下一层的 seeds
28.            seeds = block.srcdata[dgl.NID]
29.            blocks.insert(0, block)
30.
31.        return blocks    # 各层卷积所需的计算子图
```

单层图卷积的代码如代码 5-14 所示，算法原理参考代码 5-7。

代码 5-14　DGL 实现的单层图卷积

```
1.    class WeightedSAGEConv(nn.Module):
2.        """单层图卷积"""
3.
4.        def forward(self, g, h, weights):
5.            """
6.            g ：某一层的计算子图，就是 NeighborSampler 生成的 block
7.            h ：是一个 tuple，包含源节点、目标节点上一层的 Embedding
8.            weights ：边上的权重
9.            """
10.           h_src, h_dst = h    # 源节点、目标节点上一层的 Embedding
11.           with g.local_scope():
12.               # 将 src 节点上的原始特征映射成 hidden_dims 长，存储于各节点的 'n'字段
13.               # Q 是线性映射的权重，act 是激活函数
14.               g.srcdata['n'] = self.act(self.Q(self.dropout(h_src)))
15.               # 边上的权重，存储于各边的 'w'字段
16.               g.edata['w'] = weights.float()
17.
18.               # DGL 采取消息传递方式来实现图卷积
19.               # g.update_all 是更新全部节点，更新方式是
```

```
20.              # fn.u_mul_e: src 节点上的特征'n'乘以边权重'w'，构成消息'm'
21.              # fn.sum:      dst 节点将所有接收到的消息'm'相加，更新 dst 节点的'n'字段
22.              g.update_all(fn.u_mul_e('n', 'w', 'm'), fn.sum('m', 'n'))
23.
24.              # 将边上的权重 w 复制成消息'm'
25.              # dst 节点将所有接收到的消息'm'相加，存入 dst 节点的'ws'字段
26.              g.update_all(fn.copy_e('w', 'm'), fn.sum('m', 'ws'))
27.
28.              # 某个 dst 节点的'n'字段已经被更新成，它的所有邻居节点的 Embedding 的加权和
29.              n = g.dstdata['n']
30.              # 某个 dst 节点的'ws'字段是指向它的所有边上权重之和
31.              ws = g.dstdata['ws'].unsqueeze(1).clamp(min=1)
32.
33.              # n / ws: 将邻居节点的 Embedding 做加权平均
34.              # 再拼接上一轮卷积后 dst 节点自身的 Embedding
35.              # 再经过线性映射( W )与非线性激活( act )，得到这一轮卷积后各 dst 节点的 Embedding
36.              z = self.act(self.W(self.dropout(torch.cat([n / ws, h_dst], 1))))
37.
38.              # 本轮卷积后，各 dst 节点的 embedding 除以模长，进行归一化
39.              z_norm = z.norm(2, 1, keepdim=True)
40.              z_norm = torch.where(z_norm == 0, torch.tensor(1.).to(z_norm), z_norm)
41.              z = z / z_norm
42.              return z
```

5.6.3　异构图上的 GCN

　　5.6.2 节介绍的 PinSage 主要用于同构图，也就是图上只有一类节点或一类边关系。但是推荐系统中显然存在着多种实体（比如图 5-7 中的用户、商品、品牌、店铺）和多种交互关系（比如图 5-7 中的购买、浏览、关注）。因此，业界也有一些实践是在异构图上做图卷积，利用多元化的节点和边信息学习出高质量的节点向量。我们知道，图卷积的核心在于，邻居节点的信息沿着边传递到目标节点上再聚合。所以异构图上卷积的难点就在于，如何让不同类型的邻居节点分门别类地传递、聚合信息，而不是无视类型差别，简单粗暴地"一锅烩"。

　　思路之一就是将异构图拆解成多个同构图。比如 Pinterest 提出的 PinSage 的升级版 MultiBiSage。

- 首先，按照每种交互关系构建出一个二部图。比如，根据"Board 收藏 Pin"这个关系构建出 Pin-Board 二部图，再根据"通过关键词搜索出 Pin"这个关系构建出 Pin-Keyword 二部图，以此类推，一共构建出 K 个二部图。
- 然后，在每种单一关系的二部图上，采用 PinSage 或其他图卷积算法，得到 Pin 节点的 Embedding。这时一个 Pin 节点 p 会得到 K 个 Embedding，记为 $\left[\boldsymbol{h}_p^{(1)}, \boldsymbol{h}_p^{(2)}, \cdots, \boldsymbol{h}_p^{(K)}\right]$。

- 最后,将 p 节点的这 K 个 Embedding 当成一个序列,喂入 Transformer 进行 Self-Attention,其结果就是节点 p 融合了各种交互关系的 Embedding。

MultiBiSage 的思路是让节点间的信息传递只发生在具有单一关系的同构图上,最后才融合多种关系下的卷积结果生成节点向量。

微信的 GraphTR 采用了完全不同的思路,直接在异构图上进行卷积,但是不同类型的邻居节点在卷积时要"分门别类"。

- 在 GraphTR 的异构图上,一共有用户、视频、视频标签、视频来源 4 类节点。在进行第 k 层卷积时,先将目标节点 t 的邻居节点按照节点类型分组。

- 假设目标节点 t 的第 $k-1$ 层的卷积结果为 $h_t^{(k-1)}$,而它的视频邻居节点有 $[v_1, v_2, \cdots, v_M]$,它们的 $k-1$ 层卷积结果表示为 $\boldsymbol{NS}_{video} = \left[h_{v_1}^{(k-1)}, h_{v_2}^{(k-1)}, \cdots, h_{v_M}^{(k-1)} \right]$。我们可以直接拿 $h_t^{(k-1)}$ 当 Query 去和 $\boldsymbol{NS}_{video}$ 做 Attention,得到 $h_{t_{video}}^{(k)}$,表示所有视频邻居的信息向目标节点 t 聚合的结果。也可以像论文原义那样,将 $h_t^{(k-1)}$ 与 $\boldsymbol{NS}_{video}$ 拼接起来,再喂入 Transformer 得到 $1+M$ 个新向量,然后 Average Pooling 得到 $h_{t_{video}}^{(k)}$,即 $h_{t_{video}}^{(k)} =$ AvgPooling $\left(\text{Transformer}\left(\text{concat}\left(h_t^{(k-1)}, \boldsymbol{NS}_{video} \right) \right) \right)$。

- 再把以上方法实施在其他类型的邻居上,最终得到 $\left[h_{t_{video}}^{(k)}, h_{t_{user}}^{(k)}, h_{t_{tag}}^{(k)}, h_{t_{media}}^{(k)} \right]$,分别表示"视频"/"用户"/"视频标签"/"视频来源"邻居的信息向目标节点 t 聚合的结果。

- 最后在 $H_t^{(k)} = \left[h_{t_{video}}^{(k)}, h_{t_{user}}^{(k)}, h_{t_{tag}}^{(k)}, h_{t_{media}}^{(k)} \right]$ 上做一个 FM Pooling,得到目标节点 t 第 k 层的卷积结果,即 $h_t^{(k)} = \sum_{i=1}^{4} \sum_{j=i+1}^{4} H_t^{(k)}[i] \odot H_t^{(k)}[j]$。

GraphTR 的信息聚合方式先用 Transformer 实现同一类型的邻居节点内部的信息交叉,再用 FM 实现不同类型邻居节点之间的信息交叉,显著提升了模型性能。

5.7 小结

本章讲解推荐系统中的召回算法。

- 5.1 节介绍了传统召回算法和多路召回合并算法。重点是,合并多路召回结果时,不要人为规定每路召回的优先级,而要确保各路召回的精华都能够被合并到最终结果集。

- 5.2 节介绍了作者提出的向量化召回统一建模框架,帮助读者系统化地理解向量召回,还能指导读者从各种算法中取长补短,构建适合自己业务的算法。重点是,召回中的负采样主要依靠随机负采样,千万不能(只)拿"曝光未点击"当负样本。

- 5.3 节介绍类 Word2Vec 召回算法。重点是 Airbnb 如何根据自己的业务需求,创造性地增加额外的正负样本,改造经典算法。

- FM 作为推荐算法中的瑞士军刀，5.4 节介绍它的召回功能。重点是如何通过采样打压热门物料，增强召回结果的个性化与多样性。另外，FM 增广 Embedding，使其不仅能刻画用户、物料间的匹配程度，还反映物料本身的受欢迎程度，也值得学习。

- 5.5 节讲解大厂召回的绝对主力，即双塔模型。重点包括 Batch 内负采样，进一步简化计算，还有实现 Sampled Softmax Loss 时的各种实战技巧。

- 5.6 节讲解基于 GCN 的召回算法。重点是介绍 PinSage 是如何在一个上十亿规模的超大型图上实现图卷积，包括 Mini-Batch 训练、邻居采样、基于 MapReduce 分布式推理等实战性极强的技巧。

第 **6** 章

粗排与重排

推荐系统中，召回和精排是"一线明星"，每年的研究文章汗牛充栋。在一些小型甚至中型的推荐系统中，只需要召回和精排就足够了，粗排可以省略，重排也不用上模型，用规则简单实现就可以了。如果说召回和精排是推荐系统中的两朵"红花"，那么粗排与重排就是两片"绿叶"。即便如此，互联网大厂对"绿叶"的要求也是非常高的，实现起来也大有讲究。

6.1 节从模型、目标、数据三个维度为读者详细讲解粗排。

■ 双塔模型仍然是粗排主力，但是用户、物料分离建模严重制约了模型的表达能力。所以，6.1.1 节介绍了业界各种双塔改进方案，缓解由于两侧信息交叉过晚而导致的信息损失。

■ 如何让粗排既保持相对简单的结构以应对比精排大得多的候选集，又能拥有精排那么强的判断能力呢？6.1.2 节介绍了基于蒸馏的解决方案。通过蒸馏，精排模型将自己学习到的复杂模式传授给粗排，同时也有利于粗精排两阶段保持一致。

■ 传统粗排采用与精排一致的样本选择策略，这将引入样本选择偏差（Sample Selection Bias, SSB）。6.1.3 节介绍了修正这一偏差的方法。

■ 6.1.4 节讲述采用轻量级全连接结构代替双塔的各种尝试，这是一种"知易行难"的思路，有能力的读者可能尝试一下。

6.2 节介绍重排。重排是为了解决"相似内容、相近得分、扎堆呈现"的问题。它优化的是呈现给用户的整体排序，能增强结果集中的多样性，给用户带来新鲜感。

■ 6.2.1 节介绍最简单的、基于启发式规则的重排算法。

■ 6.2.2 节介绍基于行列式点过程（Determinantal Point Process，DPP）重排算法。DPP 被 YouTube、Hulu 等国际大厂采用，并取得了良好效果。

■ 6.2.3 节介绍基于上下文感知排序学习（Context-aware Learning-to-Rank）重排算法。区别于在召回、粗排、精排算法中候选集中的物料彼此独立，重排模型是将整个候选集喂入模型，重点是对候选集物料之间的相互影响进行建模。

6.1　粗排

对于小型推荐系统，粗排并非必需环节，毕竟召回的结果不多，直接喂入精排就可以了。但是对于大厂的推荐系统则不然：一方面，大厂的物料库规模很庞大，召回的路数很多；另一方面，大厂对推荐精度要求很高，又担心召回模型太简单而导致精度不足，所以以数量换取质量，每路召回返回的结果集都很大。总之，大厂推荐系统中，召回环节返回的结果集依然庞大，都喂入精排的话，精排吃不消，无法满足在线预测的实时性要求。

所以，各大厂的标准做法是在召回与精排之间，插入粗排。根据 5.5 节介绍的做法，各路召回将各自结果的精华汇集起来喂入粗排，其规模一般能达到上万的量级。粗排做进一步过滤，筛选出最有可能受用户欢迎的前一千个左右的物料，再喂入精排，以减轻其计算压力。

粗排的设计是速度与精度的又一次折中：

- 与召回相比，粗排的候选集小了很多（从百万、千万量级到万量级），所以粗排模型可以用比召回更复杂一点的模型；
- 与精排相比，粗排的候选集又大了一个数量级（从千量级到万量级），所以粗排模型不能像精排模型那样复杂。

对粗排模型的设计与改进，主要是从模型结构、目标函数、样本空间 3 个方面入手。

6.1.1　模型：双塔仍然是主力

双塔模型已经在 5.5 节介绍召回模型时介绍过。本节将为读者辨析召回双塔与粗排双塔的异同，并介绍为了满足粗排场景对精度的更高要求，双塔模型所采取的常用改进思路。

1. 粗排双塔与召回双塔的异同

粗排双塔与召回双塔具有如下相同点。

- 训练时，都需要用户塔、物料塔隔离，解耦建模。不允许使用 Target Attention 这样的交叉结构，也不允许使用"用户与当前物料在标签上的重合度"之类的交叉特征。
- 部署时，得益于双塔解耦的结构，面对一次用户请求，用户向量都只需要生成一遍。而物料向量都可以离线生成好，缓存起来，被不同的用户请求复用。

二者的第一个不同点在于，部署时物料向量的存储方式。

- 由于召回的候选集规模是百万、千万这个量级，拿用户向量与这么多物料向量逐一计算相似度是不现实的。所以召回双塔在离线生成众多的物料向量后，还要将这些向量喂入 Faiss 之类的向量数据库建立索引，以方便在线通过近似最近邻（ANN）搜索算法快速找到与用户向量相似的物料向量。

- 由于候选集至多只到万量级，因此粗排双塔在离线生成物料向量后，无须喂入 Faiss 建立索引，直接存入内存缓存起来，Item ID 当"键"，物料向量当"值"。在线预测时，粗排线性遍历召回返回的候选集，逐一从缓存中取出物料向量，与唯一的用户向量做点积就能得到粗排得分。如果某个新物料的向量离线时没有生成，在线预测时从缓存中取不到，就由"物料塔"实时在线生成，并插入缓存中。

第二个不同点在于样本选择。以点击场景为例，对于正样本的选择没有什么争议，都是以"用户点击过的物料"当正样本。而对于负采样，两个双塔有着不同的选择策略。

- 5.2.2 节已经重点介绍过，召回绝对不能（只）拿"曝光未点击"作为负样本，负样本的主力必须由"随机负采样"组成。

- 粗排可以和精排一样，拿"曝光未点击"当负样本。当然，这里存在样本选择偏差（SSB）：训练时用的都是曝光后的数据，经过了精排的精挑细选；而在线预测时，面对的只是召回后的结果，质量远不如曝光数据。尽管训练与预测存在着较大的数据偏差，但是拿"曝光未点击"作为负样本仍然"约定俗成"地成为业界的主流做法，效果也经受住了实际检验。而纠正这个样本选择偏差，也成为业界改进、提升粗排模型的一个重要技术方向，这一点将在 6.1.3 节中再详细介绍。

第三个不同点在于"损失函数"的设计。

- 召回双塔主要使用 In-Batch Sampled Softmax 作为损失函数。输入的一个 Batch B 中的所有样本都是正样本，第 i 条正样本由用户 u_i 和其交互过的物料 t_i 组成，$(u_i, t_i), \forall i \in B$。第 i 条正样本对应的负样本 $(u_i, t_j), j \in B, j \neq i$ 都是自动生成的。对第 i 条样本，In-Batch Sampled Softmax 的目标是使 t_i 被 u_i 选中的概率最大，如公式(6-1)所示，其中 E_{u_i} 和 E_{t_i} 分别表示双塔输出的用户向量与物料向量。通过公式(6-1)可以看到，负样本上的预测值 $E_{u_i} \cdot E_{t_j}$ 只出现在计算正样本概率的分母上，未被直接加入约束。另外，计算第 i 条样本的损失时，需要 u_i 与 Batch 内的所有物料都计算一遍点积。

$$\frac{\exp\left(E_{u_i} \cdot E_{t_i}\right)}{\exp\left(E_{u_i} \cdot E_{t_i}\right) + \sum_{j \in B, j \neq i} \exp\left(E_{u_i} \cdot E_{t_j}\right)} \qquad \text{公式(6-1)}$$

- 粗排中的一个 Batch 由 (u_i, t_i, y_i) 组成，其中 $y_i = 0$ 或 1，代表来自用户的真实反馈。因此，与召回双塔的损失函数只关心正样本不同，粗排双塔中的正负样本都需要被用户实际反馈 y_i 所约束。粗排双塔中的损失函数就是每个样本上的 Binary Cross-Entropy（BCE，二元交叉熵）Loss。另外，粗排中 u_i 只需要与 t_i 做点积，而不牵扯与 Batch 内的其他物料的运算。

第四个不同点在于用户向量与物料向量的交互方式。

- 由于召回的在线服务要调用 ANN 算法快速搜索近邻，受 ANN 算法所限，召回双塔中的用户向量和物料向量只能用点积来实现交叉（cosine 也可以转化成点积形式）。

- 粗排双塔由于不需要调用 ANN 算法，自然不受其所限。在分别得到用户向量和物料向量之后，粗排依然可以拿这两个向量做点积来计算用户与物料的匹配度，而且这是主流做法。但是，粗排也可以将这两个向量喂入一个 DNN 的实现更复杂的交叉。当然，这个 DNN 要简单、轻量一些，以保证粗排能够实时处理较大规模的候选集。

2. 双塔改进的技术主线

双塔模型的最大缺点就在于，用户侧信息与物料侧信息交叉得太晚，只有得到最后的用户向量与物料向量之后，才能通过点积进行唯一一次交叉。但是此时的用户向量与物料向量已经是高度压缩的了，一些细粒度的信息已经在塔中损失了，永远失去了与对侧信息交叉的机会。

所以，改进双塔的最重要一条技术主线是：如何在每个塔最终输出的向量中保留更多的信息，从而有机会和对侧塔得到的向量交叉。

围绕着这条主线，业界实践了许多方案，本书在接下来的内容中为读者详细讲解。需要提醒读者注意的是，以下介绍的这些双塔改进方案，虽然出现在讲解粗排的章节，但是也同样适用于召回双塔。

3. 双塔重地，闲人免进

一种思路认为，要想在双塔输出的最终向量中保留更多有用、细粒度的信息，就要从源头上减少噪声信息的输入。否则，把所有信息"鱼龙混杂"地一股脑儿地喂进双塔，很多细粒度的重要信息就会被噪声信息污染，未能幸存到与对侧信息交叉的那一刻。基于此种想法，张俊林博士在其发布的《SENet 双塔模型：在推荐领域召回粗排的应用及其它》一文中提出了使用 SENet 动态调整输入信息的方案。

SENet 是 Squeeze-and-Excitation Network 的缩写。假设某一侧的信息在喂入塔之前一共有 f 个 Field（域，含义可见 2.2 节），其中第 i 个 Field 的 Embedding 是 e_i。SENet 分为以下三个步骤组成，如图 6-1 所示。

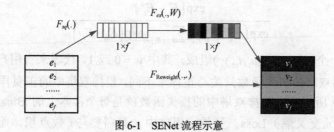

图 6-1　SENet 流程示意

（1）Squeeze（压缩）。将每个 Field Embedding 压缩成一个"代表数字"。压缩函数用 F_{sq} 表示，比如用 Average Pooling 将第 i 个 Field Embedding " e_i "的 k 个数字取平均值，得到"代表数字" z_i，它代表了第 i 个 Field Embedding 压缩后的全部信息。过程如公式(6-2)所示。将 f 个 Field Embedding 经过压缩之后，就得到一个由 f 个实数组成的向量 $\boldsymbol{Z} = \left[z_1, z_2, \cdots, z_f \right]$。

$$z_i = \mathrm{F}_{\mathrm{sq}}(e_i) = \frac{1}{k}\sum_{j=0}^{k-1}e_i[j] \qquad\qquad 公式(6\text{-}2)$$

（2）Excitation。将压缩得到的 Z 向量喂入一个小网络 F_{ex}，比如一个两层全连接（Fully Connection，FC）的 MLP，如公式(6-3)所示。

$$A = \mathrm{F}_{\mathrm{ex}}(Z) = \sigma_2\left(W_2\sigma_1\left(W_1 Z\right)\right) \qquad\qquad 公式(6\text{-}3)$$

- 第一层 FC 由权重 $W_1 \in \mathbf{R}^{r\times f}$（$r$ 是中间层的长度）和激活函数 σ_1 组成。这一层是让 Z 的各个元素发生交叉。因为 z_i 代表了第 i 个 Field Embedding 的压缩信息，所以这一层也就相当于让所有 Field Embedding 相互交叉，对各个 Field Embedding 之间的相互依赖关系建模。
- 第二层 FC 由权重 $W_2 \in \mathbf{R}^{f\times r}$ 和激活函数 σ_2 组成，目的是将中层隐层的输出重新映射回 f 维向量。$A[i]$ 代表第 i 个 Field Embedding 的重要程度。值得注意的是，A 是各个 Field Embedding 的动态重要性，与一个样本中各特征之间的依赖关系有关。同一个 Field Embedding 与不同 Field Embedding 搭配时将发挥不同的重要性。这一点与特征分析中得到的各特征的静态重要性有所不同。

（3）Reweight。将权重向量 A 与原始输入的 f 个 Field Embedding 相乘，得到 f 个新的 Field Embedding，代替原始特征喂入上层网络。Reweight 公式如公式(6-4)所示，由于 $A[i]$ 是第 i 个 Field Embedding 的权重，$A[i]e_i$ 代表给第 i 个 Field Embedding 提权或降权。

$$V = \mathrm{F}_{\mathrm{Reweight}}(A, E) = \left[A[1]e_1, A[2]e_2, \cdots, A[f]e_f\right] = \left[v_1, v_2, \cdots, v_f\right] \qquad 公式(6\text{-}4)$$

- 如果 $\sigma_2(x) = 2\times\mathrm{sigmoid}(x)$，$A[i]>1$，代表第 i 个 Field Embedding 很重要，应该提权；否则 $A[i]<1$，代表第 i 个 Field Embedding 不重要，应该降权。
- 如果 σ_2 采用 ReLU 的话，对于不重要的特征，$A[i]$ 直接被压制成 0，相当于过滤噪声。

我们在用户侧与物料侧各放置一个 SENet，使信息在流进塔之前，先经过 SENet 的增强或过滤，如图 6-2 所示。SENet 动态学习每个特征的重要性，增强重要信息，弱化甚至过滤噪声信息，从而减少信息在塔中向上传播过程中受到的污染与损耗，能够让更多重要信息"撑"到最终点积交叉的那一刻。值得说明的是，这个范式的核心是拿到各特征的动态重要性，SENet 并非唯一实现方式。

4. 重要信息，走捷径，一步登顶

每个塔的输入包含了各种细粒度的信息，可能有几千维，但是输出通常最多只有 128 维，再大的话，预测时做点积的时间开销就太大了。所以，信息在塔中向上流动的过程也是一个信息被压缩的过程，不可避免地会带来信息损失。我们自然而然地联想到，何不让那些重要信息抄近路，走捷径，把它们直接送到离最终点积交叉更近的位置呢？

一提到抄近路，大家很自然想到 ResNet 结构，如图 6-3 所示。

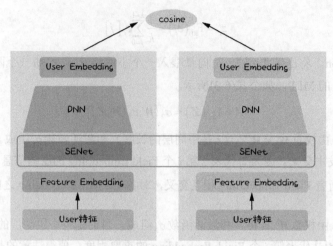

图 6-2 在双塔之前插入 SENet

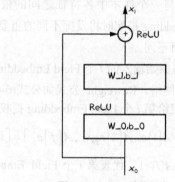

图 6-3 ResNet 结构示意

- x_0 是喂入塔的原始信息，通过塔向上流动，到达最后一层时已经损失了很多重要的细粒度信息。
- 这时，我们将 x_0 抄近路，送到最后一层与塔本来的输出融合（图 6-3 中是"按位相加"，但显然这并非唯一的融合方式），得到塔最终的输出 x_1。
- 这时的 x_1 既包含了经过塔高度压缩后的信息，又包含原始输入中的一些细粒度信息。特别是这些细粒度的重要信息，终于有了和对侧信息交互的机会。

那么在具体应用时，从哪里开始抄近路，又抄到哪里呢？一种常用的方式如图 6-4 所示。把每个中间层的输出都抄近路送到最后一层，与最后一层的输出拼接成一个大向量 H_u 或 H_t。再经过一层 FC 压缩成小一点的向量，即双塔最后输出的用户向量 E_u 和物料向量 E_t。这样一来，双塔的输出既包含高度压缩后的信息（最后一层），又包含细粒度的信息（各中间层的输出）。作者给这个范式起名为漏风塔。

还有一种方式是将重要信息不仅接入最后一层，还要插入各个中间层，如图 6-5 所示。这样，重要信息不会因为在塔中的传播链路太长而损失，反而在信息传播的每个环节都能发挥作用，就像在马拉松比赛中，运动员中途补水一样，所以称为补水塔。

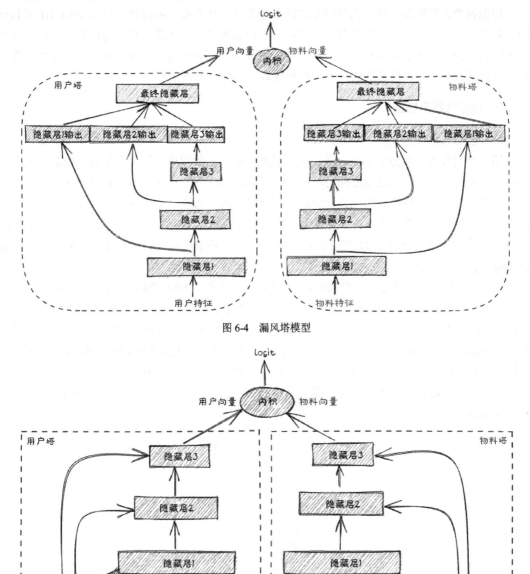

图 6-4 漏风塔模型

图 6-5 补水塔模型

但是这种抄近路的方式也有缺点。抄近路的信息接入的那一层，输入维度增加，导致该层
需要训练、存储更多的参数。如果将所有信息都抄近路，额外引入许多参数，会给模型的训练、

存储都带来极大的压力。所以我们在设计模型时，要考虑哪些信息值得抄近路、走捷径。

根据我个人的经验，我们需要特别关注那些最能体现个性化的特征，比如 User ID 或 Item ID。此外，如果不同人群、物群有着明显不同的消费模式，那么能够划分群体的显著区分性特征（比如，新用户还是老用户、作品所使用的语言等）也值得我们关注。将这些特征抄近路，直接送到离最终交叉点积更近的位置，往往能取得比较好的效果。

5. 条条大路通塔顶

这一思路有两个出发点。

第一个出发点与前面用 SENet 改造双塔是相同的：原始双塔，将所有信息一股脑地塞入一个塔，造成向上流动的信息通道拥挤不堪，各路信息相互干扰。SENet 的解决方法是"堵"，即在喂入塔之前，就将噪声弱化甚至屏蔽掉，使塔内的信息通道变得畅通，保证重要信息无损通过。而另外一种思路是"疏"，即大家没必要都挤入一个塔向上流动，不同的信息可以沿适合自己的塔向上流动压缩，以避免相互干扰。最后由每个小塔的 Embedding 聚合成最终的 Embedding，与对侧得到的向量点积交叉。

另一个出发点与"抄近路"的思路类似：我们不再执着于 DNN 的拟合能力。在 4.2.5 节介绍 DCN 时曾经提到过，DNN "万能函数模拟器"的神话已经破灭，有研究表明，有时 DNN 连二阶、三阶的特征交叉都模拟不好。既然如此，我们也就没必要将宝都押在 DNN 这一个通道上。即使是相同的信息，也可以沿多种信息通道向上流动，最后将各通道得到的 Embedding 聚合成一个向量。这样，各个信息传递通道相互取长补短，使尽可能多的重要信息能保留在两塔的最终向量中。

沿着这一思路，《深度粗排在天猫新品中的实践》一文中提出一种"双塔+FM"的并联结构，如图 6-6 所示。

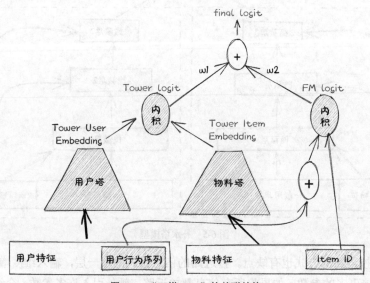

图 6-6　"双塔+FM"的并联结构

主体结构还是 DNN，如公式(6-5)所示，UE_{tower} 与 TE_{tower} 分别是用户塔与物料塔最终输出的向量。

$$\text{logit}_{tower} = UE_{tower} \cdot TE_{tower} \qquad 公式(6-5)$$

用户过去点击过的 Item ID 组成的序列 $S = [ht_1, ht_2, \cdots, ht_N]$，与当前候选物料的 Item ID "$ct$" 之间的交叉，是超级重要的特征组合。尽管我们已经把同样的信息分别喂入了两边的塔，但是我们不确定经过两边塔的压缩，UE_{tower} 中还保留有多少 S 的成分，TE_{tower} 中还剩下多少 ct 的信息。

为了确保 S 与 ct 的交叉一定能够发挥作用，我们增加 FM 来辅助双塔的学习，如公式(6-6)所示。

$$
\begin{aligned}
\text{logit}_{FM} &= E_{ht_1} \cdot E_{ct} + \cdots + E_{ht_N} \cdot E_{ct} \\
&= \left(\sum_{t=1}^{N} E_{ht_i} \right) \cdot E_{ct} \\
&= UE_{FM} \cdot TE_{FM}
\end{aligned}
\qquad 公式(6-6)
$$

该公式中各关键参数的含义如下。

- E_{ht_i} 代表过去点击过的第 i 个物料的向量。
- E_{ct} 表示当前候选物料的向量。
- UE_{FM} 和 TE_{FM} 分别是由 FM 模型得到的用户向量与物料向量。

最后粗排的打分由 logit_{tower} 和 logit_{FM} 线性组合而成，如公式(6-7)所示，其中 w_{tower} 和 w_{FM} 是待学习的权重。

$$\text{logit} = w_{tower}\text{logit}_{tower} + w_{FM}\text{logit}_{FM} \qquad 公式(6-7)$$

为了方便在线预测，需要将公式(6-7)拆解成两个向量点积的形式，如公式(6-8)所示。

$$
\begin{aligned}
UE &= \text{concat}\left(w_{tower}UE_{tower}, w_{FM}UE_{FM} \right) \\
TE &= \text{concat}\left(TE_{tower}, TE_{FM} \right) \\
\text{logit} &= UE \cdot TE
\end{aligned}
\qquad 公式(6-8)
$$

当信息传递的通道越来越多，将各通道得到的向量如公式(6-8)那样进行简单拼接，会导致聚合后的向量非常长，给计算、存储都带来较大的压力。一种常见的做法是，将拼接后的长向量再经过一层 FC，映射成一个较短的向量。Meta 公司提出了一种 Attention Fusion 的方式，相比于简单的"先拼接再映射"取得了更好的效果。

假设一共使用了 N 种通道，每个通道都得到了一个 d 维长的向量 $E_i \in \mathbf{R}^d$。先把 $[E_1, \cdots, E_N]$ 拼接成一个大向量 $E \in \mathbf{R}^{Nd}$。再把 E 映射成各通道的权重，$A = \text{softmax}(WE)$。$W \in \mathbf{R}^{N \times Nd}$，$A[i]$ 是第 i 个通道的权重。塔输出的最终向量是各通道的结果向量的加权和，$E_{tower} = \sum_{i=1}^{N} A[i]E_i$。

Meta 公司使用 Attention Fusion 的案例如图 6-7 所示。

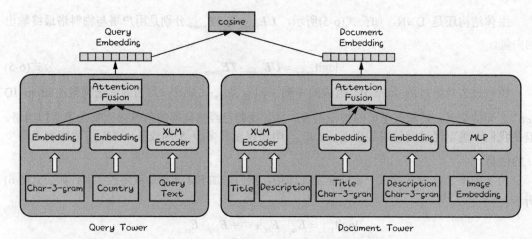

图 6-7   使用 Attention Fusion 的案例

以 Document Tower 为例。文章的标题与简介喂入 XLM Encoder 通道，得到一个表示文本内容的 Embedding。文章的标题按照每 3 个字符一组，拆解成词袋（Bag of Words），喂入 Embedding 通道，得到另一个表示标题内容的 Embedding。文章的简介也按照同样的方法进行处理。再把文章的图片喂入 CNN 通道，得到表示图片内容的 Embedding。Document Tower 最终的 Document Embedding，由以上多通道的结果，通过 Simple Attention Fusion 融合而成。

假设用户侧有 m 个通道，输出 m 个用户向量，$UE_i, i \in [1, m]$。再假设物料侧有 n 个信息通道，输出 n 个物料向量，$TE_j, j \in [1, n]$。主损失函数如公式(6-9)所示。

$$L_{\text{main}} = \text{Loss}\left(UE_1 \oplus \cdots \oplus UE_m, TE_1 \oplus \cdots \oplus TE_n\right) \qquad \text{公式(6-9)}$$

该公式中各关键参数的含义如下。

- ⊕ 表示融合函数，比如 Simple Attention Fusion。
- Loss 表示计算损失的函数，比如二元交叉熵（BCE）。

为了防止个别通道滥竽充数，Facebook 还拿用户/物料塔中某一个通道输出的向量，与对侧物料/用户塔的最终向量，做点积并计算损失，作为辅助目标与主目标一同优化，如公式(6-10)与公式(6-11)所示。

$$L_i^{\text{user}} = \text{Loss}\left(UE_i, TE_1 \oplus \cdots \oplus TE_n\right), i \in [1, \cdots, m] \qquad \text{公式(6-10)}$$

$$L_j^{\text{item}} = \text{Loss}\left(UE_1 \oplus \cdots \oplus UE_m, TE_j\right), j \in [1, \cdots, n] \qquad \text{公式(6-11)}$$

6.1.2   目标：拜精排为师

本节讲述精排如何通过知识蒸馏（Knowledge Distillation）的方式向粗排传道授业，提升粗排模型的表达能力。

1. 知识蒸馏简介

知识蒸馏涉及两个模型。

- 一个模型拥有相对复杂的结构，喂入了更多的特征，表达能力也就更强。我们称这个模型为 Teacher（教师）模型，用 $F_t(X;W_t)$ 表示，W_t 是其中要学习的参数。
- 另一个模型结构相对简单，特征也少，我们称之为 Student（学生）模型，用 $F_s(X;W_s)$ 表示，W_s 是其中要学习的参数。

Student 模型的损失函数由两部分组成。

- 拟合真实目标 y，表示成 $L_s(y, F_s(X;W_s))$。
- 拟合 Teacher 模型的输出，表示成 $L_d(F_t(X;W_t), F_s(X;W_s))$。也就是说，Student 要模仿 Teacher 的一举一动。这个过程就是所谓的知识蒸馏。

最后 Student 模型的优化目标是，最小化以上两种损失的加权平均，如公式(6-12)所示，λ 是可调的超参。

$$\min_{W_s}(1-\lambda)\times L_s(y, F_s(X;W_s)) + \lambda \times L_d(F_t(X;W_t), F_s(X;W_s)) \qquad 公式(6\text{-}12)$$

训练完毕后，只将 Student 模型部署上线。

Teacher 模型虽然能力强，效果好，但是上线很困难。这既有可能是因为 Teacher 消耗的计算资源太多，无法满足在线预测的实时性要求，也有可能 Teacher 使用了在线根本无法拿到的特征。Student 的输入和模型都相对简单，易于上线，实时性也好。但是我们又担心它能力不足。

知识蒸馏的意义在于：让两个模型取长补短。最终只上线 Student 模型，Teacher 模型不上线，从而使上线问题得以解决。通过让 Student 模仿 Teacher 的一举一动，在"真实答案"（y）和"学霸的参考答案"（$F_t(X;W_t)$）的双重指导下，"学渣"Student 的成绩也大幅提高，大大缓解了 Student 能力不足的问题。

2. 知识蒸馏用于粗排

从以上描述中可以看出，知识蒸馏要解决的问题，是非常适合于粗排场景的。

粗排模型结构简单（不能使用 Target Attention 之类的交叉结构），特征简单（不能使用用户与候选物料之间的交叉特征），拟合能力远不如粗排模型。但是精排模型无法实时处理庞大的候选集，也就无法在粗排场景中上线。

所以，可以让精排模型当 Teacher，让粗排模型当 Student。精排模型把它从复杂的交叉结构、交叉特征上学到的知识传授给粗排模型，从而提升粗排模型的表达能力。

除了提升粗排模型的表达能力，知识蒸馏还能给粗排带来另一个好处，就是增强粗排、精排的一致性。毕竟，粗排的下游环节是精排。如果粗排挑选出来的头部物料不符合精排的口味，被精排排在了后面而失去曝光的机会，那么粗排的一切努力就都白费了，"再好的戏也出不来"。其实不止粗排，在推荐系统这个由"召回-粗排-精排-重排"外加无数策略组成的多级漏斗中，任何一个环节都要迎合"上级"的喜好，它的工作成果才有出头的机会。而知识蒸馏恰好为"揣度上意"提供了一种实现方法。

一种在粗排实现知识蒸馏的方法是让粗排、精排联合训练，其优化目标如公式(6-13)所示。

$$\min_{W_s,W_s}(1-\lambda)L_s\big(y,F_s(X;W_s)\big)+\lambda L_d\big(F_t(X,X^*;W_t),F_s(X;W_s)\big)+L_t\big(y,F_t(X,X^*;W_t)\big)\quad 公式(6\text{-}13)$$

该公式中各关键参数的含义如下。

- $F_s(X;W_s)$ 代表 Student，也就是粗排模型。
- $F_t(X,X^*;W_t)$ 代表 Teacher，也就是精排模型。X^* 是粗排模型不能用、只能为精排模型所用的那部分交叉特征。
- L_s 和 L_t 代表普通的损失，让粗精排模型去拟合用户的真实反馈。
- L_d 代表蒸馏损失，要最小化粗精排得分的差距。

联合训练粗、精排模型的伪代码如代码 6-1 所示，其中注意以下两点。

- 第 5～7 行，说明训练起始阶段蒸馏损失不会更新粗排的权重 W_s，因为此时精排模型自己也尚未收敛，对粗排模型没有指导意义。
- 第 10 行，注意蒸馏损失不会更新精排模型的参数。这也非常合理，我们需要的是粗排模型去追随、模仿精排，而不是反过来让精排迎合、造就粗排。

代码 6-1　联合训练粗、精排的伪代码实现

Input: λ（蒸馏损失的权重）、k（蒸馏开始的步数）、η（训练步长）	
1.	Initialize W_s and W_t // W_s 是粗排模型的权重，W_t 是精排模型的权重
2.	**while** not converged **do**
3.	// y 是用户反馈，X 是粗排精排都能用的特征，X^* 是粗排不能用、只能精排用的那部分特征
4.	Get training data $(X,\ X^*,\ y)$
5.	**if** $i<k$ **then** // 训练初期，精排模型也不稳定，不蒸馏
6.	$\quad W_s=W_s-\eta\nabla_{W_s}L_s$ // 只拟合用户反馈，∇_{W_s} 表示对权重 W_s 的梯度
7.	**else** // 精排训练一段时间，效果稳定后，才开始蒸馏
8.	$\quad W_s=W_s-\eta\nabla_{W_s}\big[(1-\lambda)L_s+\lambda L_d\big]$ // 使用联合损失，既拟合用户反馈，也拟合精排得分
9.	**end if**
10.	$W_t=W_t-\eta\nabla_{W_t}L_t$ // 精排模型只拟合用户反馈，不优化蒸馏损失
11.	Update $i=i+1$
12.	**end while**
Output: return W_s and W_t	

但是粗精排联合训练，实现起来有以下困难。

- 联合训练的模型既要包含粗排参数，又要包含精排参数，是一个异常庞大的模型。纵然可以让 W_s 与 W_t 共享一些底层参数可以缓解参数膨胀的问题，但是谁能保证粗、精排两个目标在更新同一参数时不会相互干扰呢？

- 将粗、精排模型耦合在一起，维护更新时牵一发而动全身，不能灵活应对业务目标。更何况，在业务、分工都已经相当成熟的大厂，粗、精排平常本来就是由两个团队负责。把两个模型耦合在一起，也就要把两个团队合并，牵扯到组织架构调整，这就远不是技术问题那般简单了。

所以，这种将粗、精排联合训练的方式一般只适用于小团队。更符合大厂实际的是两阶段蒸馏法，如图 6-8 所示。线上已经有了正在运行的精排模型，而且精排模型的打分早已被记录在日志里，让粗排模型直接去拟合就可以了。带蒸馏的粗排模型的优化目标如公式(6-14)所示。

$$L = \frac{1}{|B|} \sum_{(X_i, s_i, y_i) \in B} (1-\lambda) L_{\text{CTR}}\left(y_i, \text{F}_{\text{pr}}\left(X_i\right)\right) + \lambda L_{\text{Distill}}\left(s_i, \text{F}_{\text{pr}}\left(X_i\right)\right) \qquad \text{公式(6-14)}$$

该公式中各关键参数的含义如下。

- B 代表一个 Batch，每条样本由输入特征向量 X_i、用户反馈 y_i 和精排打分 s_i 组成。
- F_{pr} 代表粗排模型。
- $L_{\text{CTR}}\left(y_i, \text{F}_{\text{pr}}\left(X_i\right)\right)$ 代表主损失函数，让粗排打分去拟合用户真实反馈 y_i。
- $L_{\text{Distill}}\left(s_i, \text{F}_{\text{pr}}\left(X_i\right)\right)$ 代表蒸馏损失函数，让粗排打分去拟合精排打分 s_i。L_{Distill} 既可以是均方误差（Mean Squared Error，MSE），也可以使用二元交叉熵（BCE），只不过在使用 BCE 时 Label 不是整数 0/1，而是 $s_i \in [0,1]$。
- $\lambda \in [0,1]$ 代表 L_{Distill} 的权重，是一个可调超参数。

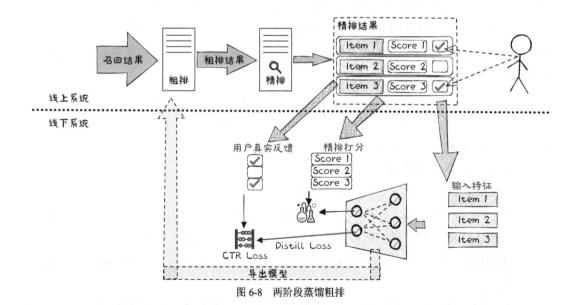

图 6-8 两阶段蒸馏粗排

6.1.3　数据：纠正曝光偏差

6.1.1 节和 6.1.2 节介绍如何通过改进模型结构、增加蒸馏目标来提升粗排模型的拟合能力，但是仅有这些是远远不够的。到目前为止，传统粗排模型还存在数据上的短板尚待弥补。

粗排模型的职责是为精排提供高质量的候选物料集，而质量高低是由精排决定。理论上来讲，被精排排在前面的物料应该作为粗排的正样本，反之被精排排在后面的物料应该作为粗排的负样本。但是前面也提到了，传统粗排的样本选择策略与精排一致，拿点击过的物料当正样本，拿"曝光未点击"的物料当负样本。在这种策略下，所有训练样本都来自曝光数据，其实是训练粗排在高质量的物料中优中选优，而没有让粗排真正见识过那些"低质量"物料（压根没有曝光机会的那部分）。这种样本选择偏差（SSB）影响了粗排对精排履行职责。

为了纠正这个样本选择偏差，需要在被精排排在后面、没有曝光机会的那部分物料中选择一部分作为粗排的负样本。步骤如下。

（1）精排排序后，选择若干头部物料组成一个集合 S_{top}，选择若干尾部物料组成一个集合 S_{bottom}。

（2）将 S_{top} 与 S_{bottom} 中的物料两两配对，再搭配上当前用户 u，组成一系列三元组 $T = \left\{ \left(u, t_p, t_n \right) \right\}, \forall t_p \in S_{\text{top}}, \forall t_n \in S_{\text{bottom}}$。

（3）因为用户对尾部物料 t_n 没有反馈，所以在这些三元组 T 上，我们用 Learning-to-Rank（LTR）的方式建模，即建模目标是 $F_{\text{pr}}\left(u, t_p \right) \gg F_{\text{pr}}\left(u, t_n \right)$，$F_{\text{pr}}$ 代表粗排打分模型。可以使用的 Pairwise Loss 包括 BPR Loss 或 Marginal Hinge Loss，公式详情见 5.2.4 节。

在具体实践中，由于精排结果中的头部物料 S_{top} 能够曝光，可以额外增加 BCE Loss，让粗排模拟在头部数据上拟合用户真实反馈。利用未曝光数据纠偏后的粗排损失函数如公式(6-15)所示，整个流程如图 6-9 所示。

$$L_{\text{pr}} = \frac{1}{|T|} \sum_{\left(u, t_p, t_n \right) \in T} L_{\text{LTR}}\left(F_{\text{pr}}\left(u, t_p \right), F_{\text{pr}}\left(u, t_n \right) \right) + \frac{\lambda}{\left| S_{\text{top}} \right|} \sum_{\left(u, t, y \right) \in S_{\text{top}}} L_{\text{CTR}}\left(F_{\text{pr}}\left(u, t \right), y \right) \qquad \text{公式(6-15)}$$

该公式中各关键参数的含义如下。

- $F_{\text{pr}}\left(u, t \right)$ 是粗排模型对用户 u 和物料 t 之间匹配程度的打分。

- T 是按照上面介绍的步骤组成的三元组。

- $L_{\text{LTR}}\left(F_{\text{pr}}\left(u, t_p \right), F_{\text{pr}}\left(u, t_n \right) \right)$ 是用 Pairwise Loss 建模精排结果的偏序关系。本质上也属于蒸馏学习，与 6.1.2 节不同的是，这里 L_{LTR} 让粗排 F_{pr} 模仿的不是精排的打分，而是精排的排序。目的一样是为了让粗排迎合"上级"精排的好恶，增强两个环节的链路一致性。

- S_{top} 是包含精排结果中的头部物料的那部分样本，它们得到了曝光机会，从而拥有用户

真实反馈 y。

- ■ $L_{\mathrm{CTR}}\big(F_{\mathrm{pr}}(u,t),y\big)$ 就是普通的 CTR 预估，让粗排打分拟合用户的真实反馈。

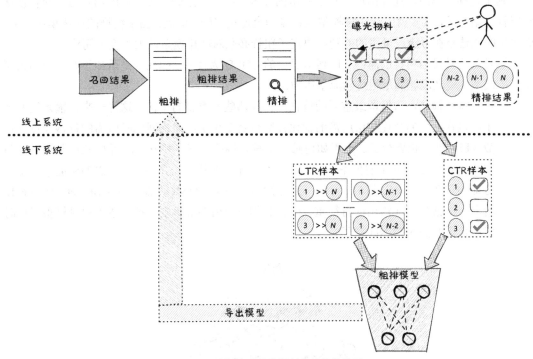

图 6-9　利用未曝光数据纠偏的粗排模型

上面介绍的方法中，只在精排结果中划分了头部与尾部两个挡位。也有做法是将精排结果划分成更多挡位，任意前后两个挡位中的物料都可以两两组合，组成 Pair，喂入 Pairwise Loss 建模偏序关系。优点是更多挡位对精排排序刻画得更加细致，粗排对精排的"品味"学习得更加充分。缺点是，考虑了未曝光物料的物料集规模非常庞大，物料之间的两两组合就更多了，所以只能在每个挡位采样一部分物料参与组对。

6.1.4　模型：轻量级全连接

正如前面讲解粗排双塔与召回双塔的异同时所讲的那样，由于粗排的候选集小了，无须 ANN 快速检索，也就没有了"双塔输出的用户向量与物料向量只能做点积交叉"的限制。

因此，业界有人尝试在双塔分别得到用户向量 UE 与物料向量 TE 之后，喂入一个小型 DNN，让 UE 和 TE 进行更复杂的交叉，以提高模型的表达能力。但是根据作者的亲身实践，这种做法没有带来什么收益。至于原因，我们在 6.1.1 节的"双塔改进的技术主线"小节中就讲过，限制双塔能力的瓶颈在于，底层用户或物料特征在沿塔向上传递的过程中，一些细粒度的信息损失了，失去了与对侧信息交叉的机会。所以，如果塔顶输出向量所包含的细粒度信息有限，无论最后的交叉方式是点积还是更复杂的 DNN，结果都是"巧妇难为无米之炊"。

基于这样的思路，业界出现一种去双塔的技术路线，让原始、细粒度的用户与物料特征从底层就开始交叉，其实就是让粗排模型走精排的全连接路线。但是，由于精排的候选集在千级，而粗排的候选集在万级，量级的差别就决定了粗排必须对精排模型做大幅度的简化。

这种简化精排当粗排的思路，以阿里巴巴的 COLD 为代表。COLD 是从如下几个方面来简化精排模型，使之能够满足粗排的流量压力。

- 进行特征筛选，只保留最重要的特征，去除那些不重要的特征。这样一来，输入层变小了，接在上面的全连接层所需的优化参数也就变少了，前代回代时所需的每秒浮点操作数（FLOPS）也就少了。至于如何筛选出重要特征，有多种方法，而 COLD 是通过专门训练一版含有 SENet 的模型完成的。SENet 在之前就已经介绍过了，SENet 能够给出各特征的重要性，如公式(6-3)所示。我们在将特征喂入 DNN 之前，插入 SENet，如图 6-10 所示。根据 SENet 给出的特征重要性，我们只保留头部重要特征，喂入粗排模型（这时就不再需要插入 SENet 层了）。

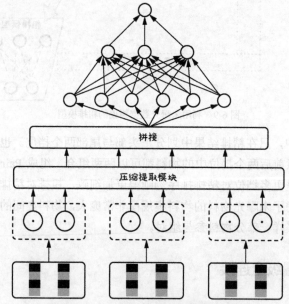

图 6-10 COLD 插入 SENet 获取特征重要性

- 削减全连接层的规模，比如减少层数，减少中间层的神经元个数。至于要削减哪几层，削减到多少，可以凭经验不断尝试，也可以通过网络剪枝技术自动定位那些不活跃的神经元。
- 底层框架的一些工程优化。比如重新实现一些 TensorFlow 算子，优化其运算效率。在一些步骤中，用 Float16 取代 Float32 进行浮点数运算，牺牲一些精度换取更快的速度。

- COLD 原论文没有提到，但在作者实践 COLD 的过程中，特别注意那些能复用的中间结果，以避免重复计算。比如，对于用户行为序列进行 Self-Attention 比较耗时（时间复杂度是 $O(N^2)$，N 是行为序列的长度），但是由于和候选物料无关，因此只需要进行一次，将结果缓存起来，为请求中的所有候选物料共用。同理，一些频繁访问的物料特征的 Embedding 也可以缓存起来，为多个用户的请求所复用。

以上简化措施都需要离线反复实验。在众多的实验结果中，我们要在提升的性能指标（如下降的 FLOPS，下降的压测耗时）和下降的模型精度（如 GAUC）之间权衡取舍。最终我们希望找到一个耗时大幅降低、精度损失可接受的简化精排模型，作为粗排模型上线。

这种去双塔、简化精排当粗排的思路，优点自然是使用户、物料特征从底层就开始交叉，模型的表达能力大幅增强。但是缺点也很明显，其中之一就是前期投入大、技术门槛较高。无论是算法团队要离线反复实验各种简化方案，还是工程团队对在线服务做大幅度优化，都要耗费不少的人力、物力和时间成本。更何况其中一些技术难点是不那么好突破的。简化精排当粗排的第二个缺点，就是其可扩展性比较差。双塔模型中，只有最后的用户向量与物料向量点积才与候选集的大小成线性关系。而最耗时的生成用户向量和物料向量的步骤都只需进行一次，与候选集规模无关。所以当召回想喂更多的物料进粗排时，双塔模型可以轻松应对这种扩容需求。而在简化精排当粗排的方案中，用户特征与物料特征从底层就开始交叉，变得"难解难分"，可复用的步骤非常少。整个预测过程都与候选集规模成线性关系，对召回扩容的弹性非常低。如果召回要喂更多的候选物料进粗排，我们可能需要重新简化模型，重新优化线上链路，成本太高。

所以，尽管去双塔方案看上去很美，但是业界主流、实力担当仍然是双塔模型。想和双塔说再见，没那么容易。

6.2 重排

精排过后，按照精排打分将候选物料按降序排列，取出头部的几十个物料组成子序列，作为推荐结果返回给用户，这样是不是就大功告成了呢？答案是否定的。这是因为，相似的物料也会被模型打上相似的分数，从而在排序时被安排在相邻的位置。如果直接按照这样的顺序将推荐结果展示给用户，用户一连几次刷新都会刷到相似内容，新鲜感顿失，很容易审美疲劳，从而早早退出 App。

这时就轮到重排大显身手了。之前的召回、粗排、精排环节只关心单个物料与用户的匹配度，而重排关心的是物料序列作为一个整体，应该以怎样的顺序呈现给用户，才能给用户带来最大的满意度，才能给产品带来最大收益（比如用户停留时长、成交额等）。

另外，虽然重排与粗排同为"绿叶"，但是二者的重要性不可同日而语。粗排在小型推荐系统中可以被忽略，但是重排是任何一个推荐系统中都必不可少，只不过实现得简单还是复杂而已。接下来的章节将介绍当今主流的三类重排方法：基于启发式规则、基于行列式点过程（Determinantal Point Process，DPP）、基于上下文感知的排序学习（Context-aware Learning-To-Rank）。至于其他小众的重排方法，比如 Google 利用强化学习进行重排的研究，请感兴趣的读者自行参考学习。

6.2.1 基于启发式规则

小型推荐系统没有必要采用复杂的重排模型，只需要实现一些打散规则。这些规则的输入是按照精排打分降序排列的物料序列，输出序列需要满足以下两个要求。

- 避免相似的物料排在一起，最大化整个或局部序列的多样性，这也就是"打散"的本意。
- 对于原始精排序列的改动要尽可能小，不能让精排"前功尽弃"，也就是仍然要确保整个或局部序列与用户的相关性。

一种常见的打散规则称为"滑窗打散"，即在一个长度为 K 的滑动窗口（Sliding Window，SW）内，相似物料最多出现 n 次。以图 6-11 为例，以是否属于相同类别来判断两个物料是否相似，实现在长度为 3 的滑窗内，一个类别最多出现一次。滑窗打散过程如下。

- 初始时，所有物料按照精排打分从大到小排序；
- 在第 1 个滑窗内，物料 2 和 3 是相同类别，违反打散规则，物料 4 和 3 对调；
- 在第 2 个滑窗内，还是物料 2 和 3 违反打散规则，物料 3 和 5 对调；
- 在第 3 个滑窗内，每个类别只出现一次，满足打散规则，路过；
- 在第 4 个滑窗内，物料 5 和 6 违反打散规则，物料 6 和 7 对调；
- 如果滑动到最后一次，还不满足打散规则，但是后面已经没有物料可对调了，不做处理。

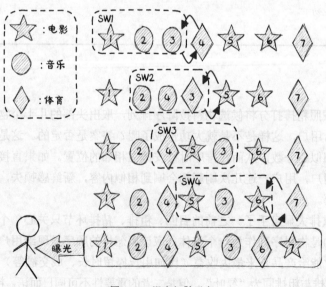

图 6-11 滑窗打散示意

　　还有一种常见的打散规则称为"分桶打散"。比如在电商场景下，由于精排模型是以最大化成交额为优化目标，因此排在前面的往往都是价格较贵的物料。而我们希望展示给用户的排序结果，在价格上呈现多样性。因此，我们按照价格高、中、低构建三个桶。先将精排结果按照其价格区间插入相应的桶，各桶内部还是按照精排打分按降序排列。最后，按序取出各桶内的头部物料，排列成最终结果，展示给用户，如图 6-12 所示。

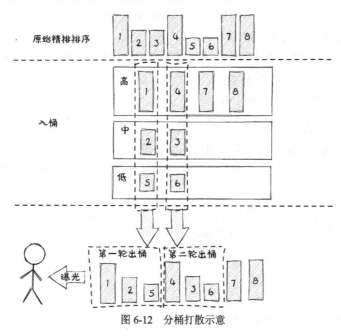

图 6-12　分桶打散示意

　　以上两种打散方法，还只是启发式的。还有一类算法将相关性与多样性量化，并基于贪心算法实现。其中最著名的就是 Maximal Marginal Relevance（MMR，最大边界相关）算法，如公式(6-16)所示。

$$Next = \underset{t \in R \backslash S}{\arg\max}\, \lambda Sim_1(u,t) - (1-\lambda)Sim_2(S,t) \qquad 公式(6\text{-}16)$$

该公式中各关键参数的含义如下。

- R 是全体精排结果，也就是重排的全体候选集。
- S 是当前的重排结果集。当 S 的长度达到指定长度时，重排结束，将 S 展示给用户。
- $R \backslash S$ 表示还未插入重排结果集的所有精排结果。
- $Sim_1(u,t)$ 代表当前候选物料 t 与发起请求的用户 u 的相关性，可以用精排打分表示。
- $Sim_2(S,t)$ 是当前物料 t 与当前重排结果集 S 的相似度。这个数值越小，将 t 加入 S 对重排结果多样性的提升作用越大。
- $\lambda Sim_1(u,t) - (1-\lambda)Sim_2(S,t)$ 代表将候选物料 t 加入 S 带来的边际收益，是相关性与多样性的折中，λ 是边际收益组合的权重。

公式(6-16)说明,我们用贪心算法从精排结果中挑选物料组成重排结果集。每次挑选能带来最大边际收益的那个物料加入重排结果,而边际收益组合考虑了新物料与用户的相关性以及对整个集合的多样性影响。

实现 Sim_2 也有多种做法。最简单的可以基于物料画像,比如用标签定义 Sim_2,如公式(6-17)所示。

$$\text{Sim}_2(S,t) = -\text{Entropy}(T_s \cup T_t) \qquad \text{公式(6-17)}$$

该公式中各关键参数的含义如下。

- $T_S = \{\text{tag}_i : n_i\}, i \in [1, N_t]$ 是当前重排结果集 S 的标签分布,表示 S 中有 n_i 个物料都带有标签 tag_i,N_t 是 S 中的标签总数。
- T_t 是当前候选物料 t 的标签分布。
- $\text{Entropy}(T) = -\sum_{t \in T} p_t \log(p_t)$ 是熵函数。在这里 T 是集合中的所有标签,p_t 是 t 在 T 中的占比。熵越大,说明集合中所包含的标签越多样。
- $\text{Entropy}(T_s \cup T_t)$ 前面的负号表示,如果将 t 加入 S 后,S 的熵增加得越多,说明 t 与 S 的相似度越低。

如果嫌画像的扩展性不好,比如无法识别出"刘德华"与"华仔"实际上是一个标签,可以用物料向量来定义 Sim_2,如公式(6-18)所示。

$$\text{Sim}_2(S,t) = \max_{s \in S} \boldsymbol{E}_t \cdot \boldsymbol{E}_s \qquad \text{公式(6-18)}$$

该公式中各关键参数的含义如下。

- $\boldsymbol{E}_t$ 是当前候选物料 t 的 Embedding。
- $\boldsymbol{E}_s$ 是已经加入重排结果集的物料 s 的 Embedding。
- $\boldsymbol{E}_t$ 和 $\boldsymbol{E}_s$ 可以来自双塔粗排,也可以由内容理解团队提供。

Airbnb 在 MMR 的基础上进行改进,提出了 MLR。其核心思想是,后插入重排结果集的物料,其显示位置也靠后,对整个集合的相关性与多样性的影响也就大大削弱了。MLR 中将候选物料 t 插入重排结果集的第 p 个位置时的边际收益如公式(6-19)所示。

$$\text{MLR}(u,S,t,p) = \lambda \text{c}(p)\text{Sim}_1(u,t) - (1-\lambda)\text{d}(p)\text{Sim}_2(S,t) \qquad \text{公式(6-19)}$$

该公式中各关键参数的含义如下。

- Sim_1 和 Sim_2 的含义与公式(6-16)中相同。
- $\text{c}(p)$ 是在位置 p 上对相关性打的折扣。Airbnb 用位置 p 上的后验 CTR 来表示。
- $\text{d}(p)$ 是在位置 p 上对多样性打的折扣。Airbnb 用 $\text{d}(p) = \dfrac{1}{p}$ 来表示。

基于规则的重排算法,其优点是无须训练模型,易于实现。缺点是,在刻画多样性时,只考虑了两个物料之间的相似度,也就是在向量空间两个物料向量围成的面积。但是优化集合整体的多样性应该表现为使集合中所有物料向量围成的体积最大,这一点基于规则的重排,无法表达,更无法优化。

6.2.2 基于行列式点过程

基于行列式点过程的重排是作者最推崇的重排算法，原理很优雅，实现简单又高效，效果也不错。

1. 行列式点过程简介

简单来说，给定一个集合 $Z = \{1, 2, \cdots, N\}$，随机点过程（Point Process，PP）描述的是从 Z 中抽取任意子集的概率分布，如图 6-13 所示。

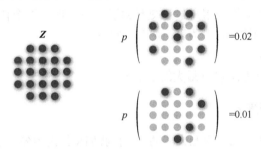

图 6-13　随机点过程示意

行列式点过程是为了更方便计算点过程而创造出来的数学概念，能够将复杂的概率运算转化为简单的矩阵运算。经过数学证明，只要在给定的问题中，从 Z 中抽取到空集的概率不为 0，就存在一个矩阵 L，使得从 Z 中抽取任意子集 Y 的概率 $P(Y)$ 满足公式(6-20)。

$$P(Y) \propto \det(L_Y)$$ 公式(6-20)

该公式中各关键参数的含义如下。

- $\propto$ 表示"正比于"，det 表示行列式计算。
- $L \in \mathbf{R}^{N \times N}$，是一个半正定矩阵，其中 N 是 Z 的长度。L 被称为核矩阵（Kernel Matrix）。
- L_Y 是按照 Y 中元素指定的行、列抽取出来的子矩阵，如图 6-14 所示。

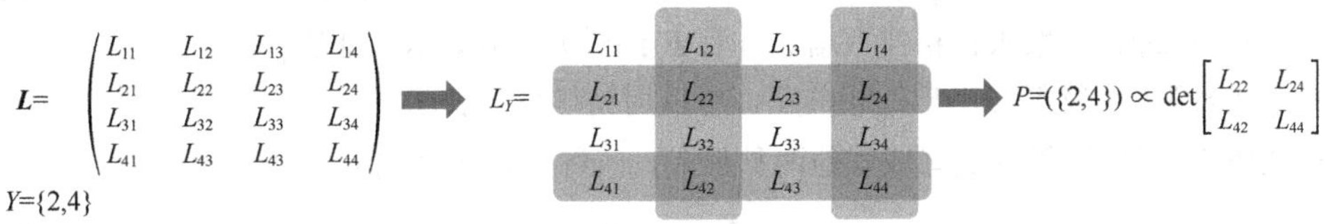

$$L = \begin{pmatrix} L_{11} & L_{12} & L_{13} & L_{14} \\ L_{21} & L_{22} & L_{23} & L_{24} \\ L_{31} & L_{32} & L_{33} & L_{34} \\ L_{41} & L_{43} & L_{43} & L_{44} \end{pmatrix} \quad \Rightarrow \quad L_{Y} = \begin{array}{cccc} L_{11} & L_{12} & L_{13} & L_{14} \\ L_{21} & L_{22} & L_{23} & L_{24} \\ L_{31} & L_{32} & L_{33} & L_{34} \\ L_{41} & L_{42} & L_{43} & L_{44} \end{array} \quad \Rightarrow \quad P = (\{2,4\}) \propto \det\begin{bmatrix} L_{22} & L_{24} \\ L_{42} & L_{44} \end{bmatrix}$$

$Y = \{2,4\}$

图 6-14　DPP 示意

更进一步，可以将公式(6-20)归一化，得到 $P(Y)$ 的完整公式如公式(6-21)所示。

$$P(Y) = \frac{\det(L_Y)}{\sum_{Y' \in \mathbb{Z}} \det(L_{Y'})} = \frac{\det(L_Y)}{\det(L + I)}$$ 公式(6-21)

该公式中各关键参数的含义如下。

- Z 是集合 Z 所有子集的集合。
- 第二个等式成立，是因为分母有一个等价但简单的计算方法，$\sum_{Y' \in Z} \det(L_{Y'}) = \det(L + I)$，I 是一个单位矩阵。

假设将精排得到的候选物料集合 Z 都展示给用户，我们认为用户从 Z 中挑选出心仪物料进行互动（比如点击、购买）的过程可视为一个随机点过程。而且因为用户可能对所有候选物料都不满意，也就是用户挑选出一个空集的概率不为 0，所以可以用 DPP 来建模用户的行为。展开来说，对于某用户的某次请求，存在一个半正定的核矩阵 L，使得用户挑选出物料集合 Y 的概率 $P(Y)$，正比于子矩阵 L_Y 的行列式 $\det(L_Y)$。

重排的任务是从 Z 中找到用户最想交互的子集 Y，现在这个任务等价于找到能最大化 $\det(L_Y)$ 的子集 Y。这个问题又拆分为以下两个子问题。

- 如何构建核矩阵 L。
- 有了 L，如何找到使 $\det(L_Y)$ 最大的子集 Y。

2. 启发式构建核矩阵 L

有一种构建核矩阵 L 的方法是启发式的。根据我们总结出的先验规律，被用户选中的子集 Y 中的物料应该是与用户兴趣高度相关的，并且内部多样性非常丰富。所以，我们设计的核矩阵 L 应该满足：

- Y 与用户兴趣越相关，$\det(L_Y)$ 越大；
- Y 中的物料差异度越大，$\det(L_Y)$ 越大。

基于以上两点考虑，我们按照公式(6-22)设计核矩阵 L。

$$L = BB^T$$
$$B_i = r_i E_i \tag{公式(6-22)}$$

该公式中各关键参数的含义如下。

- 矩阵 $B \in \mathbf{R}^{N \times d}$，N 是候选集 Z 的长度，d 是向量长度。$B_i$ 是矩阵 B 的第 i 行。
- 矩阵 $E \in \mathbf{R}^{N \times d}$ 是所有物料向量组成的矩阵。E_i 是矩阵 E 的第 i 行，表示第 i 个物料的 Embedding，一般来自粗排双塔。并且 E_i 经过归一化，长度 $\| E_i \| = 1$。
- r_i 代表第 i 个物料与用户的相关度，可以用精排打分表示。

公式(6-22)又可以等价地写成其他两种形式。一种形式如公式(6-23)所示。

$$L_{ij} = r_i r_j S_{ij} \tag{公式(6-23)}$$

该公式中各关键参数的含义如下。

- L_{ij} 是矩阵 L 的第 i 行、第 j 列上的元素。
- S_{ij} 是物料 i 与物料 j 的相似度。目前先简单认为 $S_{ij} = E_i \cdot E_j$，后面会介绍通过其他方法获得 S_{ij}。

另一种形式如公式(6-24)所示。

$$L = \mathrm{Diag}(R) \times S \times \mathrm{Diag}(R)$$ 公式(6-24)

该公式中各关键参数的含义如下。

- $\mathrm{Diag}(R)$ 是以数组 R 为对角线元素的对角矩阵，$R = \{r_1, \cdots, r_N\}$ 是所有候选物料精排打分组成的数组。
- $S \in \mathbf{R}^{N \times N}$，$S_{ij}$ 代表物料 i 与物料 j 的相似度，写成矩阵形式就是 $S = E \times E^\mathrm{T}$。

验证 L 符合先验规律

我们验证一下，按照以上公式设计出来的 L 是否满足我们总结出来的先验规律，即 Y 与用户越相关，Y 中物料越多样化，$\det(L_Y)$ 也应该越大。

首先对任意子集 Y，显然 L_Y 也应该有与公式(6-24)类似的公式，如公式(6-25)所示。

$$\begin{aligned} L_Y &= \mathrm{Diag}(R_Y) \times S_Y \times \mathrm{Diag}(R_Y) \\ &= \mathrm{Diag}(R_Y) \times E_Y \times E_Y^\mathrm{T} \times \mathrm{Diag}(R_Y) \end{aligned}$$ 公式(6-25)

该公式中各关键参数的含义如下。

- R_Y 是精排模型对集合 Y 中的物料的打分。
- $S_Y \in \mathbf{R}^{|Y| \times |Y|}$ 是根据 Y 指定的行、列从 S 中抽取得到的子矩阵，代表 Y 中物料两两的相似度，$|Y|$ 表示集合 Y 的长度。将 S_Y 写成矩阵形式为 $S_Y = E_Y \times E_Y^\mathrm{T}$。
- $E_Y \in \mathbf{R}^{|Y| \times d}$ 表示从所有物料向量矩阵 E 中抽取集合 Y 指定的那些行组成的矩阵，表示集合 Y 中那些物料的粗排向量。

根据行列式计算的两个性质，$\det(AB) = \det(A)\det(B)$ 和 $\det\left(\mathrm{Diag}(\{r_1, \cdots, r_N\})\right) = \prod_{i=1}^{N} r_i$，计算公式(6-25)的行列式，得到公式(6-26)。

$$\begin{aligned} \det L_Y &= \prod_{i \in Y} r_i \times \det[E_Y \times E_Y^\mathrm{T}] \times \prod_{i \in Y} r_i \times \prod_{i \in Y} r_i \\ &= \prod_{i \in Y} r_i^2 \times (\det E_Y)^2 \end{aligned}$$ 公式(6-26)

$$\Rightarrow log\left(\det(L_Y)\right) = \sum_{i \in Y} \log\left(r_i^2\right) + 2\log(\det E_Y)$$

从公式(6-26)可以看到，要最大化 $\det(L_Y)$，子集 Y 要满足以下两个条件。

- Y 中的每个 r_i 要尽可能大，也就是说，Y 要由那些与用户相关性大的物料组成。
- $\det(E_Y)$ 要尽可能大。回到行列式的基本定义，$\det(E_Y)$ 表示由矩阵 E_Y 的各行在向量空间围成的多面体的体积。$\det(E_Y)$ 要最大，就要让 E_Y 各行尽量相互垂直。E_Y 的每个行向量表示子集 Y 中一个物料的 Embedding，物料 Embedding 相互垂直代表两个物料的相似度为 0。因此，Y 中物料越是互不相似，$\det(E_Y)$ 越大。

所以，按照公式(6-23)或公式(6-24)设计出来的核矩阵 L 是符合推荐系统的先验规律的，即

Y 的相关性与多样性越大，$\det(L_Y)$ 也就越大，Y 中元素被用户选中交互的概率也就越大。

构建 L 的实操方法

在具体实践中，我们还需要对公式(6-23)做一些修正。修正一就是将 L 的对角线元素（衡量相关性）与非对角线元素（衡量多样性）区别对待，并且引入一个超参数 α，如公式(6-27)所示。

$$L_{ii} = r_i^2$$
$$L_{ij} = \alpha r_i r_j S_{ij}$$
公式(6-27)

众所周知，推荐结果的相关性与多样性是一组不可兼得的指标，所以在公式(6-27)中引入 α，使我们能够调整推荐结果更偏重与用户的相关性，还是更偏重内部的多样性。

另外公式(6-27)中的 α 是公用的，但是实际上不同用户对相关性与多样性的偏好是不同的。因此华为提出 personalized DPP（pDPP），使每个用户拥有个性化的 α，如公式(6-28)所示。

$$a_u = f_u \times a_0$$
$$f_u = \frac{H_u - H_{min}}{H_{max} - H_{min}}$$
$$H_u = \text{Entropy}(G_u) = -\sum_{g \in G_u} p_g \log p_g$$
公式(6-28)

该公式中各关键参数的含义如下。

- a_u 是用户 u 个性化的权重，用于平衡单个用户对推荐结果的相关性与多样性的偏好。
- a_0 是为全体用户共享的基础权重，控制整体业务目标对相关性与多样性的平衡。
- f_u 衡量用户 u 对结果多样性的偏好，是基于 H_u 计算出来的。
- H_u 是用户 u 交互过的所有物料类别 G_u 的熵，熵越大，表示用户过去交互过的物料种类越多，对多样性的偏好越高。p_g 表示用户交互过的某个物料类别 g 的占比。
- H_{min} 和 H_{max} 分别是所有用户的 H_u 的最小值与最大值。f_u 是对 H_u 归一化至[0,1]的结果。

修正二是针对 S_{ij}。按照公式(6-22)，理论上 $S_{ij} = E_i \cdot E_j$，但是点积结果会出现负数，可能导致 L 不再正定。因此，我们在实操上往往还要对点积结果做一些转化，以保证 S_{ij} 永远非负，比如公式(6-29)或公式(6-30)（σ 是另一个超参）。

$$S_{ij} = \frac{1 + E_i \cdot E_j}{2}$$
公式(6-29)

$$S_{ij} = \exp\left(\frac{E_i \cdot E_j}{\sigma}\right)$$
公式(6-30)

3. 监督学习核矩阵 L

上面介绍的启发式构建 L 的算法，存在下面两种情况。

- 看公式(6-27)就知道，其中有大量的超参需要人工设置。比如，α 应该设置成多少，$S_{ij} = F\left(E_i, E_j\right)$ 中，这个映射函数 F 该如何选择。
- 在启发式算法中，用户的曝光、点击数据都没有被利用上。

基于以上两点考虑，业界提出应该用监督学习的方式将最优的核矩阵 L 学习出来。但是，这又存在以下两个子问题。

- 矩阵 L 中的每个元素应该如何表达。
- 为了学习 L，优化目标该如何设置。

如何构建 L

先说第一个问题。之前的假设依然成立，用户从候选集中挑选出来的物料集合应该是与自己的兴趣爱好高度相关，而内部多样性又比较丰富的。我们用精排打分描述物料与用户的相关性，而多样性由物料向量之间的距离来衡量。所以，核矩阵 L 应该是精排打分、粗排物料向量的函数，如公式(6-31)如示，其中 W 是函数 G 要优化的参数，其余符号的含义参考公式(6-22)。

$$L_{ij} = G\left(r_i, r_j, E_i, E_j; W\right) \qquad \text{公式(6-31)}$$

YouTube 将公式(6-31)具化成如公式(6-32)所示。

$$L_{ij} = \text{dnn}_1\left(r_i\right)\text{dnn}_2\left(E_i\right)^{\text{T}}\text{dnn}_2\left(E_j\right)\text{dnn}_1\left(r_j\right) \qquad \text{公式(6-32)}$$

该公式中各关键参数的含义如下。

- dnn_1 是一个浅层网络，负责转化精排打分。
- dnn_2 是一个深层网络，负责转化粗排向量。

如何设置优化目标

解决了核矩阵 L 的表达问题，再来看第二个问题，应该如何设置优化目标，才能学习出最优的 L？我们的数据来源就是用户的曝光、点击记录。由请求 q 产生的一条样本可以由公式(6-33)来描述。

$$\text{Sample}_q = \left[RS_q, ES_q, Y_q\right] \qquad \text{公式(6-33)}$$

该公式中各关键参数的含义如下。

- RS_q 本来应该代表重排请求 q 中所有候选物料的精排打分集合。但是由于我们只能在曝光样本上获得用户真实反馈，只好用全体曝光物料的精排打分集合来代替，其中的样本选择偏差可以忽略不计。
- 同理，ES_q 代表对于请求 q，所有曝光物料的粗排向量。
- Y_q 代表对于请求 q 曝光的物料，其中被点击的物料组成的集合。

针对每次请求 q，我们都需要新建一个核矩阵 L_q。公式(6-31)是从微观角度描述如何构建 L，如果换成宏观角度，公式(6-31)可以写成公式(6-34)。

$$L_q = \mathrm{G}\left(RS_q, ES_q; W\right) \qquad 公式(6\text{-}34)$$

根据公式(6-21)，用户选择子集 Y_q 来交互的概率如公式(6-35)所示。

$$P\left(Y_q\right) = \frac{\det(L_{Y_q})}{\det(L_q + I)} \qquad 公式(6\text{-}35)$$

我们的优化目标就是最大化这个概率 $P\left(Y_q\right)$，由此可以推导出为了学习出最优 L 而采用的损失函数，如公式(6-36)所示。

$$\min_{W} \frac{-1}{|B|} \sum_{q \in B} \log\left(\det(L_{Y_q})\right) - \log\left(\det\left(L_q + I\right)\right) \qquad 公式(6\text{-}36)$$

该公式中各关键参数的含义如下。

- B 代表一个 Batch。
- L_q 是为请求 q 建立的核矩阵，构造方式见公式(6-34)，W 是构造函数中要学习的权重。

4．找到行列式最大的子集

对于用户的某次请求，经过召回、粗排、精排的层层筛选，得到一个物料集合 Z。重排的任务就是从 Z 中找到一个长度为 K 的子集 Y，使 Y 的相关性与多样性最大，K 是用户刷新 App 就能展示的物料数目。在根据前面介绍的启发式算法或监督学习算法学习出一个核矩阵 L 后，重排的任务就是找到能最大化 $\det(L_Y)$ 的子集 Y。

要达成以上目标，我们可以使用贪心算法，也就是每次找到一个能使行列式增加最多的物料 j，加入当前结果集 Y，如公式(6-37)所示。

$$j = \underset{i \in Z \backslash Y}{\arg\max}\left[\log\left(\det\left(L_{Y \cup \{i\}}\right)\right) - \log\left(\det\left(L_Y\right)\right) \right] \qquad 公式(6\text{-}37)$$
$$Y = Y \cup \{j\}$$

以上方法的缺点在于，行列式计算的时间复杂度与矩阵大小的三次方成正比。直接利用公式(6-37)，从一个长度为 N 的候选集 Z 中挑选出一个长度为 K 的子集 Y，其总时间复杂度为 $O(NK^3)$，太耗费时间。为了降低贪心算法的复杂度，Hulu 提出 Fast Greedy MAP 来快速求解 DPP 的最优子集，接下来介绍其原理与实现。

化简优化目标

根据 Cholesky 分解，当前子矩阵 L_Y 可以拆解成如公式(6-38)所示，V 是一个下三角矩阵。

$$L_Y = VV^{\mathrm{T}} \qquad 公式(6\text{-}38)$$

对于任意 $i \in Z \backslash Y$，当把物料 i 加入 Y 后，新子矩阵 $L_{Y \cup \{i\}}$，重新经过 Cholesky 分解，可以写成公式(6-39)。

$$
\begin{aligned}
\boldsymbol{L}_{Y\cup\{i\}} &= \begin{bmatrix} \boldsymbol{L}_Y & \boldsymbol{L}_{Y,i} \\ \boldsymbol{L}_{i,Y} & \boldsymbol{L}_{ii} \end{bmatrix} \\
&= \begin{bmatrix} \boldsymbol{V} & 0 \\ \boldsymbol{c}_i & d_i \end{bmatrix} \begin{bmatrix} \boldsymbol{V} & 0 \\ \boldsymbol{c}_i & d_i \end{bmatrix}^{\mathrm{T}} \\
&= \begin{bmatrix} \boldsymbol{V}\boldsymbol{V}^{\mathrm{T}} & \boldsymbol{V}\boldsymbol{c}_i^{\mathrm{T}} \\ \boldsymbol{c}_i\boldsymbol{V}^{\mathrm{T}} & \boldsymbol{c}_i\boldsymbol{c}_i^{\mathrm{T}} - d_i^2 \end{bmatrix}
\end{aligned}
\qquad \text{公式(6-39)}
$$

该公式中各关键参数的含义如下。

- 类似 $\boldsymbol{M}_{A,B}$ 的符号表示按照集合 A 中元素抽取行，按照集合 B 中元素抽取列，从矩阵 $\boldsymbol{M}$ 中抽取出来的子矩阵。如果 $A=B$，$\boldsymbol{M}_{A,B}$ 可以简写成 $\boldsymbol{M}_A$。
- $\boldsymbol{c}_i$、d_i 是要求解的变量，目前先定义出来，具体是什么，接下来会推导。

由公式(6-39)可以得出如下两个公式。

$$
\boldsymbol{L}_{Y,i} = \boldsymbol{V}\boldsymbol{c}_i^{\mathrm{T}}
\qquad \text{公式(6-40)}
$$

$$
d_i^2 = \boldsymbol{L}_{ii} - \boldsymbol{c}_i\boldsymbol{c}_i^{\mathrm{T}} = \boldsymbol{L}_{ii} - \|\boldsymbol{c}_i\|^2
\qquad \text{公式(6-41)}
$$

对公式(6-39)计算行列式，根据行列式 $\det(\boldsymbol{AB})=\det(\boldsymbol{A})\det(\boldsymbol{B})$ 的性质，得到公式(6-42)。

$$
\begin{aligned}
\det\left(\boldsymbol{L}_{Y\cup\{i\}}\right) &= \det\left(\begin{bmatrix} \boldsymbol{V} & 0 \\ \boldsymbol{c}_i & d_i \end{bmatrix}\right) \det\left(\begin{bmatrix} \boldsymbol{V}^{\mathrm{T}} & \boldsymbol{c}_i^{\mathrm{T}} \\ 0 & d_i \end{bmatrix}\right) \\
&= d_i \times \det\boldsymbol{V} \times \det\left(\boldsymbol{V}^{\mathrm{T}}\right) \times d_i \\
&= d_i^2 \det\left(\boldsymbol{V}\boldsymbol{V}^{\mathrm{T}}\right) \\
&= d_i^2 \det\left(\boldsymbol{L}_Y\right)
\end{aligned}
\qquad \text{公式(6-42)}
$$

由于上一轮的 Y 已经固定了，因此 $\det\boldsymbol{L}_{Y\cup\{i\}} \propto d_i^2$。将公式(6-42)代入公式(6-37)，可以得到公式(6-43)，也就是我们简化后的优化目标。

$$
j = \underset{i\in Z\setminus Y}{\operatorname{argmax}}\left(d_i^2\right)
\qquad \text{公式(6-43)}
$$

快速贪心求解

但是公式(6-43)中的 d_i^2 该如何得到呢？我们先假设公式(6-43)的解 j 已经找到了，那么由公式(6-39)很容易得到对应的 $\boldsymbol{c}_j$ 和 d_j。

$$
\boldsymbol{L}_{Y\cup\{j\}} = \begin{bmatrix} \boldsymbol{V} & 0 \\ \boldsymbol{c}_j & d_j \end{bmatrix} \begin{bmatrix} \boldsymbol{V} & 0 \\ \boldsymbol{c}_j & d_j \end{bmatrix}^{\mathrm{T}}
\qquad \text{公式(6-44)}
$$

此时，当前结果集已经由 $Y \to Y\cup\{j\}$，所有还未加入结果集的物料 i 对应的 $\boldsymbol{c}_i$ 和 d_i 也都需要更新成 $\boldsymbol{c}_i'$ 和 d_i'。注意其中的区别，根据公式(6-39)：

- $\boldsymbol{c}_i$ 和 d_i 满足的是对 $\boldsymbol{L}_{Y\cup\{i\}}$ 的 Cholesky 分解；

- c_i' 和 d_i' 针对的还是物料 i，但针对的是 $L_{Y\cup\{j\}\cup\{i\}}$ 的 Cholesky 分解，j 是上一轮满足公式 (6-37)的最优解。

当 $Y \to Y \cup \{j\}$ 时，公式(6-40)转化为公式(6-45)。

$$L_{Y\cup\{j\},i} = \begin{bmatrix} V & 0 \\ c_j & d_j \end{bmatrix} c_i'^{\mathrm{T}} \qquad \text{公式(6-45)}$$

$L_{Y\cup\{j\},i}$ 表示从 L 中抽取 $Y\cup\{j\}$ 指定的行、第 i 列所组成的子矩阵，如公式(6-46)所示。

$$L_{Y\cup\{j\},i} = \begin{bmatrix} L_{Y,i} \\ L_{ji} \end{bmatrix} = \begin{bmatrix} Vc_i^{\mathrm{T}} \\ L_{ji} \end{bmatrix} \qquad \text{公式(6-46)}$$

联立公式(6-45)与公式(6-46)，得到 c_i' 的表达式，如公式(6-47)所示。

$$\begin{bmatrix} V & 0 \\ c_j & d_j \end{bmatrix} c_i'^{\mathrm{T}} = L_{Y\cup\{j\},i} = \begin{bmatrix} Vc_i^{\mathrm{T}} \\ L_{ji} \end{bmatrix}$$
$$\Rightarrow c_i' = \left[c_i, \frac{L_{ji} - c_j \cdot c_i}{d_j} \right] \doteq [c_i, e_i] \qquad \text{公式(6-47)}$$

再把公式(6-47)代入公式(6-41)，得到 $d_i'^2$ 的表达式，如公式(6-48)所示。

$$\begin{aligned} d_i'^2 &= L_{ii} - \| c_i' \|^2 \\ &= L_{ii} - \| [c_i, e_i] \|^2 \\ &= L_{ii} - \| [c_i] \|^2 - e_i^2 \\ &= d_i^2 - e_i^2 \end{aligned} \qquad \text{公式(6-48)}$$

至此，基于 Fast Greedy MAP 求解 DPP 最优解的算法就完成了，主要涉及以下 3 点。

- 对于任何还没有加入结果集 Y 的物料 i，我们都需要计算两个辅助变量 c_i 和 d_i。
- 每次只需要将最大 d_i^2 对应的物料 j 加入结果集 Y，如公式(6-43)所示。
- 上一轮找到最优的物料 j 后，所有剩下的还未加入 Y 的物料 i 都需要更新自己的 c_i 和 d_i，更新方法如公式(6-47)和公式(6-48)所示。

整个算法流程的伪代码如代码 6-2 所示。

代码 6-2 Fast Greedy MAP 伪代码

	Input: Kernel Matrix L
1.	// ******************* 初始化
2.	**for** $i \in Z$ do
3.	Initialize $c_i = []$，$d_i^2 = L_{ii}$
4.	**end for**
5.	$j = \text{argmax}_{i\in Z} \log d_i^2$
6.	$Y = \{j\}$

```
7.   | // ********************* 开始迭代
8.   | while |Y|<K &&  d_j^2 ≥ ε  do
9.   |     for  i ∈ Z\Y  do //找到上一轮最优的物料 j 后，所有还未加入 Y 的物料 i 都要更新自己的 c_i 和 d_i
10.  |         e_i = (L_ji − c_j · c_i) / d_j   // 参考公式(6-47)
11.  |         c_i = [c_i  e_i]   // 参考公式(6-47)
12.  |         d_i^2 = d_i^2 − e_i^2   // 参考公式(6-48)
13.  |     end for
14.  |     j = argmax_{i∈Z\Y} log d_i^2   // 本轮最优物料，参考公式(6-43)
15.  |     Y = Y ∪ {j}   //本轮最优加入集合
16.  | end while
17.  | return Y
```

- 第 8 行继续循环的条件有两个，一个是当结果集 Y 的长度还没有达到指定的长度 K，另一个 $d_j^2 \geq \varepsilon$ 是为了第 10 行除以 d_j 时不出现数值问题。

- 第 10 行，做 $c_j \cdot c_i$ 的时间复杂度是 $O(NK)$，其中 N 是整个候选集 Z 的总长度，K 是当前 c_i 的长度。所以整个算法的时间复杂度就是 $O(NK^2)$，对比直接使用公式(6-37)的时间复杂度是 $O(NK^3)$，低了一个数量级。

5. 基于 DPP 的重排流程

至此，基于 DPP 的重排介绍完毕，整个流程如代码 6-3 所示。

- 精排将筛选出来的 N 个物料传递给重排。请求中包括这 N 个物料的精排打分 RS 和粗排向量 ES。

- 重排先用 RS 和 ES 构建出核矩阵 L。具体方法可以是启发式的，如公式(6-27)所示。也可以通过离线训练好的模型，如公式(6-31)所示。

- 然后开始循环，每次从剩余候选物料中挑选 K 个与用户最相关、多样性最丰富的物料，加入重排结果集，K 是用户一刷新就能够展示的物料数目。挑选方法使用 Fast Greedy MAP 算法，如代码 6-3 所示。

代码 6-3　基于 DPP 的重排流程

```
1.   | // 构建核矩阵 L，RS 是所有候选物料的精排打分，ES 是所有候选物料的粗排向量
2.   | L=BuildKernel(RS, ES)
3.   | Initialize: W={1,2,···,N} // W 代表剩余物料，初始化成所有候选物料
4.   | R=[] // R 代表最终结果集
5.   | while |W| > 0 do
6.   |     // 在剩余物料 W 中挑选 K 个相关性与多样性最优的物料作为集合 Y
7.   |     // FastGreedyMAP 的实现参考代码 6-2
8.   |     Y=FastGreedyMAP(L, min(K, |W|))
```

9.	$R = R \cup Y$ // 合并入最终结果集
10.	$W = W \setminus Y$ // 本轮挑选出来的结果从剩余物料集合中删除
11.	$L = L[W, W]$ // 更新核矩阵，永远只保留剩余物料对应的行与列
12.	**end while**
13.	**return** R // 返回最终重排结果，展示给用户

6.2.3　基于上下文感知的排序学习

还有一类复杂的重排方法就是训练并使用专门的重排模型。重排模型接受精排筛选后的物料作为输入，再次筛选并调整物料顺序后，输出展示给用户。重排与之前的召回、粗排、精排相比，有本质上的不同。之前的模型，都是单点估计。我们把候选集中的物料逐一喂入模型评估其与用户的匹配度。候选集中的物料彼此独立，互不影响。重排则不然，它不是将单个物料，而是将整个候选集都喂入模型。候选集中的物料不再独立，模型评估的是某个物料在候选集中的其他物料（即所谓的上下文）的影响下，被用户选择互动的概率有多大？能带来多大的收益？因此，这一类算法统称为上下文感知的排序学习（Context-aware Learning-To-Rank）算法。

对于重排模型，我们的优化目标可以写成如公式(6-49)所示。

$$\min \frac{1}{|B|} \sum_{(S,Y) \in B} \sum_{i \in [1,|S|]} \mathrm{Loss}\left(Y_i, \mathrm{F}_\pi\left(S_i, \mathrm{Context}(S, i)\right)\right) \qquad 公式(6\text{-}49)$$

该公式中各关键参数的含义如下。

- (S, Y) 是 Batch 中的一条样本。S 是某次曝光的物料序列，Y 是用户对 S 的反馈组成的序列。
- S_i 是曝光序列中第 i 个位置上的物料，Y_i 是用户对 S_i 的反馈（比如是否点击、是否购买）。
- F_π 就是重排模型，预测 S_i 被用户交互的概率。可以看到，它与 S_i 本身有关，还与第 i 个位置的上下文 Context(S, i)有关。
- Loss 可以是普通的交叉熵损失函数。

从公式(6-49)可以看出重排模型的两个关键点。第一个关键点就是如何表达序列中的物料 S_i。常规的如物料 ID、分类、标签等物料画像信息，都是必不可少的。但是除此之外，还有以下两类重要信息。

- 一类是当前用户针对 S_i 的个性化信息。比如，精排模型的打分，能用来表示当前用户与物料 S_i 的匹配程度。
- 另一类是 S_i 在整个候选集中的排名、位置信息，能够刻画 S_i 与它的邻居之间的相对关系，比如 S_i 在某个关键指标（如价格）上的排名，或者 S_i 在精排排序中的排名等。

第二个关键点是模型 F_π 的选择。凡是能对序列建模的模型，都可以用 F_π，后续讲述具体模型时会看到。

上面所讲的训练过程，都要依赖 S 这样一个顺序已知的序列。这个顺序在训练的时候是已知的，但是在线预测时是我们的目标，是无法作为输入的。

最笨的办法是列出精排结果的所有排列组合，将每个候选排序喂入重排模型，然后从中选择出能带来最大收益的那个排序，如公式(6-50)所示。

$$\underset{S \in \text{Permute}(X)}{\text{argmax}} \sum_{i \in [1,|S|]} \text{Utility}\Big(S_i, F_{\text{rr}}\big(S_i, \text{Context}(S,i)\big)\Big) \qquad \text{公式(6-50)}$$

其中，

- X 是精排筛选出来的物料集合；
- Permute(X) 是由 X 通过排列组合能够生成的所有序列；
- Utility 是收益函数。以电商场景为例，它既与 S_i 被购买的概率有关（F_{rr} 的结果），也与 S_i 的自身属性（如价格）有关。

但是公式(6-50)所代表的穷举法，肯定是无法满足在线实时性要求的。所以在实践中常用的是贪心搜索（Greedy Search），也就是从空集开始，在剩下的物料中挑选能带来最大收益的那一个，加入重排结果集，直到结果集达到指定长度。

介绍完重排建模的一般流程，接下来我们看看业界的一些经典实现。

1. 阿里巴巴的 miRNN 模型

阿里巴巴于 2018 年提出了 miRNN（mutual influence RNN）重排模型，用 RNN 对某物料在上下文影响下的购买概率进行建模，如公式(6-51)所示。

$$p(S_i \mid S_1, \cdots, S_{i-1}) = \text{sigmoid}(W_h h_i)$$
$$h_i = \text{RNN}\big(h_{i-1}, F_e(S_i)\big) \qquad \text{公式(6-51)}$$

该公式中各关键参数的含义如下。

- h_{i-1} 是 RNN 将序列 $[S_1, \cdots, S_{i-1}]$ 压缩成一个向量，就是 S_i 的上下文。在 RNN 中，S_i 的上下文只包含排在它前面的物料。
- h_i 由位置 i 之前的压缩信息 h_{i-1} 和当前物料信息 $F_e(S_i)$，通过 RNN 演化而成。F_e 代表提取特征的函数。
- 再将 h_i 映射成购买概率 $p(S_i \mid S_1, \cdots, S_{i-1})$，$W_h$ 就是待学习的映射权重。

如前所述，$F_e(S_i)$ 不仅包括物料 S_i 本身的属性（阿里巴巴的论文中称为 Local Feature），还包括了物料在关键指标上的排名信息（阿里巴巴的论文中称为 Global Feature）。比如，基于价格的 Global Feature，如公式(6-52)所示。

$$price_{\text{global}} = \frac{price - price_{\text{min}}}{price_{\text{max}} - price_{\text{min}}} \qquad \text{公式(6-52)}$$

该公式中各关键参数的含义如下。

- $price$ 是物料本身的价格，$price_{\text{global}}$ 是喂入重排模型的价格特征。
- $price_{\text{min}}$ 和 $price_{\text{max}}$ 分别是曝光序列 S 中的最低价格与最高价格。注意，它们并非所有物料中的最低与最高价格，这是公式(6-52)与最小-最大归一化（Min-Max Normalization）的区别。

除了引入关键指标排名这个特征工程上的创新，miRNN 还在搜索最优序列时，用 Beam Search（集束搜索）取代了贪心搜索。集束搜索与贪心搜索一样都属于贪心算法，都是在已知"最优"子序列 $S_{1\cdots(i-1)}=[S_1,\cdots,S_{i-1}]$ 的基础上，要找到第 i 个物料追加到 $S_{1\cdots(i-1)}$ 的尾部，使 $S_{1\cdots i}=[S_1,\cdots,S_i]$ 的收益最大。两者的不同之处如下所示。

- 贪心搜索中，$S_{1\cdots(i-1)}$ 和 $S_{1\cdots i}$ 只包含当前长度下收益最大的唯一一个序列。
- 集束搜索中，$S_{1\cdots(i-1)}$ 和 $S_{1\cdots i}$ 都包含当前长度下收益最大的前 K 个序列。K 被称为 Beam Size（集束大小），K 越大，搜索的空间就越大，也就越有可能搜索到真正的、全局最优序列，但是时间开销也就越大。

利用 $K=2$ 的集束搜索，搜索最优序列的过程如图 6-15 所示。每个格子中的数字代表对应的子序列带来的收益，从图中可以看到，每一轮只保留收益最大的前两个子序列，传递下去，作为下一轮搜索的前缀。最后一轮搜索完成后，再在 K 个序列中选择收益最大的那个作为最终结果，图 6-15 中的最终结果就是 AED。

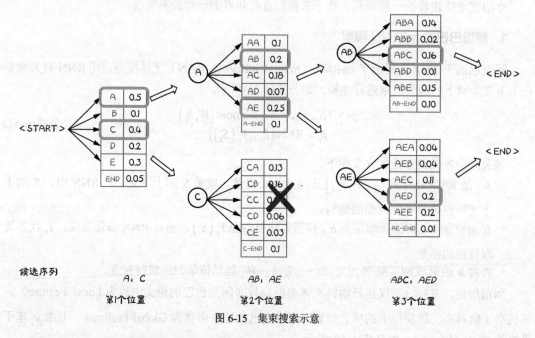

图 6-15   集束搜索示意

最终 miRNN 进行重排的流程如代码 6-4 所示。

代码 6-4   miRNN 重排流程

Input: set of items $S=\{1, 2, \cdots, N\}$, beam size K

Output s: 最大化 GMV 的一个商品序列

1.   // 下列每个 max-heap 中存储(c : $\langle s, h \rangle$)这样的键值对
2.   // s 是序列前缀，h 是将 s 喂入 RNN 得到的隐向量

3.	// c 是序列 s 对应的 GMV，**max-heap** 就是以 c 为标准判断两个元素的大小
4.	Initialize $beam$ = max-heap([(0: $\langle \phi, 0 \rangle$)]) // **beam** 是截止到目前为止全局最优的序列集合
5.	**for** $n = 1$ to N **do** // 遍历 N 次，直到结果长度达到 N 为止
6.	$stepbeam$ = empty max-heap // $stepbeam$ 是本轮找到的长度=n 的最优序列集合
7.	**for** each $(c:s,h)$ in $beam$ **do** // 遍历上一轮找到的、长度=n-1 的最优子序列
8.	// s 是长度=n-1 的子序列，h 是 s 喂入 RNN 的中间层输出，c 是 s 对应的 GMV
9.	$candidates$ = empty max-heap // 前缀为 s 情况下的局部最优序列
10.	**for** each i in $S\backslash s$ **do** // 剔除前缀，检查剩余物料加入序列能够带来的 GMV 收益
11.	h' =RNN(h, i) // **RNN** 向前迭代一步
12.	$p(i|s)$=sigmoid($W_h h'$) // 前边已经展示了子序列 s 的前提下购买商品 i 的概率
13.	s' = append i to s
14.	c' = $c + v_i \times p(i|s)$ //更新总的 GMV，v_i 是商品 i 的价值，$p(i|s)$ 是购买概率
15.	// 更新 $candidates$，让它永远保留在前缀=s 的前提下的最优 K 个序列
16.	insert $(c':s',h')$ to $candidates$, keeping sizc $\leqslant K$
17.	**end for**
18.	merge $candidates$ to $stepbeam$, keeping size $\leqslant K$ // 保留长度=n 下的最优 K 个序列
19.	**end for**
20.	$beam$ = $stepbeam$ //把长度=n 的最优序列集合缓存起来，准备开始第 n+1 轮循环
21.	**end for**
22.	**return** top sequence in $beam$ // 返回 GMV 最大的那个商品序列

注意如下几个关键点。

- 第 4、6、9 行都使用 max-heap（最大堆）数据结构，以方便快速提取值最大的前 K 个元素。

- max-heap 中存储的元素（如第 7 行所示）是 $\langle c : \langle s, h \rangle \rangle$ 这样的键值对。s 是序列前缀，h 是将 s 喂入 RNN 得到的隐向量（如公式(6-51)所示）。c 是序列 s 对应的预期销售额（GMV），max-heap 就是以 c 为标准判断两个元素的大小。

- 第 4 行 $beam$、第 6 行的 $stepbeam$、第 9 行的 $candidates$ 存储的都是 GMV 最大的前 K 个序列，只不过范围不同。在第 6 行开始的第 n 次循环中，$beam$ 对应的是循环开始前序列长度为 n-1 时的全局最优 max-heap，$stepbeam$ 对应的本次循环中找到的序列长度为 n 的全局最优 max-heap，$candidates$ 是在第 7 行某个固定前缀 s 后面的局部最优 max-heap。

- 第 11～12 行对应公式(6-51)，计算在前缀 s 的基础上，商品 i 被购买的概率 $p(i|s)$。

- 第 14 行的 c' 是对应新序列 s' 的预期销售额，新增销售额由 $v_i p(i|s)$ 组成，v_i 是商品 i 的价格，$p(i|s)$ 是它被购买的概率。

- 第 22 行，最终 $beam$ 中收益最大的那条序列，返回并展示给用户。

2. 阿里巴巴的 PRM 模型

Personalized Re-ranking Model（PRM）是阿里巴巴在 2019 年提出的重排模型，有 3 个关键步骤，如图 6-16 所示。

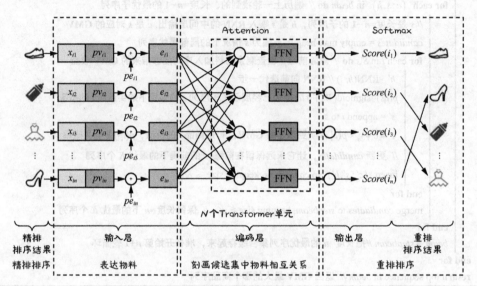

图 6-16　PRM 结构示意

第一步是如何表达物料 S_i，如公式(6-53)所示。

$$E_{S_i} = \mathrm{concat}\left(X_i, PV_i\right) + PE_i \qquad\text{公式(6-53)}$$

该公式中各关键参数的含义如下。

- E_{S_i} 是物料 S_i 喂入模型的向量。
- X_i 是物料自身属性组成的特征向量，比如 Item ID 映射成的 Embedding。
- PV_i 包含用户对物料 i 的个性化信息。要加入个性化信息，当然可以像粗排、精排那样，把用户画像、用户行为历史等信息一股脑儿喂进模型，让模型自己把用户针对物料的个性化信息学习出来。但是这样做的话，重排模型就太复杂了，时间开销也比较高。PRM 的做法是取精排模型倒数第二层的输出向量作为 PV，这样就将全部用户信息、物料信息以及二者之间的交叉信息都压缩进去了，如图 6-17 所示。架构改动也比较小，精排发往重排的请求中不只包括它筛选出来的物料，还包含这些物料在精排模型倒数第二层的输出向量。
- PE_i 是物料 i 在精排排序中的排名的 Embedding，体现物料 i 与候选集中其他物料的相对位置关系，对于提高模型表达能力至关重要。

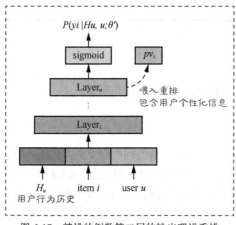

图 6-17　精排的倒数第二层的输出喂进重排

第二步是如何对候选集中物料的相互关系建模。PRM 用 Transformer 取代了 RNN。关于 Transformer 的具体技术细节，参见 4.2.6 节。相比于 RNN，Transformer 有以下 3 个优点。

- Transformer 中，物料 i 的上下文不再局限于排在 i 之前的那些物料，还能包括 i 之后的。既能瞻前，还能顾后，可利用的上下文信息更加丰富。
- Transformer 没有 RNN 随序列变长而建模能力下降的缺点。
- RNN 只能由前向后顺序计算，而 Transformer 可以在序列的各个位置上并发计算。

Transformer 的缺点是计算太复杂，耗时太长。每做一次 Self-Attention，每个物料都要与序列中的其他物料计算权重、加权平均，时间复杂度与序列长度的平方成正比。再加上多头（Multi-Head）、多层叠加（Stacking），时间开销就更大了。

第三步是如何利用 Transformer 后的结果排序。刚才已经说了，Transformer 表达能力强，时间开销也大，如果在 Greedy Search 和 Beam Search 中被反复调用，显然无法满足在线的实时性要求。所以，PRM 在排序时做了进一步的简化：先计算出每个位置上被用户选中交互的概率 Scores，如公式(6-54)所示，再按照 Scores 降序排列。

$$\text{Scores} = \text{Softmax}\left(\boldsymbol{F}^{(N_x)} \boldsymbol{W}_F + \boldsymbol{b}_F \right) \qquad 公式(6\text{-}54)$$

该公式中各关键参数的含义如下。

- $\boldsymbol{F}^{(N_x)}$ 是 Transformer 最后一层的输出，N_x 是 Transformer 包含的 Encoder 层数。$\boldsymbol{F}^{(N_x)}$ 是一个形状为$[B, L, d]$的矩阵，B 是 Batch Size，L 是输入序列（也就是精排结果）的长度，d 是 Encoder 的输出维度。
- $\boldsymbol{W}_F \in \mathbf{R}^{d \times 1}$，$\boldsymbol{b}_F \in \mathbf{R}^L$ 负责将 $\boldsymbol{F}^{(N_x)}$ 映射成形状为$[B, L]$的 logit。
- 最后将 logit 经过 Softmax 映射成各位置上的交互概率。

PRM 的这种排序方法认为重排只不过是在精排排序上的一次微调，"一步到位"，省去了搜索最优序列的麻烦，也实践中也取得了不错的效果。

6.3　小结

本章介绍了推荐系统中的两片绿叶：粗排与重排。

1. 粗排方面

- 双塔仍然是粗排的主力。但是双塔的问题在于，塔顶生成的向量中，很多细粒度的信息都已经损失了，失去了与对侧信息交叉的机会。6.1.1 节介绍了业界的一些双塔改进方案，重点是让更多的细粒度信息能够撑到与对侧交叉的那一刻。

- 6.1.2 节介绍了粗排通过增加蒸馏目标来模拟精排的一举一动。除了能够提高粗排的判断能力，还有利于提高粗精排两阶段的一致性。

- 传统粗排和精排一样，训练样本都来自曝光数据，这就引入了样本选择偏差。6.1.3 节介绍引入未曝光数据当负样本，通过建模精排结果中头部物料与尾部物料之间的偏序关系，修正这一偏差。

- 6.1.4 节介绍粗排去双塔的思路。通过用轻量级的全连接结构代替双塔，可以让用户特征与物料特征从底部就开始交叉，的确可以大幅提高模型表达能力。但是在面对比精排大得多的候选集时，这种方案也有实现复杂、可扩展性差的缺点，还远未成为业界主流。

2. 重排方面

- 6.2.1 节介绍了最简单的基于规则的重排，重点是滑窗打散、分桶打散、MMR 等算法。

- 6.2.2 节介绍了基于 DPP 的重排算法。我们可以将用户从候选集中挑选物料进行交叉的过程视为一个“行列式点过程”，重排目标就演变成如何找到一个子集 Y，能够最大化核矩阵的子矩阵 L_Y 的行列式 $\det(L_Y)$。这样一来，我们的重排任务又拆分成两个子任务：任务一，如何构建核矩阵 L？我们介绍了启发式方法和基于监督学习的方法；任务二，如何找到使 $\det(L_Y)$ 最大的子集 Y？我们介绍了 Hulu 提出的 Fast Greedy MAP 算法。

- 6.2.3 节介绍了基于上下文感知排序学习的重排算法。算法的关键是对候选集内部物料之间的相互影响进行建模。技术上的重点，一是在特征上要刻画物料在候选集中的排名，二是使用贪心搜索和集束搜索这样的贪心算法逐步构建出最优的重排序列。

第 7 章

多任务与多场景

在介绍完召回、粗排、精排、重排这些环节之后，从本章开始，将介绍推荐系统会遇到的一些特殊问题及相应的应对方案。要解决这些问题，需要推荐系统的各个环节共同努力，因此下文中介绍的算法，如果不加特殊说明，适用于推荐系统的所有环节，请读者注意。

7.1 节讨论多任务/多目标的推荐问题。

- 7.1.1 节先澄清了关于多任务推荐的两个误区，阐明了多任务推荐的实战意义和技术难点。
- 7.1.2 节介绍了多任务推荐的并发建模思路。
- 7.1.3 节介绍了多任务推荐的串行建模思路。
- 无论有多少个目标，我们训练的时候只能最小化一个损失函数，排序时也只能以一个打分为标准。所以，7.1.4 节介绍了如何将多个目标的损失融合成一个，7.1.5 节介绍了如何将多个目标的打分融合成一个。

7.2 节讨论多场景推荐的问题。在介绍完多场景推荐的实战意义后，本节从特征（7.2.1 节）、模型结构（7.2.2 节）、模型参数（7.2.3 节）这 3 个角度详细介绍了多场景推荐的各种算法。

7.1 多任务推荐

多任务（Multi-Task）建模，有时也称为多目标（Multi-Objective）建模，是现代推荐系统中的一个常见需求，毕竟"既要……也要……"是互联网行业的一贯追求。在视频推荐场景下，我们推荐出的结果，既想让用户点击，点击之后又希望观看的时间尽量长，还想让用户多多评论、转发。因此，我们需要同时建模点击率、观看时长、评论率和转发率这 4 个目标。在电商场景下，我们推荐出的商品，既想让用户多多点击，还希望用户多多下单购买（术语称为"转化"）。因此，我们要同时建模 3 个目标：一件商品从曝光到点击的概率（点击率 CTR）、从点击到购买的概率（转化率 CVR）和从曝光到购买的概率（CTCVR）。

7.1.1　多任务建模的误区

在正式进入正题之前，我们首先澄清新手关于多任务建模的两个常见误区。

1. 为什么不为每个目标单独建模

首先，这么做太浪费资源。大厂的推荐模型本来就对内存、算力消耗巨大，而有时同时建模 10 个目标也不算罕见。如果为每个目标单独建模，需要将内存、算力的消耗量都乘以 10，这么大的预算恐怕很难承受。

其次，用户转化是一个链条，比如先点击，再加入购物车，最后购买。在这个链条中越靠后的环节，价值越大，但是可用于训练的正样本也就越少。单独训练的话，恐怕对那些稀疏的 Embedding 都训练不好，误差一定会很大。因此，非常有必要将所有环节放在一起联合训练，使前边数据多的环节向后边数据少的环节进行知识迁移。

2. 为什么不直接对终极目标建模

以电商场景为例，为什么要同时建模 CTR、CVR 和 CTCVR 这 3 个目标，既然电商都注重销售额，那么为什么不干脆直接建模 CTCVR 呢？

首先，用户最终没有购买（即未转化）并不代表用户就一定不喜欢推荐结果，很有可能是因为商品价格超出了这名用户的消费能力。如果只以提高 CTCVR 为唯一目标，App 推荐给这名用户的就都是在他消费能力之内的中低端商品。可能会暂时提高销售额，但是会带来以下两方面的危害。

- 容易造成用户的审美疲劳，对用户的长期留存不利。
- 失去给用户"种草"的机会。万一哪一天，用户狠下心来想"剁手"，App 却推荐不出高端商品，也就白白浪费了一次提高销售额的机会。

因此，尽管 CTCVR 对提高当前、短期的销售额很重要，但不能作为唯一目标。优化前边的 CTR、CVR 环节也很重要，有利于提高用户黏性和长期销售额。

其次，如前所述，无论是否转化，用户的每次点击都有价值。在广告定价时，会针对 CTR、CVR、CTCVR 设计不同的计费模式。所以，这 3 个概率都要建模，并且都要预估得尽量准确。

最后，如同在上文中所讲的一样，如果只建模 CTCVR，可用数据少，训练不充分，误差比较大。因此，需要前边正样本多的环节（如 CTR）提供辅助。

7.1.2　并发建模

这种模式下，为每个目标独立建模，忽略了不同目标之间的因果关系。当然，这么做可能是个缺陷。在接下来讲串行建模时，我们会提到并发建模可以作为一个模块嵌入串行建模中，在并发建模的基础上对多个目标之间的因果关系建模。

1. Share Bottom

并发模式的最直接的实现方式就是共享底层（Shared Bottom），如图 7-1 所示。

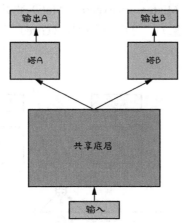

图 7-1 "共享底层"多任务模型

底层结构（图 7-1 中的"共享底层"），比如 Embedding 层和底层的 DNN，为所有任务共享。每个任务有自己独立的"塔"（图 7-1 中的塔 A 和塔 B）结构。共享底层的输出作为每个塔的输入。

这种结构的优点是实现了多任务之间的知识迁移。比如，任务 A 的正样本多，任务 B 的正样本少。如果单独训练任务 B，对共享底层的训练不会太充分。而联合训练任务 A 与 B，数据丰富的任务 A 能够将共享底层训练到一个比较好的状态，让 B 在此基础上继续训练，事半功倍。

遗憾的是，以上想法被证明过于理想化了。很多时候，不同任务之间的关系并非我们想象的那般相辅相成。不同任务对底层共享参数的梯度方向存在分歧，虽然不一定南辕北辙、相互拆台，但也做不到"心往一块想，劲往一处使"，这就造成了训练中的两种现象。

- 负迁移（Negative Transfer）现象：任务 A 与 B 的联合训练的结果中，任务 A 的效果比单独训练 A 取得的效果差，任务 B 亦如是。
- 跷跷板（Seesaw）现象：联合训练的结果中，任务 A 的效果比单独训练 A 的效果好，但是任务 B 的效果比单独训练 B 的效果差，或者反过来。也就是说，联合训练时，是以牺牲一个任务为代价来优化另一个任务。

造成以上两种现象的原因还是在于不同任务之间共享部分太多了，很多参数要同时应对多个目标，分身乏术，三心二意。解决的方法就是拆分共享底层，尽量让不同任务更新不同参数，以减少不必要的共享带来的干扰。

读到这里，细心的读者可能会感到奇怪：那岂不是要走回"每个任务单独建模"的老路吗？

答案是否定的。在本节接下来的内容中，读者就会看到，新算法采用了一种更智能、更个性化的方式决定哪些参数要共享，哪些参数要独立。

2. Multi-gate Mixture-of-Experts

沿着拆解共享部分的思路，Mixture-of-Experts（MoE）将共享底层拆分成若干小型 DNN，每个 DNN 称为一个 Expert（专家），再由一个门控（Gate）控制每个 Expert 对某个任务的参与程度，如图 7-2 所示。

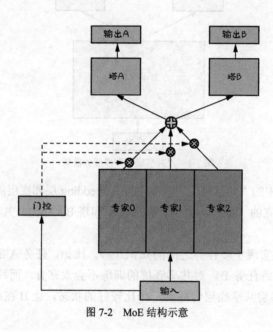

图 7-2　MoE 结构示意

MoE 中第 k 个目标的预测值如公式(7-1)所示。

$$y_k = h_k\left(\sum_{i=1}^{n} g(\boldsymbol{x})_i \, \text{Expert}_i(\boldsymbol{x})\right)$$
公式(7-1)

该公式中各关键参数的含义如下。

- $\boldsymbol{x}$ 是输入的特征向量，y_k 是根据计算出的第 k 个目标的预测值。
- 一共创建了 n 个 Expert，Expert_i 代表第 i 个 Expert 的网络模型。
- g 代表门控模型，$g(\boldsymbol{x})$ 将输入特征映射成一个 n 维长的数组，$g(\boldsymbol{x})_i$ 是其中的第 i 位，表示第 i 个 Expert 的权重。具体实现上，g 就是一个普通的多层全连接网络（MLP），其最后一层使用 Softmax 激活函数，使各 Expert 的权重之和等于 1。
- h_k 代表第 k 个任务的塔结构（图 7-2 中的塔 A 和塔 B），喂入 h_k 的是各个 Expert 输出的加权和。

Multi-gate Mixture-of-Experts（MMoE）在 MoE 的基础上进一步拆解，结构如图 7-3 所示。MoE 中只有一个 Gate（门控），用于替所有任务决定各专家的权重。而 MMoE 中每个任务都有自己的 Gate，用于衡量各专家对于本任务的重要性。

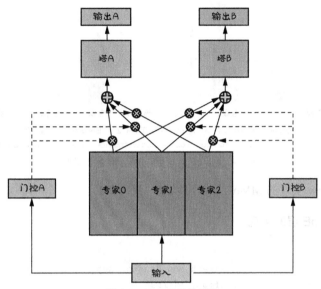

图 7-3　MMoE 结构示意

MMoE 中，第 k 个目标的预测值如公式(7-2)所示。

$$y_k = h_k\left(\sum_{i=1}^{n} g_k(\boldsymbol{x})_i\, \text{Expert}_i(\boldsymbol{x})\right) \qquad \text{公式(7-2)}$$

对比公式(7-1)，公式(7-2)唯一的改动是将 $g(\boldsymbol{x})$ 改为 $g_k(\boldsymbol{x})$，表示第 k 个任务独有的门控函数。

我们来总结一下 MMoE/MoE 的如下特点。

- 对于共享底层模式，MMoE/MoE 不再用一套参数为所有任务所共享。
- 没有重走为每个目标单独建模的老路。
- 所有专家的确为所有任务共享，但是共享程度是由门控函数根据当前样本动态调节的。
- 虽然共享，但是我们希望看到某个专家是专注于某个任务的，从而每个任务都更新不同的参数，减少干扰。实验结果也确实证明了这一点，名为 *Recommending What Video to Watch Next: A Multitask Ranking System* 的论文中统计了分配给各个专家的权重的累加之和如图 7-4 所示。从中可以看到，专家 2 主要贡献于 Satisfaction Task 2/3/4，专家 3 则专注于 Engagement Task 1/2（Satisfaction Task 和 Engagement Task 是上述论文中的术语，我们不必深究）。

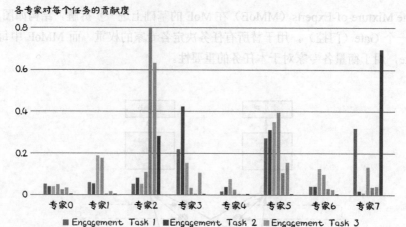

各专家对每个任务的贡献度

- ■ Engagement Task 1　■ Engagement Task 2　■ Engagement Task 3
- ■ Satisfaction Task 1　■ Satisfaction Task 2　■ Satisfaction Task 3　■ Satisfaction Task 4

图 7-4　MMoE 中各专家分配到的权重累加

基于 TensorFlow 实现的 MMoE 层，可以参考代码 7-1。

代码 7-1　MMoE 层的实现

```
1.    class MMOE:
2.        def __init__(self, expert_dnn_config, num_task, num_expert=None, ):
3.            # expert_dnn_config 是一个 list
4.            # expert_dnn_config[i] 是第 i 个专家的配置
5.            self._expert_dnn_configs = expert_dnn_config
6.            self._num_expert = len(expert_dnn_config)
7.            self._num_task = num_task
8.
9.        def gate(self, unit, deep_fea, name):
10.            # deep_fea 还是底层的输入向量，和喂给专家的是同一个向量
11.            # unit：应该是专家的数量
12.            fea = tf.layers.dense(inputs=deep_fea, units=unit,)
13.
14.            # fea: [B,N], N 是专家的个数
15.            # 代表对于某个 task，每个专家的贡献程度
16.            fea = tf.nn.softmax(fea, axis=1)
17.            return fea
18.
19.        def __call__(self, deep_fea):
20.            """
21.            输入 deep_fea：底层的输入向量
22.            输出：一个长度为 T 的数组，T 是 task 的个数，其中第 i 个元素是 Expert 层给第 i 个 task 的输入
23.            """
24.            expert_fea_list = []
25.            for expert_id in range(self._num_expert):
```

```
26.                   # expert_dnn_config 是 expert_id 对应的专家的配置
27.                   # 比如有几层、每一层采用什么样的激活函数……
28.                   expert_dnn_config = self._expert_dnn_configs[expert_id]
29.                   expert_dnn = DNN(expert_dnn_config, ......)
30.
31.                   expert_fea = expert_dnn(deep_fea)   # 单个专家的输出
32.                   expert_fea_list.append(expert_fea)
33.
34.              # 假设有 N 个专家，每个专家的输出是 expert_fea，其形状是[B,D]
35.              # B=batch_size，D=每个专家输出的维度
36.              # experts_fea 是 N 个 expert_fea 拼接成的向量，形状是[B,N,D]
37.              experts_fea = tf.stack(expert_fea_list, axis=1)
38.
39.              task_input_list = []   # 给每个 task tower 的输入
40.              for task_id in range(self._num_task):
41.                   # gate: [B,N]，N 是专家的个数，代表对于某个 task，每个专家的贡献程度
42.                   gate = self.gate(self._num_expert, deep_fea, ......)
43.                   # gate: 变形成[B,N,1]
44.                   gate = tf.expand_dims(gate, -1)
45.
46.                   # experts_fea: [B,N,D]
47.                   # gate: [B,N,1]
48.                   # task_input: [B,N,D]，根据 gate 给每个专家的输出加权后的结果
49.                   task_input = tf.multiply(experts_fea, gate)
50.                   # task_input: [B,D]，每个专家的输出加权相加
51.                   task_input = tf.reduce_sum(task_input, axis=1)
52.
53.                   task_input_list.append(task_input)
54.          return task_input_list
```

基于 MMoE 实现的多任务学习的示例代码如代码 7-2 所示，其中 MMoE 类的实现见代码 7-1。

代码 7-2　基于 MMoE 的多任务学习

```
1.   mmoe_layer = MMOE(......)
2.
3.   # feature_dict 是每个 Field 的输入
4.   # 通过 input_layer 的映射，映射成一个向量 features
5.   features = input_layer(feature_dict, 'all')
6.   # task_input_list 是一个长度为 T 的数组，T 是 task 的个数
7.   # task_input_list[i]是 Expert 层给第 i 个 task 的输入
8.   # 形状是[B,D],B=batch_size，D 是每个专家的输出维度
9.   task_input_list = mmoe_layer(features)
10.
11.  tower_outputs = {}
```

```
12.  for i, task_tower_cfg in enumerate(model_config.task_towers):
13.      # task_tower_cfg是第 i 个 task tower 的配置
14.      # 比如当前 task 的名字、task tower 有几层、每层的激活函数等
15.      tower_name = task_tower_cfg.tower_name
16.
17.      # 构建针对第 i 个 task 的 Tower 网络结构
18.      tower_dnn = DNN(task_tower_cfg, ......)
19.
20.      # task_input_list[i]是 Expert 层给第 i 个 task 的输入
21.      # tower_output 是第 i 个 task 的输出
22.      tower_output = tower_dnn(task_input_list[i])
23.      tower_outputs[tower_name] = tower_output
```

3. 渐进式分层提取

腾讯提出了渐进式分层提取（Progressive Layer Extraction，PLE）建模多目标，并获得了 2020 年 RecSys 的最佳论文奖。PLE 的模型结构如图 7-5 所示，它在 MMoE 的基础上又做了两点改进。

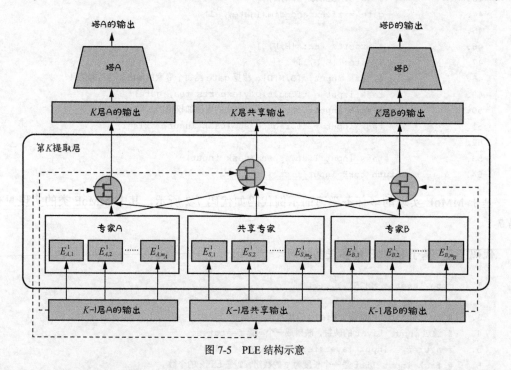

图 7-5　PLE 结构示意

其一，对模型的共享部分继续拆解。在 MMoE 中，所有专家为所有任务所共享。而在 PLE 中，将所有专家划分为任务独占（Task Specific）和任务共享（Task Shared）两大类，前者只参与单一任务，后者参与所有任务。比如图 7-5 中，Experts A 中的所有 Expert 只参与对任务 A 的建模。而建模任务 A 是由专家 A 与共享专家中的所有专家共同参与的。

其二，MMoE 中只有一层专家，专家之间的交互比较弱。而 PLE 中引入了多层专家，专家之间的交互层层递进、深化。

PLE 的第 k 层要输出 $N+1$ 个向量，如公式(7-3)所示。

$$\left[\boldsymbol{x}_1^k, \cdots, \boldsymbol{x}_N^k, \boldsymbol{x}_s^k \right] \qquad\qquad 公式(7\text{-}3)$$

该公式中各关键参数的含义如下。

- N 是所有任务的个数。
- $\boldsymbol{x}_t^k, t \in [1, \cdots, N]$ 表示第 k 层对任务 t 的建模结果。
- $\boldsymbol{x}_s^k$ 表示第 k 层对共享信息的建模结果。

在第 k 层建模时，首先将下层的输出喂入本层的各专家，如公式(7-4)所示。

$$EO_t^k = \left[\mathrm{E}_{t,1}^k\left(\boldsymbol{x}_t^{k-1}\right), \cdots, \mathrm{E}_{t,m_t}^k\left(\boldsymbol{x}_t^{k-1}\right) \right], t \in [1, \cdots, N]$$
$$EO_s^k = \left[\mathrm{E}_{s,1}^k\left(\boldsymbol{x}_s^{k-1}\right), \cdots, \mathrm{F}_{s,m_s}^k\left(\boldsymbol{x}_s^{k-1}\right) \right] \qquad 公式(7\text{-}4)$$

该公式中各关键参数的含义如下。

- $\boldsymbol{x}_t^{k-1}$ 是第 k-1 层对任务 t 的建模结果。
- EO_t^k 表示第 k 层任务 t 独占的那些专家的输出向量的集合。
- $\mathrm{E}_{t,i}^k$ 代表第 k 层任务 t 独占的第 i 个专家。
- m_t 是任务 t 独占的所有专家的个数。
- $\boldsymbol{x}_s^{k-1}$、EO_s^k、$\mathrm{E}_{s,i}^k$、m_s 含义类似，只不过是针对共享信息的。

最终参与第 k 层任务 t 建模的是 EO_t^k 和 EO_s^k 中的所有 $m_t + m_s$ 个专家。先计算这些专家的权重，如公式(7-5)所示。

$$C_t^k = \mathrm{G}_t^k\left(\boldsymbol{x}_t^{k-1}\right) \in \mathbf{R}^{m_t + m_s} \qquad\qquad 公式(7\text{-}5)$$

该公式中各关键参数的含义如下。

- G_t^k 是第 k 层针对任务 t 的门控函数。
- C_t^k 是一个长度为 $m_t + m_s$ 的数组，表示对参与第 k 层任务 t 建模的是 EO_t^k 和 EO_s^k 中所有专家的权重。

然后，将权重与专家的输出加权求和，得到第 k 层对任务 t 的建模结果 $\boldsymbol{x}_t^k$，如公式(7-6)所示，其中符号"||"表示将两个数组拼接在一起。

$$\boldsymbol{x}_t^k = \sum_{i=1}^{m_t + m_s} C_t^k[i] \times \left(EO_t^k \parallel EO_s^k\right)[i] \qquad 公式(7\text{-}6)$$

第 k 层对共享信息 $\boldsymbol{x}_s^k$ 的建模，与对某个特定目标的建模类似，只不过要让本层所有专家参与其中，如公式(7-7)所示。

$$C_s^k = G_s^k \left(x_s^{k-1} \right) \in \mathbf{R}^{TE}$$

$$x_s^k = \sum_{i=1}^{TE} C_s^k[i] \times \left(EO_1^k \| \cdots \| EO_N^k \| EO_s^k \right)[i] \qquad \text{公式(7-7)}$$

该公式中各关键参数的含义如下。

- G_s^k 和 C_s^k 分别是第 k 层针对共享信息的门控函数和得到的权重。

- $TE = m_s + \sum_{t=1}^{N} m_t$ 是所有专家的个数。

- $EO_1^k \| \cdots \| EO_N^k \| EO_s^k$，表示将第 k 层所有专家的输出向量拼接在一起得到的数组。

最终，PLE 对各目标的预测结果如公式(7-8)所示。

$$p_t = h_t \left(x_t^K \right), t \in \left[1, \cdots, N \right] \qquad \text{公式(7-8)}$$

该公式中各关键参数的含义如下。

- p_t 是 PLE 对任务 t 的预测值。

- x_t^K 是最后一层专家对任务 t 的建模结果，K 是总层数。

- h_t 是针对任务 t 的塔结构（如图 7-5 中的塔 A 和塔 B），就是普通的 MLP。

基于 TensorFlow 实现的 PLE 可以参考代码 7-3。

代码 7-3 PLE 代码示例

```
1.    class PLE(MultiTaskModel):
2.
3.        def gate(self, selector_fea, vec_feas):
4.            """
5.            输入:
6.              vec_feas 是一个长度=N 的数组, N 是专家的个数, 数组中的每个元素都是[B,D]
7.              其中 B 是 batch_size, D 是每个专家的输出维度
8.
9.              selector_fea: 针对某个 task, 生成各专家权重的小网络的输入特征
10.            输出:
11.              针对某个 task, 给所有专家加权相加的结果, 形状是[B,D]
12.            """
13.            # vec: [B,N,D], 将所有专家的输出拼接起来
14.            vec = tf.stack(vec_feas, axis=1)
15.
16.            # gate: [B,N], N是专家的个数
17.            # gate 代表根据 selector_fea 生成的各专家的权重
18.            gate = tf.layers.dense(inputs=selector_fea, units=len(vec_feas),
                   activation=None,)
19.            gate = tf.nn.softmax(gate, axis=1)
20.            gate = tf.expand_dims(gate, -1)    # gate: 变形成[B,N,1]
21.
22.            # vec:     [B,N,D]
23.            # gate:    [B,N,1]
```

```
24.              # task_input: [B,N,D]
25.              task_input = tf.multiply(vec, gate)
26.              # task_input: [B,D]
27.              task_input = tf.reduce_sum(task_input, axis=1)
28.              return task_input   # [B,D]
29.
30.      def experts_layer(self, deep_fea, expert_num, experts_cfg):
31.          """
32.          输入：
33.              deep_fea：专家的输入
34.              expert_num：专家的个数
35.              experts_cfg：专家的网络结构配置
36.          输出：
37.              一个长度等于专家个数的数组，每个元素是一个专家的输出
38.          """
39.          tower_outputs = []
40.          for expert_id in range(expert_num):
41.              tower_dnn = DNN(experts_cfg, ......)
42.              tower_output = tower_dnn(deep_fea)
43.              tower_outputs.append(tower_output)
44.          return tower_outputs
45.
46.      def CGC_layer(self, extraction_networks_cfg, extraction_network_fea,
47.                      shared_expert_fea, final_flag):
48.          """
49.          输入：
50.              extraction_networks_cfg：网络结构配置
51.              extraction_network_fea：下层每个 task 的输出
52.              shared_expert_fea：下层共享部分的输出
53.              final_flag：是否最后一层，因为最后一层就没必要再建模共享部分了
54.          """
55.          layer_name = extraction_networks_cfg.network_name
56.
57.          # ************************* 共享专家
58.          # 这些 expert 的输入都是 shared_expert_fea，也就是下层共享专家的总输出
59.          # 一共有 extraction_networks_cfg.share_num 个共享专家
60.          # expert_shared_out 是一个长度=extraction_networks_cfg.share_num 的数组
61.          # 数组中的每个元素都是[B,D]，B=batch_size，D=每个专家的输出长度
62.          expert_shared_out = self.experts_layer(
63.              shared_expert_fea, extraction_networks_cfg.share_num,
64.              extraction_networks_cfg.share_expert_net, layer_name + '_share/dnn')
65.
66.          # ********************* 每个 task 独享部分的建模
67.          experts_outs = []    # 所有 task 的所有专家的输出
68.          cgc_layer_outs = []   # 所有 task 的独享输出
69.
```

```
70.            for task_idx in range(self._task_nums):
71.                name = layer_name + '_task_%d' % task_idx
72.
73.                # 针对当前 task(编号 task_idx)
74.                # 其输入是 extraction_network_fea[task_idx]，也就是下层第 task_idx 个任务的输出
75.                # experts_out 是一个长度=extraction_networks_cfg.expert_num_per_task 的数组
76.                # extraction_networks_cfg.expert_num_per_task 是为当前 task 配置的专家的个数
77.                # 数组中的每个元素都是 [B,D]，B=batch_size，D=每个专家的输出长度
78.                experts_out = self.experts_layer(
79.                    extraction_network_fea[task_idx],
80.                    extraction_networks_cfg.expert_num_per_task,
81.                    extraction_networks_cfg.task_expert_net, name)
82.
83.                # 针对 task_idx 这个 task，融合各相关专家的输出
84.                # 参与融合的 expert 是 experts_out(当前 task 的 expert)+ expert_shared_out
                   # (共享 expert)
85.                # 根据 extraction_network_fea[task_idx](即下层第 task_idx 个任务的输出)生
                   # 成各 expert 的权重
86.                # cgc_layer_out: [B,D]
87.                cgc_layer_out = self.gate(extraction_network_fea[task_idx],
88.                                          experts_out + expert_shared_out, name)
89.
90.                experts_outs.extend(experts_out)    # 收集当前 task 中的各专家的输出
91.                cgc_layer_outs.append(cgc_layer_out)
92.
93.            # ************************ 所有 task 共享部分的建模
94.            if final_flag:
95.                shared_layer_out = None    # 如果是最后一层，没必要再建模共享的部分
96.            else:
97.                # 针对共享部分，融合各相关专家的输出
98.                # 参与融合的专家是 experts_outs(所有 task 的所有 experts)+ expert_shared_out
                   # (共享专家)
99.                # 根据 shared_expert_fea(即下层共享部分的输出)生成各专家的权重
100.               # shared_layer_out: [B,D]
101.               shared_layer_out = self.gate(shared_expert_fea,
102.                                            experts_outs + expert_shared_out,
103.                                            layer_name + '_share')
104.
105.           # cgc_layer_outs: 一个长度是 #tasks 的数组，每个元素的形状都是 [B,D]，代表本层对某一
               # 个 task 的输出
106.           # shared_layer_out: 本层共享部分的输出，形状也是 [B,D]
107.           return cgc_layer_outs, shared_layer_out
108.
109.    def build_predict_graph(self):
110.        # 最底层，每个 task 独享的输入特征，和共享的输入特征相同，都是 self._features
111.        extraction_network_fea = [self._features] * self._task_nums
```

```
112.          shared_expert_fea = self._features
113.
114.          # ************************ 提取对各 task 的输入
115.          final_flag = False
116.          # 循环遍历，一共要经历多层 Experts 的 Extraction
117.          for idx in range(len(self._model_config.extraction_networks)):
118.              # extraction_network 是当前层的网络配置
119.              extraction_network = self._model_config.extraction_networks[idx]
120.
121.              if idx == len(self._model_config.extraction_networks) - 1:
122.                  final_flag = True  # 最后一层 extraction，彼时不用再建模共享的部分
123.
124.              # extraction_network_fea：既是输入也是输出
125.              # 一个长度是#tasks 的数组，每个元素的形状都是[B,D]，代表本层对某一个 task 的输出
126.              # shared_expert_fea：本层共享部分的输出，形状也是[B,D]
127.              extraction_network_fea, shared_expert_fea = self.CGC_layer(
128.                  extraction_network,      # 本层的网络结构配置
129.                  extraction_network_fea,  # 上一层各 task 的输出
130.                  shared_expert_fea,       # 上一层共享部分的输出
131.                  final_flag)
132.
133.          # ************************ 各 task 的预测
134.          tower_outputs = {}
135.          # 遍历每个 task
136.          for i, task_tower_cfg in enumerate(self._model_config.task_towers):
137.              # task_tower_cfg 是当前 task tower 的配置
138.              tower_name = task_tower_cfg.tower_name
139.              tower_dnn = DNN(task_tower_cfg.dnn, name=tower_name, )
140.
141.              # extraction_network_fea[i]是多层专家提取出来的对第 i 个 task 的输入
142.              tower_output = tower_dnn(extraction_network_fea[i])
143.              tower_outputs[tower_name] = tower_output
144.
145.          return tower_outputs
```

7.1.3 串行建模

串行建模主要用于电商场景。如同前面提到的，电商业务需要将 3 个概率 CTR/CVR/CTCVR 都预估清楚，预估 CTR 和 CTCVR 相对简单，用上文提到的并联模式也能建模。问题出在 CVR 身上，CVR 是用户点击某商品后购买该商品的概率，按照字面理解，需要用点击数据来训练。但是在预测时，我们需要对尚未曝光的物料预测包括 CVR 在内的得分。这样一来，训练数据中的物料与预测时的物料集合存在明显差异，导致样本选择误差，严重影响模型效果，如图 7-6 所示。

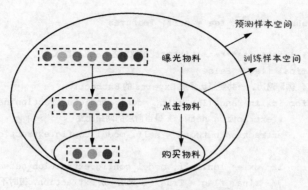

图 7-6 CVR 的样本选择偏差问题

1. ESMM

为了克服以上样本选择偏差，阿里巴巴的 Entire Space Multi-task Model（ESMM，完整空间多任务模型）的解决思路是将 CVR 与 CTR、CTCVR 一样，都建模在曝光样本空间上（理论上，这些任务都应该建模在粗排结果集上，但是实现起来有难度，所以大家都约定俗成建模在曝光样本上了，其中的 SSB 就忽略不计了）。但是，毕竟"曝光未点击"的样本不符合 CVR 的定义，因此 CVR 只能作为隐藏目标，在其他目标被优化的同时，被间接优化。

ESMM 的结构示意如图 7-7 所示。

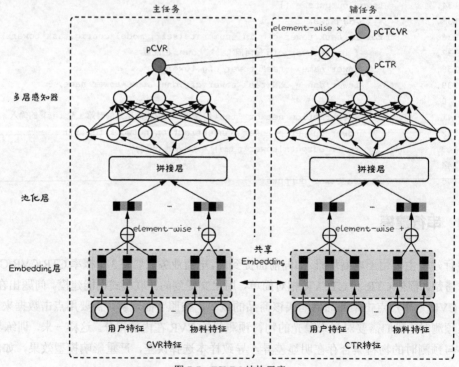

图 7-7 ESMM 结构示意

整个模型由 CTR 模块与 CVR 模块组成，喂入的都是曝光样本。

图 7-7 中的 Embedding 层、池化层、MLP 都是常规操作。值得注意的是，CTR 模块与 CVR 模块的底层 Embedding 是共享的，有利于正例丰富的 CTR 任务向正例稀疏的 CVR 任务进行知识迁移。

在分别预测得到"曝光→点击"概率 pCTR 和"点击→购买"概率 pCVR 后，ESMM 根据条件概率公式，得到"曝光→购买"概率 $\text{pCTCVR} = \text{pCTR} \times \text{pCVR}$。

由于 pCTR 和 pCTCVR 都是建立在"曝光样本空间"上的，可以被直接优化，总损失函数如公式(7-9)所示。注意，这里 CVR 没有被直接优化，而是作为 pCTCVR 的组成部分被间接优化。而且 CVR 也是被全体曝光数据训练出来的，消除了训练与预测两阶段间的样本选择偏差。

$$L\left(W_{\text{CTR}}, W_{\text{CVR}}\right) = \sum_{i=1}^{N} \text{BCE}\left(y_i, \text{dnn}_{\text{CTR}}\left(x_i; W_{\text{CTR}}\right)\right)$$
$$+ \sum_{i=1}^{N} \text{BCE}\left(z_i, \text{dnn}_{\text{CTR}}\left(x_i; W_{\text{CTR}}\right) \times \text{dnn}_{\text{CVR}}\left(x_i; W_{\text{CVR}}\right)\right)$$

公式(7-9)

该公式中各关键参数的含义如下。

- x_i 是第 i 条样本的特征，y_i 代表第 i 条样本是否点击，z_i 代表第 i 条样本是否购买，N 代表样本总数。
- dnn_{CTR} 和 dnn_{CVR} 分别代表 CTR 模块与 CVR 模块，W_{CTR} 和 W_{CVR} 分别代表两模块中要学习的权重。
- BCE 代表二元交叉熵函数。

基于 TensorFlow 的 ESMM 实现如代码 7-4 所示。

代码 7-4　ESMM 代码示例

```
1.   # group_fea_arr: 每个 Field 的 Embedding
2.   # all_fea: 将所有 Field Embedding 拼接在一起, 准备接入上层网络
3.   # 所有底层特征的 Embedding 都是共享的
4.   all_fea = tf.concat(group_fea_arr, axis=1)
5.
6.   # ------------ CVR 模型
7.   # cvr_tower_cfg 是 CVR 模型的配置, 比如有几层, 每层的激活函数是什么
8.   cvr_model = DNN(cvr_tower_cfg, ......)
9.   cvr_logits = cvr_model(all_fea)  # 底层 all_fea 特征共享
10.  probs_cvr = tf.sigmoid(cvr_logits)
11.
12.  # ------------ CTR 模型
13.  # ctr_tower_cfg 是 CTR 模型的配置, 比如有几层, 每层的激活函数是什么
14.  ctr_model = DNN(ctr_tower_cfg, ......)
15.  ctr_logits = ctr_model(all_fea)  # 底层特征 all_fea 共享
```

```
16.    probs_ctr = tf.sigmoid(ctr_logits)
17.
18.    ctr_loss = tf.nn.sigmoid_cross_entropy_with_logits(labels=ctr_labels, logits=
       ctr_logits, name='ctr_loss')
19.    ctr_loss = tf.reduce_sum(ctr_loss)
20.
21.    # ------------ CTCVR 模型
22.    probs_ctcvr = tf.multiply(probs_ctr, probs_cvr)  # pctcvr = pctr * pcvr
23.    ctcvr_labels = cvr_labels * ctr_labels
24.
25.    ctcvr_loss = tf.keras.binary_crossentropy(ctcvr_labels, probs_ctcvr)
26.    ctcvr_loss = tf.reduce_sum(ctcvr_loss, name='ctcvr_loss')
27.
28.    # ------------ TOTAL LOSS
29.    # 要优化的 total loss 是两个子 loss 的加权和
30.    return ctr_loss_weight * ctr_loss + ctcvr_loss_weight * ctcvr_loss
```

图 7-7 中的实现是基于共享底层模式，也可以代之以其他并联模式，比如 MMoE，如图 7-8 所示。从这里可以看到，多任务推荐的并发建模与串行建模并非泾渭分明，而是可以有机地结合在一起。

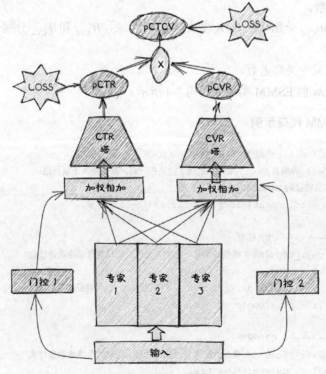

图 7-8　基于 MMoE 实现的 ESMM

2. ESM2

其实在点击与购买之间还有一些信号可供利用，如图 7-9 所示。

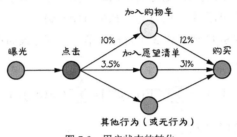

图 7-9　用户状态的转化

从图 7-9 中可以看到，有超过 10% 的用户在点击后还会有其他行为，信号非常丰富。而且有超过 30% 的用户在这些行为后会购买，说明这些信号对于刻画用户的购买意愿非常有效。

为了充分利用上这些丰富且有效的信号，阿里巴巴沿着"根据条件概率公式拆解目标"的思路，提出了 Elaborated Entire Space Supervised Multi-task Model（ESM2），如图 7-10 所示。

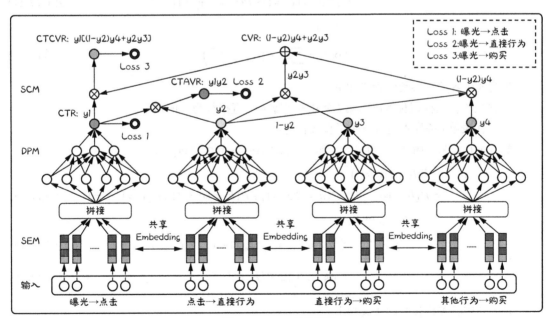

图 7-10　ESM2 结构示意

ESM2 要预测 4 个概率，在图 7-10 中从左至右分别如下。

- "曝光→点击"的概率（CTR），记为 $y_1 = P(c=1 \mid v=1)$，其中 v 表示曝光，c 表示点击。

- "点击→直接行为"的概率，记为 $y_2 = P(a = 1 | c = 1)$，其中 a 表示"直接行为"（Direct Action，DAction），是指像"加入购物车""加入愿望清单"这样与购买强相关的行为。除此之外的点击后行为或者无行为称为"其他行为"（Other Action，OAction）。
- "直接行为→购买"的概率，记为 $y_3 = P(b = 1 | a = 1)$，其中 b 表示购买。
- "其他行为→购买"的概率，记为 $y_4 = P(b = 1 | a = 0)$。

基于以上 4 个概率，ESM2 要优化 3 个目标。第一个目标最简单，就是"曝光→点击"，损失函数如公式(7-10)所示。

$$\text{Loss}_1 = \sum_{i=1}^{N} \text{BCE}\left(c_i, p_i^{\text{ctr}}\right) = \sum_{i=1}^{N} \text{BCE}\left(c_i, y_{1i}\right) \qquad \text{公式(7-10)}$$

该公式中各关键参数的含义如下。

- c_i 代表第 i 条样本是否点击。
- $p_i^{\text{CTR}} = y_{1i}$ 是模型预测的第 i 条样本的 CTR。
- N 是所有样本数量，BCE 代表二元交叉熵损失函数。

第二个目标是"曝光→直接行为"，如公式(7-11)和公式(7-12)所示。

$$\begin{aligned} p_i^{\text{CTAVR}} &= P(a_i = 1 | v_i = 1) \\ &= P(a_i = 1 | c_i = 1) \times P(c_i = 1 | v_i = 1) \qquad \text{公式(7-11)} \\ &= y_{2i} y_{1i} \end{aligned}$$

$$\text{Loss}_2 = \sum_{i=1}^{N} \text{BCE}\left(a_i, p_i^{\text{CTAVR}}\right) \qquad \text{公式(7-12)}$$

该公式中各关键参数的含义如下。

- p_i^{CTAVR} 代表模型预测出的第 i 个样本"曝光→直接行为"的概率。
- a_i 代表第 i 条样本是否发生了直接行为。

第三个目标是"曝光→购买"，如公式(7-13)～公式(7-15)所示。

$$\begin{aligned} p_i^{\text{CVR}} &= P(b_i = 1 | c_i = 1) \\ &= P(b_i = 1 | a_i = 0) \times P(a_i = 0 | c_i = 1) + P(b_i = 1 | a_i = 1) \times P(a_i = 1 | c_i = 1) \qquad \text{公式(7-13)} \\ &= y_{4i}(1 - y_{2i}) + y_{3i} y_{2i} \end{aligned}$$

$$p_i^{\text{CTCVR}} = p_i^{\text{CTR}} \times p_i^{\text{CVR}} = y_{1i}\left(y_{4i}(1 - y_{2i}) + y_{3i} y_{2i}\right) \qquad \text{公式(7-14)}$$

$$\text{Loss}_3 = \sum_{i=1}^{N} \text{BCE}\left(b_i, p_i^{\text{CTCVR}}\right) \qquad \text{公式(7-15)}$$

该公式中各关键参数的含义如下。

- p_i^{CVR} 代表模型预测出的第 i 条样本"点击→购买"的概率。
- p_i^{CTCVR} 代表模型预测出的第 i 条样本"曝光→购买"的概率。
- b_i 代表第 i 条样本是否购买。

最终 ESM2 要优化的目标是 3 个目标的损失之和，如公式(7-16)所示，其中 w_1、w_2、w_3 是

3 个用于调节损失权重的超参数。和 ESMM 一样，这里 CVR 是作为隐藏目标，被间接优化。

$$Loss = w_1 Loss_1 + w_2 Loss_2 + w_3 Loss_3 \qquad 公式(7\text{-}16)$$

3. 更通用的知识迁移

ESMM 中，pCTR 参与 pCTCVR 的建模这种"前端环节向后端环节注入知识"的做法，属于一种更通用的设计模式。前端环节本来就与后端环节存在因果关系，加上前端环节数据多，预测精度更高，因此前端环节提取出的信息、观点能够给后端环节很多"提示"，有助于将后端环节训练好。

从知识迁移的角度，ESMM 的实现还有以下可改进之处。

- CTR 任务向 CTCVR 任务只传递了 pCTR 一个实数，过于浓缩，损失了很多细节信息。
- 拘泥于条件概率相乘的形式，迁移方式过于简单。

因此，我们可以采用更通用、更灵活的方式迁移知识：提取前端环节的隐层输出，喂给后端环节，辅助训练后端环节。比如，业务需要同时预测视频的点击概率（pClick）、观看时长（Dwell）和转发概率（pForward），如图 7-11 所示。

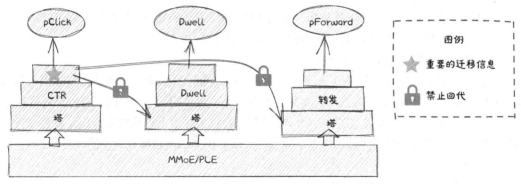

图 7-11 前端环节的隐层输出喂给后端环节

- 底层采用 MMoE 或 PLE 结构，上层为每个任务设计一个 Tower 结构。
- CTR Tower 的倒数第二层的输出，提炼、浓缩了用户与当前视频的重要信息，传递给 Dwell 塔与 Forward 塔。
- 时长任务和转发任务将底层结构（MMoE 或 PLE）提供的信息和 CTR 塔提供的信息拼接在一起，再喂入上面的塔结构。

需要注意的是，在将前端环节的输出作为后端环节的输入之前，需要先调用 tf.stop_gradient 操作符，防止后端环节反而将训练好的前端隐层带偏。

4. ESCM2

为了解决 CVR 训练与预测两环节间的样本选择偏差，以上介绍的 ESMM 这一系列的思路是将 CVR 建模成隐藏目标，通过优化 CTR 和 CTCVR 目标间接优化之，从而将 CVR 也建模在曝光样本空间上，接近预测时的数据分布。

阿里巴巴于 2022 年提出的 ESCM2 从另一思路解决 CVR 的样本选择偏差。作者将 ESCM2 的思路形容成"后悔药"策略，具体如下。

按照 CVR "点击→购买"的字面含义，我们计划在点击样本空间训练 CVR 模型。计划制订完后，我们才意识到点击样本空间上训练出来的 CVR 模型在预测时会有样本选择偏差，于是想出一个补救方案：只要在训练 CVR 时稍微修正一下，就等价于在曝光样本空间上训练了。这种等价于在曝光样本空间上训练出来的 CVR 模型，在预测时也就没有了样本选择偏差。

ESCM2 的修正公式如公式(7-17)所示。

$$
\begin{aligned}
L_{CVR} &= E_{(\boldsymbol{x},c,b)\in D}\left[\frac{c L\big(b, F_{CVR}(\boldsymbol{x})\big)}{F_{CTR}(\boldsymbol{x})}\right] \\
&= \frac{1}{|D|}\sum_{(\boldsymbol{x},c,b)\in D}\frac{c L\big(b, F_{CVR}(\boldsymbol{x})\big)}{F_{CTR}(\boldsymbol{x})}
\end{aligned}
$$
公式(7-17)

该公式中各关键参数的含义如下。

- D 是全体曝光样本。其中每条样本由输入特征 $\boldsymbol{x}$、是否点击 c、是否购买 b 组成。
- F_{CTR} 是 CTR 预测模块，F_{CVR} 是预测 CVR 预测模块。
- L 就是普通的二元交叉熵函数。

从公式(7-17)中可以看到，由于分子上存在 c 一项，因此 CVR 是在全体点击样本上训练的，符合 CVR 的定义。公式(7-17)与普通的二分类没有太大区别，只不过通过除以 CTR 预测值 $F_{ctr}(\boldsymbol{x})$ 进行了修正。这个简单的修正使得尽管 CVR 模型是在点击样本上训练得到，但是只要 CTR 预测值准确，它就等价于在全体曝光样本上训练的，从而保证预测结果是无偏的。

证明过程如下。

首先将公式(7-17)变换成公式(7-18)。

$$
\begin{aligned}
L_{CVR} &= E_{(\boldsymbol{x},c,b)\in D}\left[\frac{c L\big(b, F_{CVR}(\boldsymbol{x})\big)}{F_{CTR}(\boldsymbol{x})}\right] \\
&= \frac{|C|}{|D|}E_{(\boldsymbol{x},c,b)\in C}\left[\frac{L\big(b, F_{CVR}(\boldsymbol{x})\big)}{F_{CTR}(\boldsymbol{x})}\right] \\
&= \frac{|C|}{|D|}\int \frac{L\big(b, F_{CVR}(\boldsymbol{x})\big)}{F_{CTR}(\boldsymbol{x})}P(\boldsymbol{x}\,|\,c=1)\mathrm{d}\boldsymbol{x}
\end{aligned}
$$
公式(7-18)

该公式中各关键参数的含义如下。

- D 是全体曝光样本，C 代表全体点击样本。
- $|D|$ 和 $|C|$ 分别表示曝光样本和点击样本两个集合的大小。

假设 CTR 预测得非常准确，也就是公式(7-19)成立。

$$F_{CTR}(\pmb{x}) = P(c = 1 \mid \pmb{x}) \qquad 公式(7\text{-}19)$$

再对 $P(\pmb{x} \mid c = 1)$ 一项根据贝叶斯公式展开，得到公式(7-20)。

$$
\begin{aligned}
P(\pmb{x} \mid c = 1) &= \frac{P(\pmb{x}, c = 1)}{P(c = 1)} \\
&= \frac{P(c = 1 \mid \pmb{x})P(\pmb{x})}{P(c = 1)} \\
&= \frac{|D|}{|C|} P(c = 1 \mid \pmb{x})P(\pmb{x})
\end{aligned}
\qquad 公式(7\text{-}20)
$$

将公式(7-19)与公式(7-20)代入公式(7-18)，得到公式(7-21)，其中最后一行说明了 L_{cvr} 等价于是在全体曝光样本上计算得到的，训练过程无偏，证明完毕。

$$
\begin{aligned}
L_{CVR} &= \frac{|C|}{|D|} \int \frac{L\big(b, F_{CVR}(\pmb{x})\big)}{F_{CTR}(\pmb{x})} P(\pmb{x} \mid c = 1) \mathrm{d}\pmb{x} \\
&= \frac{|C|}{|D|} \int \frac{L\big(b, F_{CVR}(\pmb{x})\big)}{P(c = 1 \mid \pmb{x})} \times \frac{|D|}{|C|} P(c = 1 \mid \pmb{x})P(\pmb{x}) \mathrm{d}\pmb{x} \\
&= \int L\big(b, F_{CVR}(\pmb{x})\big) P(x) \mathrm{d}\pmb{x}
\end{aligned}
\qquad 公式(7\text{-}21)
$$

修正公式可以简单理解成：

- 点击样本中的 CTR 肯定偏高，而大部分曝光样本的 CTR 还是比较低的；
- 在点击样本上训练模型，但要模拟出在全体曝光样本上训练的效果，CTR 低的样本更珍贵，所以要按 CTR 的倒数 $\dfrac{1}{F_{CTR}(\pmb{x})}$ 加权。

训练 ESCM2 的时候，首先仿照 ESMM，在全体曝光样本空间上计算出 CTR 损失（见公式(7-22)）和 CTCVR 损失（见公式(7-23)），公式中的符号含义参考公式(7-17)的注释。

$$L_{CTR} = E_{(\pmb{x},c,b)\in D}\Big[L\big(c, F_{CTR}(\pmb{x})\big) \Big] \qquad 公式(7\text{-}22)$$

$$L_{CTCVR} = E_{(\pmb{x},c,b)\in D}\Big[L\big(c*b, F_{ctr}(\pmb{x})*F_{CVR}(\pmb{x})\big) \Big] \qquad 公式(7\text{-}23)$$

再在点击样本空间计算出 CVR 损失，并根据 CTR 预测值 $F_{ctr}(\pmb{x})$ 修正，如公式(7-17)所示。模型最终要优化的损失是 3 个损失之和，如公式(7-24)所示，其中的 λ_{CVR} 和 λ_{CTCVR} 是需要调整的超参数。

$$L_{ESCM2} = L_{CTR} + \lambda_{CVR} L_{CVR} + \lambda_{CTCVR} L_{CTCVR} \qquad 公式(7\text{-}24)$$

整个 ESCM2 的模型结构示意如图 7-12 所示。注意，预测 CTR 在参与修正 CVR 损失前要先进行禁止回代操作，毕竟 CTR 模块不应该受 CVR 损失的影响。

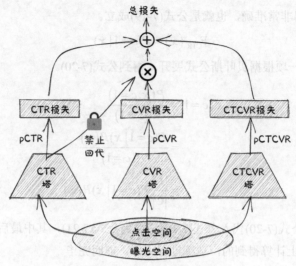

图 7-12   ESCM2 结构示意

7.1.4   多个损失的融合

多目标学习时会产生多个损失，但是优化器只能优化一个。因此，我们会赋予不同目标的损失以不同的权重，通过加权求和的方式将多个损失聚合成一个损失，如公式(7-25)所示。

$$L_{\text{total}} = \sum_{i=1}^{K} w_i L_i(\theta)$$

公式(7-25)

$$\sum_{i=1}^{K} w_i = 1, w_i \geqslant c_i, \forall i \in \{1, \cdots, K\}$$

该公式中各关键参数的含义如下。

- 假设一共有 K 个目标，$L_i(\theta)$ 是第 i 个目标的损失函数。
- w_i 是第 i 个损失函数的权重。
- c_i 是一个超参，控制 w_i 的下限，最常见的范围需要 $w_i > 0$。
- 整个模型的待优化参数为 θ。

在设置各损失的权重时，主要考虑以下两点。

- 不同目标有轻重缓急之分，重要目标的权重肯定要大一些。
- 不同损失的数值范围不同，比如，优化 CTR 目标时使用交叉熵函数，而优化观看时长时使用均方误差，而且时长往往是几十到几百秒，导致时长损失往往要比 CTR 损失大一到两个数量级。简单将两个损失加在一起去优化，优化器会重点优化时长损失，而忽略 CTR 损失。解决方法有两种：通过除以常数、开方、取对数的方式压缩时长的数值；通过设置合理的损失权重，将时长损失降为与 CTR 损失相同的数量级。

目前，设置损失权重主要还是依靠人工经验，边调整权重，边观察离线、在线指标，以确定各损失的最优权重。但是，业界也有了一些半自动化的算法，帮我们缩小搜索空间，比如阿里巴巴在 2019 年提出的基于帕累托有效（Pareto-Efficient）的算法 PEC。Pareto-Efficient 代表了多目标优化时的理想状态，彼时，多目标中的任何一个目标想要继续优化，只能以损失其他目标为代价。

PEC 算法在每一轮迭代中，需要执行如下步骤。

（1）接收新一批训练数据，上一轮得到的模型参数为 θ，上一轮中各损失权重为 $w_i, \forall i \in \{1, \cdots, K\}$。

（2）计算每个目标的损失函数 $L_i(\boldsymbol{\theta})$ 对 $\boldsymbol{\theta}$ 的导数 $\nabla_{\boldsymbol{\theta}} L_i(\boldsymbol{\theta}) = \dfrac{\partial L_i(\boldsymbol{\theta})}{\partial \theta}$。

（3）计算整体损失的梯度 $\dfrac{\partial L_{\text{total}}}{\partial \theta} = \sum\limits_{i=1}^{K} w_i \dfrac{\partial L_i(\boldsymbol{\theta})}{\partial \theta}$。

（4）更新模型参数 $\theta = \theta - \eta \dfrac{\partial L_{\text{total}}}{\partial \theta}$，$\eta$ 为步长。

（5）利用当前各目标损失的梯度 $\nabla_{\boldsymbol{\theta}} L_i(\boldsymbol{\theta})$，计算出新的各损失权重 $w_i, \forall i \in \{1, \cdots, K\}$。

（6）回到步骤（1），开始下一轮迭代。

问题的关键在于步骤（5），受篇幅所限，本书给出步骤（5）的求解过程。至于推导过程，请感兴趣的读者参考论文 *A Pareto-Efficient Algorithm for Multiple Objective Optimization in E-Commerce Recommendation*。该论文指出新的各损失权重 w_i 是公式(7-26)所描述的最小化问题的解。

$$\min \| \sum_{i=1}^{K} w_i \nabla_{\boldsymbol{\theta}} L_i(\boldsymbol{\theta})^2 \|$$

$$\text{使得} \sum_{i=1}^{K} w_i = 1, w_i \geq c_i, \forall i \in \{1, \cdots, K\}$$

公式(7-26)

定义 $\hat{w}_i = w_i - c_i$，代入问题公式(7-26)，得到新问题公式(7-27)。

$$\min \left\| \sum_{i=1}^{K} (\hat{w}_i + c_i) \nabla_{\boldsymbol{\theta}} L_i(\boldsymbol{\theta}) \right\|^2$$

$$\text{使得} \sum_{i=1}^{K} \hat{w}_i = 1 - \sum_{i=1}^{K} c_i, \hat{w}_i \geq 0, \forall i \in \{1, \cdots, K\}$$

公式(7-27)

先放宽条件，忽略非负约束，得到简化问题公式(7-28)。

$$\min \left\| \sum_{i=1}^{K} (\hat{w}_i + c_i) \nabla_{\boldsymbol{\theta}} L_i(\boldsymbol{\theta}) \right\|^2$$

$$\text{使得} \sum_{i=1}^{K} \hat{w}_i = 1 - \sum_{i=1}^{K} c_i$$

公式(7-28)

问题有解析解 $\hat{\boldsymbol{w}}^*$，如公式(7-29)所示。

$$\hat{\boldsymbol{w}}^* = \left(\left(\boldsymbol{M}^{\mathrm{T}}\boldsymbol{M}\right)^{-1}\boldsymbol{M}\hat{\boldsymbol{z}}\right)[1:K]$$

$$\boldsymbol{M} = \begin{bmatrix} \boldsymbol{G}\boldsymbol{G}^{\mathrm{T}} & \boldsymbol{e} \\ \boldsymbol{e}^{\mathrm{T}} & 0 \end{bmatrix} \in \mathbf{R}^{(K+1)\times(K+1)}$$

$$\hat{\boldsymbol{z}} = \begin{bmatrix} -\boldsymbol{G}\boldsymbol{G}^{\mathrm{T}}\boldsymbol{c} \\ 1 - \sum_{i=1}^{K} c_i \end{bmatrix} \in \mathbf{R}^{(K+1)\times 1} \qquad \text{公式(7-29)}$$

$$\boldsymbol{G} = \begin{bmatrix} \nabla_{\theta} L_1(\theta) \\ \cdots \\ \nabla_{\theta} L_K(\theta) \end{bmatrix} \in \mathbf{R}^{K\times m}$$

$$\boldsymbol{c} = \begin{bmatrix} c_1 \\ \cdots \\ c_K \end{bmatrix} \in \mathbf{R}^{K\times 1}$$

该公式中各关键参数的含义如下。

- 对于一个向量 $\boldsymbol{A}$，$\boldsymbol{A}[1{:}K]$ 表示 $\boldsymbol{A}$ 的前 K 个元素组成的子向量。
- $\boldsymbol{G} \in \mathbf{R}^{K\times m}$ 是由各目标的损失函数对所有模型参数 θ 的梯度，其中 K 是目标个数，m 是 θ 的长度。
- $\boldsymbol{e} \in \mathbf{R}^{K\times 1}$ 是 K 维全 1 向量。

$\hat{\boldsymbol{w}}^*$ 没有考虑非负约束，重新考虑非负约束后的最优解 $\tilde{\boldsymbol{w}}$ 要求解问题公式(7-30)。问题公式(7-30)是一个非负最小二乘问题，可以通过 Active Set Method 求解。

$$\min \|\tilde{\boldsymbol{w}} - \hat{\boldsymbol{w}}^*\|^2$$
$$\text{使得} \sum_{i=1}^{K} \tilde{w}_i = 1, \tilde{w}_i \geqslant 0, \forall i \in \{1, \cdots, K\} \qquad \text{公式(7-30)}$$

最终 PEC 算法流程（5）的解，即本轮迭代中各损失的最优权重 $\boldsymbol{w}$，由公式(7-31)计算得到。

$$\boldsymbol{w} = \tilde{\boldsymbol{w}} + \boldsymbol{c} \qquad \text{公式(7-31)}$$

基于 Pareto-Efficient 求解各目标最优权重的代码（对应公式(7-29)～公式(7-31)），如代码 7-5 所示。

代码 7-5   基于 Pareto-Efficient 求解各目标最优权重

```
1.    import numpy as np
2.    from scipy.optimize import minimize
3.    import tensorflow as tf
4.
5.    def pareto_efficient_weights(prev_w, c, G):
6.        """
7.        G: [K,m], G[i,:]是第 i 个 task 对所有参数的梯度, m 是所有待优化参数的个数
```

```
8.        c: [K,1] 每个目标权重的下限约束
9.        prev_w: [K,1] 上一轮迭代各 loss 的权重
10.       """
11.       # ------------------- 暂时忽略非负约束
12.       # 对应公式 (7-29)
13.       GGT = np.matmul(G, np.transpose(G))   # [K, K]
14.       e = np.ones(np.shape(prev_w))   # [K, 1]
15.
16.       m_up = np.hstack((GGT, e))   # [K, K+1]
17.       m_down = np.hstack((np.transpose(e), np.zeros((1, 1))))   # [1, K+1]
18.       M = np.vstack((m_up, m_down))   # [K+1, K+1]
19.
20.       z = np.vstack((-np.matmul(GGT, c), 1 - np.sum(c)))   # [K+1, 1]
21.
22.       MTM = np.matmul(np.transpose(M), M)
23.       w_hat = np.matmul(np.matmul(np.linalg.inv(MTM), M), z)   # [K+1, 1]
24.       w_hat = w_hat[:-1]   # [K, 1]
25.       w_hat = np.reshape(w_hat, (w_hat.shape[0],))   # [K,]
26.
27.       # ------------------- 重新考虑非负约束时的最优解
28.       return active_set_method(w_hat, prev_w, c)
29.
30.
31.  def active_set_method(w_hat, prev_w, c):
32.       # ------------------- 对应公式 (7-30)
33.       A = np.eye(len(c))
34.       cons = {'type': 'eq', 'fun': lambda x: np.sum(x) - 1}   # 等式约束
35.       bounds = [[0., None] for _ in range(len(w_hat))]   # 不等式约束，要求所有权重都非负
36.       result = minimize(lambda x: np.linalg.norm(A.dot(x) - w_hat),
37.                         x0=prev_w,   # 上次的权重作为本次的初值
38.                         method='SLSQP',
39.                         bounds=bounds,
40.                         constraints=cons)
41.       # ------------------- 对应公式 (7-31)
42.       return result.x + c
```

基于 Pareto-Efficient 融合多目标的损失并训练的过程如代码 7-6 所示。

代码 7-6　基于 Pareto-Efficient 融合训练多目标

```
1.   # ------------------- 定义模型
2.   ph_wa = tf.placeholder(tf.float32)   # A loss 的权重的占位符
3.   ph_wb = tf.placeholder(tf.float32)   # B loss 的权重的占位符
4.   W = ...   # 模型要优化的所有参数
5.
```

```
6.    loss_a = loss_fun_a(...)   # A 目标的 loss
7.    loss_b = loss_fun_b(...)   # B 目标的 loss
8.    loss = ph_wa * loss_a + ph_wb * loss_b
9.
10.   a_gradients = tf.gradients(loss_a, W)   # A 目标 loss 对所有权重的梯度
11.   b_gradients = tf.gradients(loss_b, W)   # B 目标 loss 对所有权重的梯度
12.
13.   optimizer = tf.train.AdamOptimizer(...)
14.   train_op = optimizer.minimize(loss)   # train_op 是优化参数的操作等
15.
16.   # ------------------- 开始训练
17.   sess = tf.Session()
18.
19.   w_a, w_b = 0.5, 0.5  # 权重初值
20.   c = ...  # 公式(7-26)各权重的下限
21.   for step in range(0, max_train_steps):
22.       res = sess.run([a_gradients, b_gradients, train_op],
23.                   feed_dict={ph_wa: w_a, ph_wa: w_b})
24.
25.       # 当前的梯度矩阵
26.       G = np.hstack((res[0][0], res[1][0]))
27.       G = np.transpose(G)
28.
29.       # 得到新一轮的各目标的最优权重
30.       w_a, w_b = pareto_efficient_weights(prev_w=np.asarray(w_a, w_b),
31.                               c=c,   # 各目标权重的下限约束
32.                               G=G)   # 梯度矩阵
```

7.1.5　多个打分的融合

尽管模型会为每个目标都预测一个分数，但是排序时我们只能依靠一个指标，因此排序前我们必须将多个目标的打分融合成一个得分。

一种方式是采用乘法融合，如公式(7-32)所示。

$$\text{Score}(u, t_i) = \prod_{k=1}^{K} \text{S}_k(u, t_i)^{w_k} \qquad 公式(7-32)$$

该公式中各关键参数的含义如下。

- 一次排序请求要为 N 个候选物料打分，u 代表发出请求的用户，t_i 代表第 i 个候选物料。
- $\text{Score}(u, t_i)$ 是针对 (u, t_i) 的总得分，是给所有 $t_i, i \in [1, N]$ 排序的依据。
- $\text{S}_k(u, t_i)$ 是 (u, t_i) 在第 k 个目标上的预测得分，一共有 K 个目标。
- w_k 是第 k 个目标上的得分的权重，属于需要调整的超参数。

将公式(7-32)右边都取对数，就得到另一种融合方式：加法融合，如公式(7-33)所示。

$$\text{Score}(u,t_i) = \sum_{k=1}^{K} w_k \log S_k(u,t_i) \qquad 公式(7-33)$$

因为对数变换是单调递增的，所以公式(7-32)和公式(7-33)的排序结果是完全等价的。另外公式(7-33)中的对数变换可以替换成任何单调递增的函数（如开方），都不会影响排序结果。因此，公式(7-33)可以写成更一般的形式，如公式(7-34)所示，其中 F 是一个单调递增的变换函数。

$$\text{Score}(u,t_i) = \sum_{k=1}^{K} w_k F\big(S_k(u,t_i)\big) \qquad 公式(7-34)$$

选择变换函数 F 的技术难点在于，模型给不同目标的打分天然存在分布差异，比如由于样本中的点击比率要远高于转化比率，因此预估 CVR 的数值普遍要比 CTCVR 高。如果权重再设置得不好（调超参没那么容易），可能导致融合得分不正确地偏向 CTR 而忽略 CTCVR。针对这一问题，一种特殊的变换函数 F 将各目标的打分转化为排名，如公式(7-35)所示。

$$\text{Scores}_k = \big\{S_k(u,t_i)\big\}, i \in [1,N]$$
$$F\big(S_k(u,t_i)\big) = \frac{1}{\text{Rank}\big(S_k(u,t_i),\text{Scores}_k\big)} \qquad 公式(7-35)$$

该公式中各关键参数的含义如下。

- Scores_k 是模型给一次请求中的 N 个候选物料在第 k 个目标上的打分的集合。
- $\text{Rank}\big(S_k(u,t_i),\text{Scores}_k\big)$ 是候选物料 t_i 在第 k 个目标上的打分在所有 N 个候选物料中的排名。
- $S_k(u,t_i)$ 越高，排名越靠前，Rank 结果越小，为了保证 F 单调递增，将 F 取成 Rank 结果的倒数。

如此设计变换函数 F，彻底忽略了不同目标的打分在绝对数值上的分布差异，而只关注各物料在同一目标上的相对顺序关系。

到目前为止，还有一个问题没有解决，就是如何设置各目标打分的权重 w_k。目前的主流方法还是需要通过线上实验来确定：

- 开 M 组小流量实验，每组流量对应一组权重；
- 观察一段时间后，将效果最差的那组权重用人工挑选出的新权重替代；
- 经过一段时间的"调整 → 观察 → 再调整 → 再观察"，选择业务指标（比如人均时长、销售额）最高的那组参数，推广到全体流量。

在以上过程中，各实验组的权重超参如何设置还是需要依赖人工经验。目前也有一些大厂将上述流程自动化，根据上一轮实验结果自动生成下一轮要实验的超参，以加速调参过程，提升调参质量。CEM（Cross Entropy Method，交叉熵方法）是大厂常用的自动化搜参算法，其核心步骤如下。

（1）所有 K 个目标的权重 $[w_1,\cdots,w_K]$ 都来源于一个 K 维的正态分布 $N(\mu,\sigma)$，μ 和 σ 分别是分布的均值和标准差。

（2）实验开始时，从 $N(\mu,\sigma)$ 中随机抽取 M 个权重向量，每个向量分配一组小流量进行线上实验。

（3）实验一段时间后，得到 M 个业务指标。

（4）选取指标最好的前 P 组权重，重新生成 μ 和 σ，开始下一轮实验，直到效果收敛。

基于 CEM 调参的示例代码如代码 7-7 所示。

代码 7-7　基于 CEM 调参的示例代码

```python
1.    import numpy as np
2.    K = ...    # 总目标数
3.    M = ...    # 一次实验中要同时实验几组参数
4.
5.
6.    def draw_weights(mu, sigma):
7.        weights = np.zeros((M, K))
8.        for j in range(K):
9.            # weights 的第 j 列，代表第 j 个目标的不同实验组的权重
10.           weights[:, j] = np.random.normal(loc=mu[j], scale=sigma[j]+1e-17, size=(M,))
11.       return weights
12.
13.
14.   def retain_top_weights(rewards, topN):
15.       # rewards[i][0]是第 i 组实验的 reward（业务指标）
16.       # 按各组实验的业务指标从大到小排序
17.       rewards.sort(key=lambda x: x[0], reverse=True)
18.
19.       top_weights = []
20.       for i in range(topN):
21.           # rewards[i][1]是第 i 组实验的 K 个权重
22.           top_weights.append(rewards[i][1])
23.
24.       return np.asarray(top_weights)
25.
26.
27.   # 参数初始化，mu 和 sigma 都是 K 维向量
28.   mu = np.zeros(K)
29.   sigma = np.ones(K) * init_sigma    # init_sigma 是 sigma 的初始值
30.
31.   for t in range(MaxRounds):    # MaxRounds 最多实验的轮数
32.
33.       # 从 mu 和 sigma 指定的正态分布中，抽取 M 组超参
```

```
34.        # weights 的形状是[M,K]，每行代表给一组实验的 K 个权重
35.        weights = draw_weights(mu, sigma)
36.
37.        # do_experiments: 开 M 组小流量进行实验，返回 M 个实验结果
38.        # rewards 是 M 长的 list，每个元素是一个 tuple
39.        # rewards[i][0]是第 i 组实验的 reward（业务指标）
40.        # rewards[i][1]是第 i 组实验的 K 个权重
41.        rewards = do_experiments(weights)
42.
43.        # 提取效果最好的 topN 组超参数
44.        # top_weights: [topN,K]
45.        top_weights = retain_top_weights(rewards, topN)
46.
47.        # 用 topN 组超参数更新 mu 和 sigma
48.        mu = top_weights.mean(axis=0)
49.        sigma = top_weights.std(axis=0)
```

7.2　多场景推荐

多场景推荐是指，使用推荐服务的用户中存在着差异明显的不同消费模式。

- 同一个视频 App，"单列模式"让用户有沉浸式体验，每次只看到当前视频，看不到其他候选视频；而"双列模式"允许用户一次性看到多个候选视频，有更多选择自由。这两种产品模式下的用户行为模式，存在显著差异。
- 一个提供全球服务的 App，其在不同国家的用户的消费模式明显不同。
- 同一个 App 对于不同生命周期的用户差异明显，需要推荐系统有不同的应对策略。对活跃度低的用户，推荐结果要以热门物料为主；对活跃度高的用户，推荐结果的个性化成分更多。说起来简单，但是如何让模型做到，就是另一回事了。

注意多场景推荐与几个相关概念的异同如下。

- 多场景推荐与多任务/多目标推荐。多场景研究的是如何用一个模型将行为模式有明显差异的不同用户群体都服务好，无论用户来自哪个群体，模型可能都要预测多个目标。所以，多场景与多目标是相互正交的两个维度，但是在技术上可以相互借鉴。
- 多场景推荐与跨场景（跨域）推荐。一般来说，多场景推荐指的是用一套模型来服务所有用户，而跨场景推荐需要用不同模型来服务不同用户，而多个模型之间存在知识迁移。比如某公司已经有一款图文 App 积累了大批活跃用户，现在该公司新推出了一款视频 App。为了解决冷启动问题，对一个用户 *u*，我们引入 *u* 在图文 App 中的 User Embedding 作为 *u* 在视频 App 的 User Embedding 的初值，再根据 *u* 在视频 App 内的行为继续微调（fine-tune）。这种迁移学习手法是跨场景推荐的常见思路。

多场景推荐是互联网大厂独有的一类特殊问题。推荐模型和其他机器学习模型一样，通常只能识别出训练数据中的大众、主流模式。为了防止过拟合，那些小众模式会被模型当成噪声而忽略。所以，哪个用户群体贡献的训练数据更多（显然是成熟市场、老用户），推荐模型对该用户群体就更加友好。

在前些年，这么做完全没问题，谁也不想为了几粒芝麻弯腰，而摔了西瓜。但是近年来，随着互联网行业的竞争愈发激烈，成熟市场、老用户的价值开发得差不多了，各互联网大厂纷纷把目光重新聚焦到之前忽略的小众用户身上，"西瓜不能丢，芝麻我也要"。

用同一套模型来服务所有用户的缺点是，训练时被大众用户的行为模式主导的模型往往忽略了小众用户的感受，但是为每个用户群体专门训练、部署一套模型，比如每个国家一套模型、新用户单独一套模型，实现起来也有难度。一来，这样做的性价比低，不易维护；二来，小众用户群体的训练数据有限，不足以把自己单独的模型训练好。所以，多场景推荐面临着"合也不是，分也不是"的两难困境。好在近年来，多场景推荐受到业界越来越多的重视，涌现出一批研究成果，将在以下章节中为读者详细介绍。

7.2.1　特征位置

要想模型能够识别出不同场景、不同用户群体并区别对待，首先要设计出"场景指示"特征，比如，"App 模式"能够区分用户请求是来自"单列模式"还是"双列模式"；为了区分不同国家的用户，国籍、语言应当被纳为特征；为了区分低活用户与高活用户，"近 7 天用户活跃天数""是否新注册用户""用户是否登录"这些都应该被用作特征。

但是仅仅设计出以上特征，还是远远不够的。如何将这些特征加入模型，大有讲究。本书前面曾经反复强调，"DNN 是万能函数模拟器"的神话已经破灭。如果把"场景指示"特征加到 DNN 底部，让它们的信息按部就班地层层上传，再重要的信息到达顶部时恐怕也所剩下无几了。另外，DNN 的底层往往由许多 Field Embedding 拼接而成，动辄上千维，这时再新加入的一两个"场景指标"特征就会"泯然众人矣"。

为了解决以上问题，业界常见的做法是将"场景指示"特征加到离最终目标近一点的地方，如图 7-13 所示。

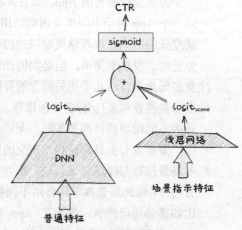

图 7-13　场景指示特征加到浅层网络

- "场景指示"特征通过一个浅层网络，得到 $logit_{scene}$。
- 其他对场景不敏感的特征按常规处理，经过比较复杂的网络，得到 $logit_{common}$。
- 最终 logit 是以上两个 logit 之和，即 $CTR = sigmoid(logit_{common} + logit_{scene})$。

这样做，使"场景指示"特征对最终预测结果的影响直接而有力，避免自 DNN 底部层层上传带来的信息损失，更有机会将如此重要的先验知识贯彻到"顶"。

7.2.2 模型结构

多场景推荐模型由以下两大部分组成。

- 场景共享部分：需要共享结构和参数来建模多场景之间的共性，让数据丰富的场景将共享参数充分训练，借此向数据稀少的场景迁移知识。
- 场景独立部分：各场景也需要独立的结构与参数，以建模该场景的特殊性。

至于这两个部分之间如何协同，本节将介绍实践中的 3 种常见模式。

1. Split & Merge

最简单的实现形式就是将共享结构与各场景的独有结构串联起来，如图 7-14 所示。

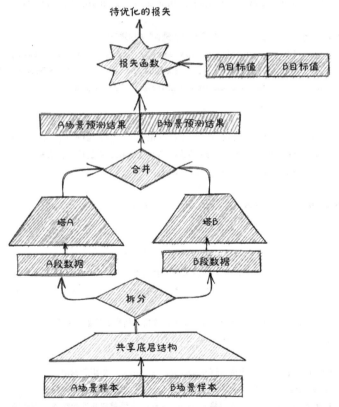

图 7-14 多场景串联建模

我们首先将包含了所有场景的样本喂入底层共享结构。接下来，我们根据样本中的"场景标识"特征，将底层共享结构的输出拆分（Split）成若干段（Segment），每段对应一个场景。以图 7-14 为例，A 段数据喂入上层专门为 A 场景设计的塔状结构 Tower A，得到 A 场景下的预测结果（图 7-14 中的 A 场景预测结果）。同理，B 场景也进行类似的操作。最终将不同场景下的预测结果按照原始输入的顺序合并（Merge）起来，与原始输入的 Label 一起计算损失。

Split & Merge 的实现可以参考代码 7-8。

代码 7-8　Split 函数与 Merge 函数

```
1.    scene_indicator = ...  # "场景指示"特征
2.    is_domain_a = tf.squeeze(tf.equal(scene_indicator, 1), axis=1)  # 样本是否来自A场景
3.    is_domain_b = tf.squeeze(tf.equal(scene_indicator, 0), axis=1)  # 样本是否来自B场景
4.
5.
6.    def split(inputs):
7.        # indices 是每条样本的序号
8.        indices = tf.range(tf.shape(inputs)[0], dtype=tf.int32)
9.
10.       # a_segments 是 inputs 中属于"场景A"的那些样本
11.       a_segments = tf.boolean_mask(inputs, is_domain_a, axis=0)
12.       # a_indices 是 a_segments 在原始完整的 inputs 中的序号，未来 merge 时用得上
13.       a_indices = tf.boolean_mask(indices, is_domain_a)
14.
15.       # b_segments 是 inputs 中属于"场景B"的那些样本
16.       b_segments = tf.boolean_mask(inputs, is_domain_b, axis=0)
17.       # b_indices 是 b_segments 在原始完整的 inputs 中的序号，未来 merge 时用得上
18.       b_indices = tf.boolean_mask(indices, is_domain_b)
19.
20.       return a_segments, a_indices, b_segments, b_indices
21.
22.
23.   def merge(a_segments, a_indices, b_segments, b_indices):
24.       merged_inputs = tf.concat([a_segments, b_segments], axis=0)
25.       merged_indices = tf.concat([a_indices, b_indices], axis=0)
26.
27.       # positions 是将 merged_indices 升序排序所需的位置映射表
28.       positions = tf.argsort(merged_indices)
29.
30.       # merged_indices 应该永远与 merged_inputs 保持相同顺序
31.       # 能够将 merged_indices 调整成正确顺序的位置映射表是 positions
32.       # 按照 positions，也能够将 merged_inputs 调整成与原始输入相同的顺序
33.       return tf.gather(merged_inputs, positions, axis=0)
```

基于 Split & Merge 的串联多场景建模，可以参考代码 7-9。

代码 7-9　基于 Split & Merge 的串联多场景建模

```
1.   # **************** 先经过 "共享底层"
2.   all_features = ...  # 原始一个 batch 内的样本
3.   all_labels = ...  # 原始一个 batch 内的预测目标
4.   shared_bottom_output = SharedBottom(all_features)
5.
6.   # **************** SPLIT
7.   a_inputs, a_indices, b_inputs, b_indices = split(shared_bottom_output)
8.
9.   # **************** 不同场景独立建模
10.  tower_a = Tower(...)  # tower_a 只处理 "A 场景" 的样本
11.  a_outputs = tower_a(a_inputs)  # A 场景的输出
12.
13.  tower_b = Tower(...)  # tower_b 只处理 "B 场景" 的样本
14.  b_outputs = tower_b(b_inputs)  # B 场景的输出
15.
16.  # **************** MERGE
17.  # 所有场景下的样本的预测值，与 Batch 原来的顺序相同
18.  all_outputs = merge(a_outputs, a_indices, b_outputs, b_indices)
19.  # all_outputs 中每条样本与 all_labels 中每个 label 的顺序对得上
20.  total_loss = LOSS(all_outputs, all_labels)
```

2. HMoE

在普通串联结构的基础上，阿里巴巴于 2020 年提出了 Hybrid Mixture-of-Experts（HMoE）结构，如图 7-15 所示。HMoE 的理论假设是，对于某个样本，除了其所在场景的模型的打分，其他场景的模型打分也有借鉴意义。所以，HMoE 在场景独立部分引入了 MoE 结构，每个场景下的模型都相当于一个 Expert。一条样本要经过多个 Expert 打分，再对各 Expert 的打分加权求和，得到最终得分。

在图 7-15 中，塔 A 不仅要给 A 段数据打分得到 $S_{A \to A}$（代表 A 场景的模型给 A 场景的样本的打分），还要给 B 段数据打分得到 $S_{A \to B}$（代表 A 场景的模型给 B 场景的样本的打分）。特别要注意的是，$S_{A \to B}$ 要对塔 A 及其以下的网络结构进行禁止回代，也就是回代时损失对 $S_{A \to B}$ 的梯度不再向下传递。这一点很容易理解，$S_{A \to B}$ 参与的是 B 场景的建模，塔 A 的参数不应该受到影响。

对于 A 场景来说，多个场景模型的打分加权融合成一个得分 S_A，权重来自门控网络，如公式(7-36)所示。对于 B 场景有类似的公式。

$$w_A = \text{Gate}(\text{Segment}_A)$$
$$S_A = w_A[0] \times \text{Tower}_A(\text{Segment}_A) + w_A[1] \times \text{Tower}_B(\text{Segment}_A)$$

公式(7-36)

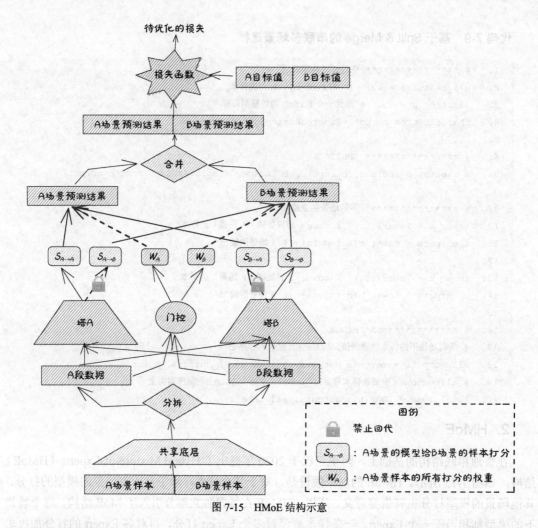

图 7-15 HMoE 结构示意

3. STAR

阿里巴巴于 2021 年提出 STAR 结构，突破了传统的串联模式，将场景共享部分与场景独立部分更紧密地交织在一起。计算过程如公式(7-37)所示，网络结构如图 7-16 所示。

$$y_p = \text{DNN}\left(\boldsymbol{x}_p; \boldsymbol{W}_p^*\right)$$
$$\boldsymbol{W}_p^* = \left[\boldsymbol{W}_{p,1}^*, \cdots, \boldsymbol{W}_{p,K}^*\right] \qquad \text{公式(7-37)}$$
$$\boldsymbol{W}_{p,i}^* = \boldsymbol{W}_{p,i} \otimes \boldsymbol{W}_i$$

该公式中各关键参数的含义如下。

- 第 p 个场景的输入 $\boldsymbol{x}_p$ 经过一个 DNN 结构，得到第 p 个场景的输出 y_p。这个 DNN 的参数是 $\boldsymbol{W}_p^*$。

- $W_p^* = \left[W_{p,1}^*, \cdots, W_{p,K}^*\right]$ 是长度为 K 的数组，$W_{p,i}^*$ 是 DNN 第 i 层的权重，K 是 DNN 的总层数。

- $W_{p,i}^*$ 由第 p 个场景独有结构的第 i 层权重 $W_{p,i}$ 与共享结构的第 i 层权重 W_i 通过按位相乘（用 $\otimes$ 表示）得到。

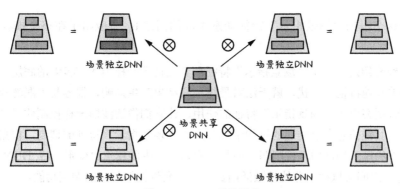

图 7-16 STAR 结构示意

7.2.3 模型参数

动态权重（Dynamic Weight，DW）是近年来兴起的新的多场景建模模式，如图 7-17 所示，其过程分为以下 3 步。

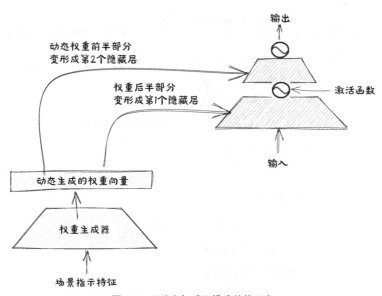

图 7-17 "动态权重"模式结构示意

（1）把"场景指示"特征 z 喂进权重生成器（Weight Generator，WG），生成动态权重向量 $DW = \text{WG}(z)$。

（2）再将 DW 变形（Reshape）成一个合适形状的 DNN，记为 F_{DW} 或 $F_{\text{WG}(z)}$。比如，假设 DW 的长度是 $640 = 32 \times 16 + 16 \times 8$，那么 DW 可以变形为一个三层的 MLP，每层的神经元个数为[32,16,8]。

（3）将这个根据"场景指示"特征动态生成的网络 $F_{\text{WG}(z)}$ 应用于在整个推荐模型的关键位置。

前面已经介绍过，如果"场景指示"特征和其他特征一样喂入 DNN 的底层，在层层向上传递过程中被其他特征所干扰，就无法对最终预测结果产生影响，很容易"泯然众人"。而动态权重模式特别突出了"场景指示"特征的作用，让它们像滤波器一样控制住了其他信息的向上传递通道。其他信息向上传递的过程中都要经过"场景指示"特征的调制，根据不同场景，对前一层发现的模式局部增强或削弱。而且在将动态产生的权重"变形"成 DNN 的过程中，DNN 的层与层之间可以插入非线性激活函数，从而允许比较复杂的调制功能。

LHUC（Learn Hidden Unit Contribution）是动态权重模式的一种简单实现，它让"场景指示"特征当裁判，根据不同场景动态调整输入特征的权重，增强对当前场景重要的特征，削弱和抑制当前场景认为不重要的特征，其结构如图 7-18 所示，流程如公式(7-35)所示。

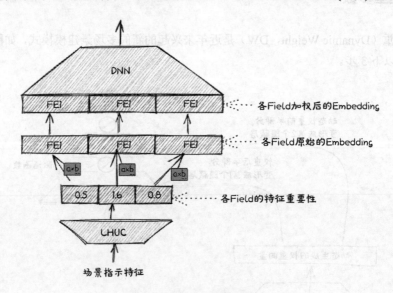

图 7-18 LHUC 结构示意

$$C = \text{LHUC}(X_{\text{scene}})$$
$$FE_i^{\text{rw}} = C[i] \times FE_i \qquad \text{公式(7-38)}$$
$$y = \text{DNN}\left(\text{concat}\left(FE_i^{\text{rw}}, \cdots, FE_K^{\text{rw}}\right)\right)$$

该公式中各关键参数的含义如下。

- LHUC 的最后一层采用 $A(x) = 2 \times \mathrm{sigmoid}(x)$ 作为激活函数，输出向量 $C \in \mathbf{R}^K$，K 是所有 Field 的个数。C 中的每个元素都在[0,2]之间，$C[i]>1$ 表示要增强第 i 个 Field，$C[i]<1$ 表示要削弱第 i 个 Field。
- $\textbf{\textit{FE}}_i$ 是第 i 个 Field 的原始 Embedding。
- $\textbf{\textit{FE}}_i^{\mathrm{rw}}$ 是第 i 个 Field 加权后的新 Embedding。
- 最后将加权后的各 Field Embedding 拼接起来，喂入上层 DNN。

大型推荐系统经常要同时解决"多场景+多目标"的推荐问题，即不仅一个模型要应对多个场景，而且在每个场景下还要同时预测多个目标。阿里巴巴于 2022 年提出 M2M（Multi-scenario Multi-task）结构，运用动态权重模式解决这一问题。M2M 整体上还是遵循了经典的 MMoE 结构，只不过在两个关键位置，即评估多个专家重要性的 Gate 与各任务独有的塔，采用了根据"场景指示"特征动态生成的权重，以更好地适应不同场景的特点。M2M 的结构如图 7-19 所示。

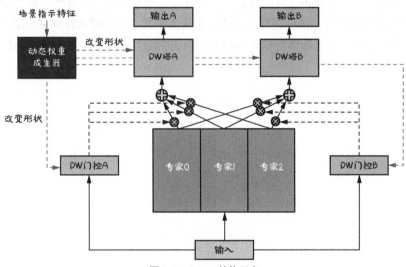

图 7-19　M2M 结构示意

7.3　小结

7.1 节详细讨论了多任务/多目标推荐的问题。

7.1.2 节介绍多任务推荐的并发模式。多任务学习最担心出现负迁移或跷跷板现象，而解决之道就是拆分多任务间的共享部分，尽量让不同任务更新不同的参数，以减少不必要的共享带来的干扰。沿着这一思路，我们将最传统、最基础的共享底层结构拆分成多个专家，从而衍生出 MoE；再将 MoE 中为所有任务共享的 Gate 拆分成每个任务独享一个门控，从而衍生出 MMoE；

最后将 MMoE 中为所有任务共享的专家拆分成任务独占与任务共享，衍生出 PLE。

7.1.3 节介绍多任务推荐的串行模式。串行建模的典型应用场景是用于电商场景下预测 CVR，其主要难点在于如何解决训练与预测两阶段之间可能存在的样本选择偏差。在具体做法上，ESMM 和 ESM2 的思路是，将 CVR 表达成隐形目标，通过优化 CTR 与 CTCVR 间接优化之。ESCM2 则采用完全不同的思路，通过修正样本权重，使得虽然我们是在点击样本上训练 CVR 目标，但是等价于在曝光样本上的训练效果。

训练时需要将多目标的损失函数融合成一个，预测时需要将多目标的打分融合成一个。要确定融合权重，手动调整和反复实验还是少不了的。但是也有一些自动算法，比如 Pareto-Efficient 和 CEM，能够帮助我们缩小搜索范围。

7.2 节从 3 个方向讨论了多场景推荐的问题。

7.2.1 节阐明了"重要特征加得浅"的观点，即"场景指示"特征要加到离最终预测目标更近的位置，使其发挥的作用更直接有力。7.2.2 节从模型结构的角度，介绍如何通过"先拆分，再合并"的模式，将负责知识迁移的场景共享部分与负责刻画场景特殊性的场景独立部分有机结合起来。7.2.3 节从模型参数的角度，介绍动态权重模式。这种模式特别突出了"场景指示"特征的"裁判"作用，使其能够根据不同场景增强或削弱其他信息，实现模型对场景自适应的效果。

第 8 章

冷启动

推荐系统的冷启动是指，针对较少消费记录的新用户、新物料的推荐。本章提到的新用户，既包括那些初次使用 App，没有任何历史行为的纯新用户，也包括那些虽然 App 安装了很久，但偶尔使用的低活跃用户。新物料的定义也类似。

冷启动是困扰推荐系统的一大难题。一方面，冷启动非常重要。对新用户而言，现在互联网行业竞争激烈，拉新、获客成本居高不下，好不容易拉来的新用户，如果模型承接做得不好而使其流失，前面的努力就白白浪费了；对新物料而言，新物料推荐不出去，既会让用户失去新鲜感而加速流失，也会打击创作者的积极性，不利于建立良好的内容生态。另一方面，冷启动又相当困难。毕竟"巧妇难为无米之炊"，再强大的模型，没有信息喂进去，也发挥不出作用。而且，很多经典的推荐算法从根本上就不支持新用户与新物料，比如 Item2Vec 对不曾在训练集中出现的物料就无法获得其 Embedding，DIN/SIM 要对用户历史行为序列进行 Attention，在新用户身上也就没有了用武之地。

既然冷启动如此重要且艰巨，业界涌现出了许多方法来应对这一难题，其中不乏一些简单、经典的策略，比如，给新用户推荐全网最热门的物料，再如，不依赖消费记录，重视使用基本属性（如用户的性别与年龄、物料的分类与标签）。

与这些老生常谈的策略相关的资料有很多，感兴趣的读者可以自己搜索来学习，本书不再介绍。本章将着眼于近些年提出的一些新理论、新技术层面，比如元学习、对比学习、迁移学习等，向读者介绍冷启动领域的最新进展。

不过在开启正文之前，还是要提醒读者一句：经典技术与新兴技术并没有绝对的高下优劣之分，读者需要根据自身的实际情况选择适合的冷启动算法，切不可盲目相信所谓的"银弹"。

8.1 Bandit 算法

Bandit 算法解决冷启动的思路很简单，即通过一系列实验，将新用户的兴趣或者优质的新物料试探出来。而且 Bandit 算法不是指单一算法，而是一个庞大的算法家族。本节将介绍 Bandit 算法的基本思想和它应用于冷启动时的各种变体。

8.1.1 多臂老虎机问题

Bandit 算法得名于"多臂老虎机"（Multi-Armed Bandit，MAB）问题，如图 8-1 所示。多臂老虎机是一种赌博机器，每台老虎机有若干手柄，拉动其中一根手柄，老虎机将会吐出一些金币。每根手柄每次吐出的金币数是随机的，但是遵循一个固定但对赌徒未知的概率分布。赌徒一共有 N 次机会，他希望找到一个最优策略使他能获得的金币数最多。

图 8-1 多臂老虎机问题

可以看到 MAB 问题与我们面临的冷启动问题是非常相似的。

对于新用户冷启动，每个新用户就相当于一台老虎机，每个兴趣大类（如电影、音乐、军事、体育……）就相当于老虎机的一根手柄。向该新用户展示某个兴趣类别下的物料，相当于拉动某一根手柄。用户的反馈（如点击）犹如老虎机吐出的金币。我们希望通过有限次试探，使得到的用户正反馈最大，也就摸清了用户兴趣，使用户获得了良好的初体验，增强 App 对新用户的黏性。

对于新物料冷启动，所有用户组成一台老虎机，候选新品池中的每个新物料相当于一根手柄。曝光某个新物料相当于拉动一次手柄。我们希望通过有限流量的试探，找到新品池中最优质的候选物料，犹如在多臂老虎机中找到那个能吐出最多金币的手柄。

因此，我们可以借鉴 MAB 问题的成熟算法来解决推荐系统中的冷启动问题。

MAB 问题最朴素、最初级的解法就是将 N 次尝试划分成探索（Explore）与开发（Exploit）前后两个阶段。

- 先探索，也就是将每根手柄拉动 n 次，统计 $\overline{R}(i)$ 为拉动第 i 根手柄 n 次所得到的平均收益。
- 再开发，赌徒找到平均收益最大的那根手柄 $a_{\max} = \text{argmax}_i \overline{R}(i)$，然后将剩余的机会全部用来拉动 $a_{\max}$。

以上朴素 Bandit 算法的缺点在于前期探索的次数很难设置。如果前期每个手柄探索的次数太少，统计出来的每根手柄的平均收益 $\overline{R}$ 误差大，导致探索出来的最优手柄的置信度太低，后期开发阶段可能陷入某个次优方案而不自知。如果前期每根手柄探索的次数太多，每根手柄的平均收益 $\overline{R}$ 会准确些，探索出来的最优手柄的置信度会高些，但此时留给"开发"的拉动机会就不多了。

8.1.2　Epsilon Greedy

针对以上问题，业界提出了 Epsilon Greedy 算法，不再将 N 次尝试严格划分为前后两阶段，而是将探索与开发按照一定概率交替进行，在找到当前最优手柄的同时就充分加以开发利用，以最大化总收益。

Epsilon Greedy 的算法流程伪代码如代码 8-1 所示。

代码 8-1　Epsilon Greedy 伪代码

Algorithm: Epsilon Greedy	
Input　ϵ : threshold to determine whether to Explore or Exploit	
1.	Initialize $\overline{R}$ with all zeros // **全零初始化**
2.	**Loop** N times:
3.	c = UniformRandomNumber() // **平均采样一个随机数**
4.	if c < ϵ : // **探索**
5.	a = choose one arm randomly // **随机选择一根手柄**
6.	else: // **开发**
7.	a = argmax$_i \overline{R}(i)$　// **选择当前平均收益最大的那根手柄**
8.	Pull arm 'a' and get reward 'r'
9.	Update $\overline{R}(a)$ with reward 'r' // **更新所拉动的那根手柄的平均收益**
10.	**End Loop**

Epsilon Greedy 的一种变体称为 Decay Epsilon Greedy，也就是让决定是否探索的门槛值 ϵ 随时间衰减。

- 前期 ϵ 较大，算法有更多的机会去探索各手柄的收益。
- 随着尝试次数变多，统计出来的 $\overline{R}$ 更加准确，找到的最优手柄 $a_{\max}$ 的置信度更高。此时 ϵ 也变小了，鼓励算法充分利用 $a_{\max}$ 赚取最大收益，而非浪费机会在不必要的探索上。

8.1.3 UCB

上面介绍的朴素 Bandit 和 Epsilon Greedy 算法只考虑了平均收益。业界有人提出只用均值来刻画概率分布不太全面，有必要另外考虑这个均值的不确定性，为此提出 Upper Confidence Bound（UCB，置信区间上界）算法。UCB 算法认为，每次尝试时，应该选择收益上限最大的那根手柄。比如在图 8-2 中，用"箱图"表示各手柄收益的概率分布，线段中点表示该手柄的平均收益，线段两端点表示该手柄收益的上下限。手柄 a_1 的收益上限最大，所以应该选择拉动手柄 a_1。

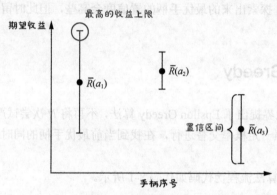

图 8-2　UCB 算法示意

第 i 根手柄的收益上限如公式(8-1)所示。

$$\text{UCB}(i) = \bar{R}(i) + c\sqrt{\frac{2\log N}{n_i}} \qquad \text{公式(8-1)}$$

该公式中各关键参数的含义如下。

- $\bar{R}(i)$ 表示第 i 根手柄的平均收益。
- $\sqrt{\dfrac{2\log N}{n_i}}$ 表示第 i 根手柄的收益的不确定性。N 是到目前为止一共尝试的总次数，n_i 是其中拉动第 i 根手柄的次数。可见，n_i 越小，即第 i 根手柄尝试的次数越少，其收益的不确定性越高，也就是潜力越大，尝试的机会也就应该增加。
- c 表示收益均值与收益潜力之间的调节权重，和 Decay Epsilon Greedy 一样，c 也随时间衰减，后期探索应该减少，而主要以开发为主。

从公式(8-1)可以看出，一根手柄的收益上限高，只有下面两种可能性。

- 要么是这根手柄的平均收益高。此时，选择上限最高的手柄，就是在开发。
- 要么是这根手柄的收益潜力高。此时，选择上限最高的手柄，就是在探索。

所以 UCB 算法将探索与开发两个阶段合二为一，如代码 8-2 所示。

代码 8-2　UCB 伪代码

	Algorithm UCB
1.	// 每根手柄先拉动一次，初始化 **TotalRewards** 和 **NumPlays**
2.	// **TotalRewards** 记录每根手柄的总收益
3.	// **NumPlays** 记录每根手柄被拉动的次数
4.	**for** $i=1\cdots K$ **do**
5.	TotalRewards[i] = pull i-th arm and get reward
6.	NumPlays[i] = 1
7.	**end for**
8.	// 正式开始"探索"与"开发"
9.	**for** $t=K+1\cdots MaxPlay$ **do** //遍历至最大轮数
10.	**for** $i=1\cdots K$ **do** // 遍历每根手柄
11.	$\text{UCB}[i] = \dfrac{\text{TotalRewards}[i]}{\text{NumPlays}[i]} + c\sqrt{\dfrac{2\log t}{\text{NumPlays}[i]}}$
12.	**end for**
13.	pull arm $a=\max_i \text{UCB}[i]$　and get reward r
14.	TotalRewards[a] += r
15.	NumPlays[a] += 1
16.	**end for**

8.1.4　概率匹配

另一种将探索与开发合二为一的算法是概率匹配（Probability Matching），也就是选中某根手柄的概率与该手柄当前的收益指标成正比。比如在 Boltzmann Exploration 中，拉动第 i 根手柄的概率如公式(8-2)所示。

$$p(i) = \frac{\exp\dfrac{\overline{R}(i)}{\tau}}{\sum_{j=1}^{N}\exp\dfrac{\overline{R}(j)}{\tau}} \qquad\qquad 公式(8-2)$$

该公式中各关键参数的含义如下。

- $\overline{R}(i)$ 是到目前为止第 i 根手柄的平均收益。
- τ 是"温度"系数，用于平衡探索与开发。τ 越大，公式(8-2)的结果越倾向于平均分布，从而鼓励探索；τ 越小，公式(8-2)的结果越集中在平均收益最大的那根手柄，从而鼓励开发。

8.1.5　Bayesian Bandit

前面的 Bandit 算法都是基于频率学派（Frequentist）的观点，即根据实验反馈统计出一个确定的数值来刻画各手柄的平均收益。而基于贝叶斯学派（Bayesian）的观点则认为，每根手柄的平均收益不是一个确定的数值，而是遵循某个概率分布的随机数。

基于贝叶斯学派的 MAB 问题求解方法如下。

假定第 i 根手柄的平均收益遵循先验概率 $p(\bar{R}(i))$，经过若干次实验，第 i 根手柄收到一批反馈 $D_i = \{r_1, r_2, \cdots, r_{n_i}\}$。根据 Bayes 公式，第 i 根手柄的平均收益的后验概率 $p(\bar{R}(i)|D_i) \propto p(D_i | \bar{R}(i)) p(\bar{R}(i))$。此时我们选择手柄时，只需要从各手柄平均收益的后验概率中随机采样一个数，然后选择数值最大的那根手柄去拉动。

当各手柄的平均收益非 0 即 1（这一点非常适用于推荐场景，比如点击与否）时，我们可以用伯努利分布来描述。而这个伯努利分布的均值（即每根手柄的平均收益）可以用伯努利分布的共轭分布 Beta 分布来描述，好处是先验分布与后验分布都遵循同样的形式，方便贝叶斯公式的计算。这种贝叶斯 Bandit 算法称为 Thompson Sampling（汤普森采样），可用于试探新用户的兴趣分布，如代码 8-3 所示。

代码 8-3　Thompson Sampling 伪代码

Algorithm: Thompson Sampling
1.　**for** $k=1,\cdots,K$ **do** // 初始化每个兴趣分类的 beta 参数
2.　　　Initialize α_k and β_k // 比如都设置成 1，先验分布就是平均分布
3.　**end for**
4.　**for** $t=1,\cdots$ **do** // 开始第 t 次尝试
5.　　　**for** $k=1,\cdots,K$ **do** // 每个兴趣分类采样一个随机数
6.　　　　　Sample $x_k \sim \text{beta}(\alpha_k, \beta_k)$
7.　　　**end for**
8.
9.　　　Choose interest category as $c_t = \text{argmax}x_k$ // 选择采样随机数最大的那个兴趣分类
10.　　 // 从选中兴趣分类 c_t 中选择一个物料推荐给新用户 　　　 // r_t 是用户反馈（比如点击与否）
11.　　　$r_t \leftarrow \text{recommend}(c_t)$
12.　　　$(\alpha_{c_t}, \beta_{c_t}) \leftarrow (\alpha_{c_t}, \beta_{c_t}) + (r_t, 1-r_t)$ // 更新选中那根兴趣分类的 beta 参数
13.　**end for**

- 将每个新用户设想成一台老虎机，假设一共有 K 个兴趣分类（比如军事、历史、电影、音乐……），相当于每个新用户的老虎机有 K 个手柄可选择。
- 第 2 行向当前新用户展示第 k 个兴趣分类的平均收益，用 Beta 分布来描述，涉及两个参数 α_k 和 β_k。这里将 α_k 和 β_k 都初始化为 1，Beta 分布退化成平均分布，如图 8-3(A) 所示。
- 第 7 行选择采样随机数最大的那个兴趣分类，如图 8-3(B) 所示，3 根手柄采样到的随机数为[0.1,0.75,0.2]，所以应该选择第 2 根手柄代表的兴趣分类。

- 第 8 行将选中的兴趣分类 c_t 中的优质物料推荐给新用户。至于如何获得一个兴趣分类下的优质物料，方法多种多样，可以通过大数据统计，也可以让运营团队人工筛选。

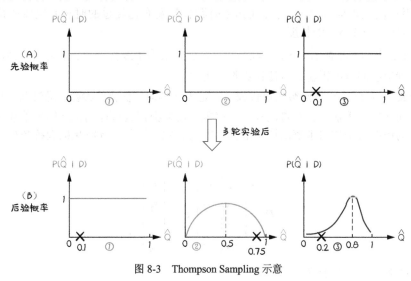

图 8-3　Thompson Sampling 示意

8.1.6　上下文 Bandit

前面介绍的 Bandit 算法，无论出于频率学派还是贝叶斯学派，都有一个共同点，就是每根手柄的收益分布虽然对赌徒未知，但都是固定的。基于这个假设发展出来的 Bandit 算法称为上下文无关的（Context-Free）Bandit。与之相反的另一类算法称为上下文（Contextual）Bandit，认为每根手柄的收益分布并非固定不变，而是随着上下文的变化而变化。比如，如果我们将推荐一个物料视为拉动一次手柄，那么本次动作能获得多大收益取决于推荐系统面对的用户。显然，上下文 Bandit 更加符合推荐系统的实际场景。

LinUCB 就是一种著名的上下文 Bandit 算法，被 Yahoo 成功运用于新闻推荐。新闻时效性要求高，如果等某条新闻积累起足够多的用户反馈才能判断出其受欢迎程度，再决定谁能上头版头条，那么该篇新闻可能早就过时了。可以说，新闻推荐是一个比较特殊的内容推荐场景，其中冷启动是常态。

所以，Yahoo 基于 MAB 来解决这一问题，通过在线实验探索出优质新闻并立刻加以开发。Yahoo 将每篇新闻当成一根手柄，同时为了增强推荐结果的个性化，每根手柄的收益分布并非固定不变，而是根据所面对的用户而变化。具体来说，推荐新闻 a（即拉动手柄 a）的平均收益如公式(8-3)所示。

$$E\left(r_{t,a}|\boldsymbol{x}_{t,a}\right)=\theta_a^\mathrm{T}\boldsymbol{x}_{t,a}$$

公式(8-3)

该公式中各关键参数的含义如下。

- $r_{t,a}$ 表示第 t 次推荐新闻 a 的收益，比如点击与否、阅读完成度。
- $x_{t,a}$ 表示第 t 次推荐新闻 a 时的上下文，是由当时的用户特征（如用户画像）、物料特征（如用户反馈指标）、环境特征（如当时距新闻发布已经过的时长）组成的特征向量。$x_{t,a} \in \mathbf{R}^d$，d 是 $x_{t,a}$ 的长度。
- LinUCB 中的 Lin 表示 Linear，顾名思义，公式采用了线性函数。采用线性函数主要是为了让置信区间有解析解，方便计算收益上限。
- $\theta_a \in \mathbf{R}^d$ 就是这个线性函数的最优权重，是需要学习、优化的参数。通过其下标可知，每篇新闻（每根手柄）都有自己独有的权重，需要根据其过往的交互历史单独训练出来。

接下来的问题就是如何求解出这个最优权重 θ_a。我们为新闻 a 收集的训练数据如公式(8-4)所示。

$$D_a = \begin{bmatrix} -x_{1,a}^\mathrm{T}- \\ -x_{2,a}^\mathrm{T}- \\ \vdots \\ -x_{m,a}^\mathrm{T}- \end{bmatrix}, c_a = \begin{bmatrix} r_1 \\ r_2 \\ \vdots \\ r_m \end{bmatrix} \qquad \text{公式(8-4)}$$

该公式中各关键参数的含义如下。

- $D_a \in \mathbf{R}^{m \times d}$ 是每次推荐新闻 a 时的上下文向量组成的矩阵。
- $c_a \in \mathbf{R}^m$ 是由每次推荐新闻 a 获得的收益组成的向量。
- m 是指到目前为止新闻 a 一共被推荐了 m 次。

为了求解 θ_a，我们拿真实收益 c_a 与根据公式(8-3)计算出的预估收益做一次岭回归（Ridge Regression），如公式(8-5)所示。

$$\text{Loss}_\text{ridge} = \frac{1}{2}\left[\| c_a - D_a \theta_a \|^2 + \| \theta_a \|^2\right] \qquad \text{公式(8-5)}$$

对公式(8-5)求导，可以得到最优权重 θ_a 如公式(8-6)所示，其中 $I_d \in \mathbf{R}^{d \times d}$ 是一个单位矩阵。

$$\begin{aligned} \theta_a &= A_a^{-1} b_a \\ A_a &= D_a^\mathrm{T} D_a + I_d \\ b_a &= D_a^\mathrm{T} c_a \end{aligned} \qquad \text{公式(8-6)}$$

另外，根据矩阵相乘的性质，不难推导出 A_a 和 b_a 还可以写成公式(8-7)的形式。

$$\begin{aligned} A_a &= I_d + \sum_{i=1}^{m} x_{i,a} x_{i,a}^\mathrm{T} \\ b_a &= \sum_{i=1}^{m} r_i x_{i,a} \end{aligned} \qquad \text{公式(8-7)}$$

求解出新闻 a 的最优权重 θ_a 后，在 t 时刻推荐新闻 a 的收益，有不小于 $1-\delta$ 的概率落在区

间 $\left[\mu_{a,t}-s_{a,t},\mu_{a,t}+s_{a,t}\right]$，$\mu_{a,t}$ 和 $s_{a,t}$ 如公式(8-8)所示，等号右边的符号的含义参考公式(8-6)。

$$\mu_{a,t}=\theta_a^{\mathrm{T}}\boldsymbol{x}_{t,a}$$
$$s_{a,t}=\alpha\sqrt{\boldsymbol{x}_{t,a}^{\mathrm{T}}\boldsymbol{A}_a^{-1}\boldsymbol{x}_{t,a}}$$
$$\alpha=1+\sqrt{\frac{\log\dfrac{2}{\delta}}{2}}$$

公式(8-8)

根据公式(8-8)可以得出，在 t 时刻推荐新闻 a 的收益上限是 $\mu_{a,t}+s_{a,t}$。如此一来，我们只需要遍历当时候选池中的所有新闻，计算出收益上限，然后选择上限最高的那篇新闻推荐出去，如公式(8-9)所示。

$$a_t=\mathrm{argmax}_{a\in A^t}\mu_{a,t}+s_{a,t}$$

公式(8-9)

该公式中各关键参数的含义如下。

- a_t 是 t 时刻应该推荐出去的那篇新闻。
- A^t 是 t 时刻所有候选新闻的集合，上标说明了这是一台手柄集合可以动态变化的老虎机，这才更加符合我们推荐场景的实际需要。
- $\mu_{a,t}$ 和 $s_{a,t}$ 参考公式(8-8)。

基于 LinUCB 推荐新闻的流程如代码 8-4 所示。

代码 8-4　基于 LinUCB 的新闻推荐

Algorithm LinUCB

1.	**for** $t=1, 2, \cdots, T$ **do** // 若干轮实验
2.	**for** $a\in A_t$ **do** // 每轮实验遍历所有候选新闻
3.	make feature vector $x_{t,a}$ // 由 t 时刻的用户信息+新闻 a 的信息拼接组成 d 维向量
4.	**if** a is new **then** // 新"新闻"，初始化其参数
5.	$A_a\leftarrow I_d$ //初始化成 $d\times d$ 的单位矩阵
6.	$b_a\leftarrow 0_d$ //初始化成 d 维的全零向量
7.	**else then**
8.	load A_a and b_a //提取上次的参数
9.	**end if**
10.	
11.	$\theta_a\leftarrow A_a^{-1}b_a$ //该篇新闻当下的最优权重
12.	$h_{t,a}\leftarrow\theta_a^{\mathrm{T}}\boldsymbol{x}_{t,a}+\alpha\sqrt{\boldsymbol{x}_{t,a}^{\mathrm{T}}\boldsymbol{A}_a^{-1}\boldsymbol{x}_{t,a}}$ //该新闻当前的收益上限
13.	**end for**
14.	// 选择收益上限最高的那篇新闻推荐出去
15.	Choose best arm $a_t=\mathrm{argmax}_{a\in A_t}h_{t,a}$
16.	Observe a reward r_t //用户反馈

17.	// 根据用户反馈，增量更新被选中那篇新闻的参数
18.	$A_{a_t} \leftarrow A_{a_t} + x_{t,a_t} x_{t,a_t}^{\mathrm{T}}$
19.	$b_{a_t} \leftarrow b_{a_t} + r_t x_{t,a_t}$
20.	**end for**

在代码 8-4 中，有下面几点需要注意。

- 第 4～6 行说明该算法支持候选集动态变化，符合推荐系统的业务实际情况。
- 第 11 行在计算最优权重 θ_a 时，涉及 A_a^{-1} 矩阵求逆的操作，会比较费时。尽管 A_a 和 b_a 会在第 18～19 行实时更新，但是 A_a^{-1} 可以缓存起来，没必要每次都更新，牺牲一些精度来换取更快的速度。
- 第 18～19 行是参数的增量更新公式，使得参数不必从头计算，是在线计算的基础。这个增量更新公式可以根据公式(8-7)推导出来。

8.2　元学习

本节介绍基于元学习（Meta Learning）的冷启动算法。

8.2.1　什么是元学习

我们先通过图 8-4 来回顾一下常规的机器学习是怎么做的。

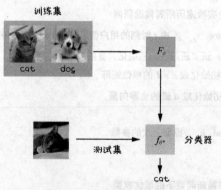

图 8-4　常规机器学习示意

在开始正式训练之前，我们需要做一些配置，也就是图中的 ϕ，具体如下：

- 我们打算采用哪些网络结构，是 Wide & Deep、DeepFM，还是 Transformer；
- 每种结构的具体规格是什么，比如使用 DNN 时需要几层，每层有多少个神经元 Transformer 中的 Multi-Head Attention 需要多少头；

- 网络参数的初始值如何设置；
- 训练时用多大的步长；多少步衰减一次；
- 训练时要用 SGD 的哪个变体算法，是 Adam、AdaDelta，还是 AdaGrad 或其他算法；
- ……

做好以上配置之后，我们就有了一个模型模板 F_ϕ。注意 F_ϕ 不承担具体功能，也没有经历过任何数据的洗礼，只是一个配置文件存储在硬盘上，而没有具体参数要存储。

然后我们将一批训练数据喂入模板 F_ϕ，几轮训练下来，我们就得到了一个具体的模型 f_{θ^*}，θ^* 是训练出来的最优参数。注意 f_{θ^*} 与 F_ϕ 不同，f_{θ^*} 承担具体功能（在图 8-4 中分辨 cat 与 dog），包含具体参数 θ^*。

在以上常规机器学习中，模型模板配置 ϕ 都是人工设定的，往往需要经过多轮反复实验才能确定下来，费时费力。而且受经验所限，工程师选择的几组候选配置也未必是最优的。于是人们想到，能否有方法将最优的模板配置 ϕ 自动学习出来呢？这时，元学习就有了用武之地。

注意，喂入元学习的基本数据单位不再是一条条单独的样本，而是一个个任务（Task）。一个 Task 内部又包含两个数据集：一个是训练集（元学习领域又称 Support Set）；另一个是测试集（元学习领域又称 Query Set）。

元学习的训练过程如图 8-5 所示。任务 1 用于分类水果图片。训练任务 1 时，将其中的训练集（一批水果图片和标注）喂入模板 F_ϕ，训练得到一个水果分类器 $f_{\theta_1^*}$，θ_1^* 是训练得到的最优权重。这个步骤只用到单独一个任务的数据，所以称为任务内学习（Within-Task Learning）。再将任务 1 中的测试集喂入训练好的模型 $f_{\theta_1^*}$，计算出在测试集上的损失 l_1。

同理，将任务 2 中的训练集（交通工具的图片和标注）喂入模板 F_ϕ，训练得到一个交通工具分类器 $f_{\theta_2^*}$，θ_2^* 是训练得到的最优权重。再拿任务 2 中的测试集喂入 $f_{\theta_2^*}$，计算得到测试集的损失 l_2。

假设训练一个批次（batch）有 N 个任务，总损失就是所有任务的测试集上的损失之和，如公式(8-10)所示。这个步骤用到了一个 batch 内所有任务的数据，所以称为跨任务学习（Across-Task Learning）。

$$L_{\text{meta}}(\phi) = \sum_{n=1}^{N} l_n = \sum_{n=1}^{N} L(D_n^{\text{test}} \mid \theta_n^*) \qquad \text{公式(8-10)}$$

该公式中各关键参数的含义如下。

- L 是所有任务共用的损失函数。
- l_n 是第 n 个任务在其测试集上的损失。
- D_n^{test} 是第 n 个任务中的测试集（即 Query Set）。
- θ_n^* 是第 n 个任务训练得到的最优参数。

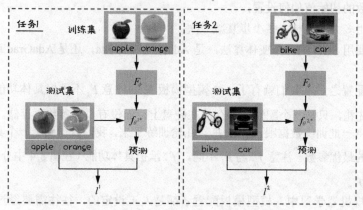

图 8-5 Meta Learning 示意

注意，总损失 $L_{\text{meta}}(\phi)$ 是模型模板配置 ϕ 的函数。接下来的问题就是，如何将最优的模板配置 ϕ 学习出来？

如果 $L_{\text{meta}}(\phi)$ 对 ϕ 是可导的，那么我们依然可以使用最熟悉的随机梯度下降（SGD）法求解，比如 8.2.2 节要讲的 MAML 就是如此。如果 $L_{\text{meta}}(\phi)$ 对 ϕ 不可导，那么只好借助强化学习、遗传算法之类的方法来求解了。

8.2.2 什么是 MAML

Model-Agnostic Meta-Learning（MAML，模型无关的元学习）是一类特殊的元学习，有下面两个特点：

- 模板配置 ϕ 仅限于模型参数 θ 的初值；
- 损失函数 $L_{\text{meta}}(\phi)$ 对 ϕ 可导，从而可以通过 SGD 的方式求解出最优 ϕ，也就是最优的 θ 初值。

提出 MAML 是为了解决小样本训练的问题，也就是新任务没有足够多的数据将模型参数从头训练好。MAML 的解决思路是：

- 通过若干组任务（比如任务 1 是分类不同水果，任务 2 是分类不同的交通工具），学习出一套高质量的参数初值 ϕ；
- 当面对一个新任务（比如分类不同动物时）时，由这段高质量的参数初值 ϕ 出发，只需要经过少量样本的迭代，就能得到适合新任务的最优参数 θ^*，从而解决了新任务样本不足的问题。

具体解法上，尽管理论上从初值 ϕ 出发，需要经过多轮训练迭代才能得到最优参数 θ^*，但是，从减少训练样本数的实际目标出发，我们假设初值 ϕ 只经过一次梯度下降就得到最优参数 θ^*，如公式(8-11)所示。

$$\theta_n^* = \phi - \alpha \frac{\partial L(D_n^{\text{train}} \mid \phi)}{\partial \phi} \qquad \text{公式(8-11)}$$

该公式中各关键参数的含义如下。

- ϕ 是所有任务共享的参数初值。
- θ_n^* 是第 n 个任务的最优模型参数，假设由 ϕ 通过一次梯度下降就能得到。
- L 是所有任务共用的损失函数。
- $L(D_n^{\text{train}} \mid \phi)$ 是模型以初值 ϕ 为参数，在第 n 个任务的训练集 D_n^{train} 上的损失；
- α 是迭代步长。

根据公式(8-10)，拿 $L_{\text{meta}}(\phi)$ 对 ϕ 求导，结果如公式(8-12)所示。

$$\frac{\partial L_{\text{meta}}(\phi)}{\partial \phi} = \sum_{n=1}^{N} \frac{\partial L(D_n^{\text{test}} \mid \theta_n^*)}{\partial \phi} \qquad \text{公式(8-12)}$$

将公式(8-12)中的 $\frac{\partial L(D_n^{\text{test}} \mid \theta_n^*)}{\partial \phi}$ 拆解成对 ϕ 的每一位求导，得到公式(8-13)。

$$\frac{\partial L(D_n^{\text{test}} \mid \theta_n^*)}{\partial \phi_i} = \sum_j \frac{\partial L(D_n^{\text{test}} \mid \theta_n^*)}{\partial \theta_{n,j}^*} \frac{\partial \theta_{n,j}^*}{\partial \phi_i} \qquad \text{公式(8-13)}$$

将公式(8-11)代入公式(8-13)中的 $\frac{\partial \theta_{n,j}^*}{\partial \phi_i}$，得到公式(8-14)。

$$\frac{\partial \theta_{n,j}^*}{\partial \phi_i} = \begin{cases} 1 - \alpha \dfrac{\partial L(D_n^{\text{train}} \mid \phi)}{\partial \phi_j \partial \phi_i} & (i = j) \\[3mm] -\alpha \dfrac{\partial L(D_n^{\text{train}} \mid \phi)}{\partial \phi_j \partial \phi_i} & (i \neq j) \end{cases} \qquad \text{公式(8-14)}$$

经实验证明，忽略公式(8-14)中的二阶导数 $\dfrac{\partial L(D_n^{\text{train}} \mid \phi)}{\partial \phi_j \partial \phi_i}$，对结果精度没有太大影响，反而能够大幅提升计算速度。忽略二阶导数后公式(8-14)变成公式(8-15)。

$$\frac{\partial \theta_{n,j}^*}{\partial \phi_i} = \begin{cases} 1 & (i = j) \\ 0 & (i \neq j) \end{cases} \qquad \text{公式(8-15)}$$

将公式(8-15)代入公式(8-13)，得到公式(8-16)，也就是说，第 n 个任务对初值 ϕ 的梯度近似等于该任务对它自己的参数 θ_n^* 的梯度。

$$\frac{\partial L(D_n^{\text{test}} \mid \theta_n^*)}{\partial \phi_i} = \frac{\partial L(D_n^{\text{test}} \mid \theta_n^*)}{\partial \theta_{n,i}^*}$$

$$\Rightarrow \frac{\partial L(D_n^{\text{test}} \mid \theta_n^*)}{\partial \phi} = \frac{\partial L(D_n^{\text{test}} \mid \theta_n^*)}{\partial \theta_n^*} \qquad \text{公式(8-16)}$$

将公式(8-16)代回公式(8-12)，就得到了 MAML 的梯度下降迭代公式(8-17)。

$$\theta_n^* = \phi - \alpha \frac{\partial L(D_n^{\text{train}} \mid \phi)}{\partial \phi} \qquad\qquad \text{(a)}$$

$$\frac{\partial L_{\text{meta}}(\phi)}{\partial \phi} = \sum_{n=1}^{N} \frac{\partial L(D_n^{\text{test}} \mid \theta_n^*)}{\partial \theta_n^*} \qquad\qquad \text{(b)} \quad 公式(8-17)$$

$$\phi = \phi - \beta \frac{\partial L_{\text{meta}}(\phi)}{\partial \phi} \qquad\qquad \text{(c)}$$

MAML 的训练过程如代码 8-5 所示。

代码 8-5　MAML 训练过程

	Algorithm MAML
	Input: step-size　α　// 由初值 ϕ 经过一步迭代得到最优参数 θ^* 的步长
	Input: step-size　β　// 由 ϕ 的旧值迭代成新值的步长
1.	randomly initialize　ϕ
2.	**while** not done **do**
3.	given a batch of Tasks, $T_n, n \in \{1, \cdots, N\}$
4.	**for** each　T_n　do // **Within-Task Learning**
5.	//在任务 n 的训练集 D_n^{train} 上，由初值 ϕ 经过一次梯度下降，得到任务 n 的最优参数 θ_n^*
6.	$\theta_n^* = \phi - \alpha \dfrac{\partial L(D_n^{\text{train}} \mid \phi)}{\partial \phi}$　//公式**(8-17)(a)**
7.	//在任务 n 的测试集 D_n^{test} 上，在最优参数 θ_n^* 处计算梯度，为元学习做准备
8.	$g_n^{\text{meta}} = \dfrac{\partial L(D_n^{\text{test}} \mid \theta_n^*)}{\partial \theta_n^*}$　//第 n 个任务对元学习贡献的梯度
9.	**end for**
10.	// **Across-Task Learning**
11.	$\phi = \phi - \beta \sum\limits_{n=1}^{N} g_n^{\text{meta}}$　//元学习更新迭代初值，公式**(8-17)(b)**和**(c)**
12.	**end while**

假设一个 batch 只有一个任务，初始值 ϕ 的迭代过程如图 8-6 所示。

- ϕ_0 是初值 ϕ 的初始值，第一个批次是训练任务 A。
- 第 1 步是执行公式(8-17)(a)，由初值根据任务 A 中的训练集梯度下降一步，得到任务 A 的最优参数 θ_A^*。
- 第 2 步是执行公式(8-17)(b)，根据任务 A 的测试集，计算损失对最优参数 θ_A^* 的梯度。
- 第 3 步是执行公式(8-17)(c)，将第 2 步计算出来的损失对最优参数 θ_A^* 的梯度，平移过来成为损失对初值 ϕ 的梯度，沿此梯度方向迭代一步，得到初值 ϕ 的新值 ϕ_1。

- 然后开始第二个批次，训练任务 B，从 ϕ_1 出发，再次执行公式(8-17)，得到初值 ϕ 的最新值 ϕ_2。以此类推，迭代下去。

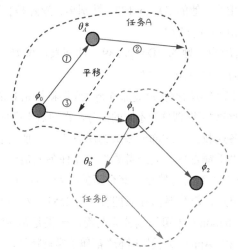

图 8-6　MAML 训练迭代过程示意

以上介绍了 MAML 的一般原理与训练过程，由此可见，MAML 是非常适合推荐系统中的冷启动任务的。

- 冷启动显然属于小样本学习的问题，我们希望通过有限几次用户反馈就把新用户、新物料这些新任务学习好。
- MAML 用于用户冷启动时，每个用户算作一个任务。MAML 用于物料冷启动时，每个物料算作一个任务。通过老用户/老物料学习出模型参数的最佳初值，应用于新用户/新物料，使其能够快速收敛至最佳状态。

尽管如此，要将 MAML 这个通用算法应用于推荐领域，并非简单套用就万事大吉，还有许多问题亟待解决。比如，模型的全部参数是否都需要学习最优初值？不同任务共享一套最优初值吗？……这些问题将在 8.2.4 介绍 Meta-Embedding 时予以解答。

8.2.3　MAML 针对推荐场景的改造

8.2.2 节讲到了 MAML 是非常适合冷启动任务的，但是将 MAML 应用于推荐场景并不能像有些文章说的那样生搬硬套，必须认清推荐系统冷启动的特殊性，然后对 MAML 做针对性的改造。

1. 应用范围改造

常规 MAML 假设，每个任务都拥有彼此独立的参数（但是共享一套初值）。当遇到新任务时，新任务模型的所有参数都需要初始化，所以，要学习的模板参数 ϕ 包括模型所有参数的初始值。但是这个假设对于推荐模型显然是不成立的。

前面提到过，MAML 应用于新用户冷启动时，每个用户当成一个任务；应用于新物料冷启动时，每个物料当成一个任务。以新用户冷启动场景为例，假设有新老两个用户，对应两个任务。

- 老任务 T_O：对应老用户，他的 ID=abc123，性别男，爱好是{"军事","历史","电影"}，App 每天使用时长为"30~60 分钟"。
- 新任务 T_N：对应新用户，她的 ID=xyz789，性别女，爱好是{"音乐","电影","旅游"}，App 每天使用时长为"30~60 分钟"。

众所周知，现代基于深度学习的推荐模型都遵循"底层特征先 Embedding，再喂入上层 DNN"的经典结构。因此，模型的参数可以划分为不同的部分，在面对不同任务时展现出不同的特性。

首先是上层 DNN 的各层权重。这部分参数为所有用户、所有物料所共享，经过海量的训练样本的反复训练，可谓"千锤百炼、久经考验"。新任务的最优选择是复用这些老任务已经训练好的 DNN 权重，而没理由重新初始化一套全新的参数。否则，姑且不说闭门造出来的"轮子"质量差，只论每个新用户、新物料都独立拥有一套 DNN 权重也不经济。

其次，底层特征的 Embedding 也可以划分为两类，一类是常规特征的 Embedding，比如上面例子中的"性别""爱好"和"App 每天使用时长"都属于常规特征，其特点是，它们的 Embedding 为多个用户、多个物料所共享。因此，与 DNN 权重类似，新任务对于常规特征的 Embedding 应该直接复用老任务已经训练好的，而非重新初始化一套新的，否则质量差，效率低，还不经济。比如上面例子中的"电影"Embedding、"30~60 分钟"Embedding 已经被老任务 T_O 充分训练好了，新任务 T_N 拿来直接用就可以了。当然不排除新任务会引入一些之前从未出现过的常规特征，比如某新用户的爱好是"去火星吃烧烤"。这里我们假设模型已经被海量的老任务调教过了，见识过 99.999% 的常规特征，碰上一两个罕见特征就当异常值直接忽略了。

另一类是特殊特征的 Embedding，就是每个用户的 User ID Embedding 和每个物料的 Item ID Embedding。一来，这些 ID Embedding 独一无二，极其重要。虽然前面提到的 DNN 权重和常规特征的 Embedding 因跨任务共享而被充分训练，但也不可避免地要兼顾多个任务而顾此失彼。而一个 User/Item ID Embedding 为某个用户/物料所独有，全心全意只为一个用户/物料服务，个性化信息保留得最为充分和完整。二来，正是由于 ID Embedding 如此重要，新用户/新物料在 ID Embedding 上的缺失是造成模型冷启动性能不好的重要原因之一。预测时新 ID 查询不到，预测程序拿一个全零向量当 ID Embedding，其中信息含量为 0，使模型表现差强人意；训练时新 ID 查询不到，训练程序随机初始化 ID Embedding，这个随机向量可能需要很多数据，经过多轮训练才能迭代至一个较好的状态，而新用户/新物料又提供不了这么多的训练数据。

综上所述，我们可以得到将 MAML 应用于推荐场景时所要做的第一个改进，就是修正其应用范围。

- 对于推荐模型的大部分参数，包括 DNN 权重和常规特征的 Embedding，新任务（即新用户/新物料）应该直接复用老任务（即老用户/老物料）已经训练好的，这样既能保证参数的质量，又能节省资源。所以，MAML 完全没必要学习这些参数的最优初值。
- 对于每个新任务，只有 ID Embedding 是为这个任务所独有的，无法复用老任务，希望能够从一个最优初值出发，只经过少量数据就快速迭代至最优状态。而这个最优的 User ID Embedding 或 Item ID Embedding 的初值，是唯一需要 MAML 学习的模板配置。

2. 优化目标改造

前面已经说明过，MAML 在推荐场景下的唯一任务就是将最优的 ID Embedding 初值 ϕ 学习出来，而在冷启动的不同阶段发挥着不同作用。以新用户冷启动为例。

- 第一个阶段是 Cold-Start（为了和通篇所指的广义冷启动相区别，这里称之为"纯冷启动"）。用户第一次向本推荐服务发出请求，预测程序在线上服务的模型的 Embedding 层找不到该用户 User ID 对应的 Embedding，就代之以 ϕ 喂进模型进行预测。此时，ϕ 直接影响了新用户的初体验。

- 第二个阶段是 Warm-Up（热身）。第一个阶段的用户反馈回传至在线学习（Online Learning）程序，训练程序在 Parameter Server 中查不到新用户 User ID 对应的 Embedding，就拿 ϕ 当初值，利用新用户的反馈数据，通过一次梯度下降就得到了该新用户 User ID Embedding 的最新值 θ^*。θ^* 被打到线上，作为新的 User ID Embedding 为该用户的第"二"次（理想了一点，假设在线更新足够及时）请求服务。此时，ϕ 通过影响 θ^* 间接影响了用户的第二次体验。

但是从公式(8-10)就可以看出，传统 MAML 的损失 $L_{\text{meta}}(\phi)$ 只看重模型在 θ^* 处的表现，而忽略了模型在 ϕ 处的表现，如图 8-7 所示。

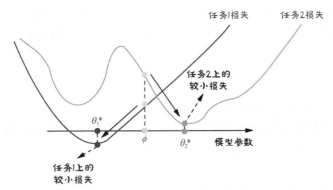

图 8-7 MAML 损失函数曲线

图 8-7 中的两条曲线分别代表任务 1 和任务 2 两个任务中，损失随模型参数变化的曲线。从图 8-7 中可以看到，模型参数的初值 ϕ 无论是在任务 1 还是任务 2 上，损失都还很高，远谈不上最优。但是没关系。ϕ 在任务 1 中经过一次梯度下降到 θ_1^*，只要 θ_1^* 处的损失 l_1 足够小，ϕ 对于 Task 1 就是最优初值，达到了 MAML 的训练目标。同理，只要 θ_2^* 处的损失 l_2 足够小，ϕ 对于 Task 2 就是最优初值。

传统 MAML 这种只关注模型在 θ^* 的表现而忽略 ϕ 处表现的做法，如果切换回推荐场景，就意味着只关注 Warm-Up 阶段（新用户的第二次体验），而放弃了对 Cold-Start 阶段（新用户的初体验）的优化。但是"皮之不存，毛将焉附"，如果新用户对初体验都不满意，则有无第二次体验都不确定，遑论优化。

所以，将 MAML 应用于推荐场景所要做的第二个改进：需要同时关注模型在 ϕ 和 θ^* 处的性能，也就是要兼顾 Cold-Start 和 Warm-Up 两阶段。

3. 生成方式改造

如果使用传统 MAML 来学习 ID Embedding 的最优初值，就只是生成一个全局向量为所有任务共享。但是在推荐场景下，即使是冷启动，我们也并非对新用户/新物料一无所知。对于新用户，通过弹窗问卷调查的方式，我们可能获得用户的一些基本属性（如性别、年龄）和兴趣爱好。对于新物料，通过内容理解算法给物料分类、打标签更是家常便饭。

有了这些基本信息，我们不禁萌生出第三个改进方向：希望 User/Item ID Embedding 的初值不再是全局共享的一个向量，而是用户/物料基本信息的函数。使用"个性化"初值对不同用户/物料的 ID Embedding 进行初始化，将"个性化"进行到底。

8.2.4　Meta-Embedding

前面提到，要将 MAML 应用于推荐场景，需要在三个方面进行针对性改造。至于如何实现这些改造，Meta-Embedding 提供了一个经典案例。接下来，我们就以新物料冷启动为例介绍 Meta-Embedding 是怎样做的，但实际上 Meta-Embedding 的做法同样适用于新用户冷启动的场景。

在开始元学习之前，我们先用老任务（即老物料）的样本预训练出一个 CTR 模型，如公式 (8-18) 所示。

$$\mathrm{pCTR}_{u,i} = \mathrm{F}(e_i, a_i, u) \qquad \text{公式(8-18)}$$

该公式中各关键参数的含义如下。

- e_i 是第 i 个物料的 Item ID Embedding，是从 Item ID 的 Embedding 矩阵的第 i 行。
- a_i 是第 i 个物料的常规特征，比如分类、标签等。
- u 代表用户。

模型 F 要优化的参数分为以下两部分。

- Item ID 的 Embedding 矩阵。这些 Item ID Embedding 需要有一个最佳初值 ϕ，是元学习阶段的目标。
- 物料的常规特征的 Embedding 矩阵、用户特征的 Embedding 矩阵以及 DNN 的权重，合起来记为 θ。

接下来正式进入元学习阶段。我们还是拿每个物料当成一个独立的任务。训练的时候拿老物料当样本，也就是将这些老物料"穿越"回它们的冷启动阶段（Item ID Embedding e_i 还未训练好的时候）。通过寻找最佳初值，使"穿越"回去的老物料在冷启动阶段的性能达到最优。

1. 应用范围改造

我们将公式(8-18)换一种形式写成公式(8-19)的样子，以明确预训练阶段与元学习阶段的区别。

$$pCTR_{u,i} = F_\theta\big(G_i(\phi), a_i, u\big)$$　　　　公式(8-19)

- 对比公式(8-18)，这里将模型写成了 F_θ，表示元学习阶段的模型与预训练阶段的模型 F 有着相同的网络结构，但是参数 θ 直接从模型 F 继承已经训练好的，并且固定不变。因此，元学习的模型 F_θ 不再优化 θ，唯一要优化的只有 ϕ 这一个向量，也就是所有 Item ID Embedding 共享的最佳初值。

- 公式(8-18)在 Item ID Embedding 这个位置写的是 e_i，而在公式(8-19)中代之以 $G_i(\phi)$，它是初值 ϕ 的函数。这是在提醒我们，既然用于训练的老物料已经"穿越"回冷启动阶段，预训练阶段已经训练好的 Item ID Embedding e_i 也就只能弃之不用了，必须"回归初心"，从 ϕ 重新开始。函数 G_i 的下标 i 说明，不同的物料有不同的映射方式。同时，接下来我们会看到，在 Cold-Start 和 Warm-Up 两阶段，G_i 也呈现出不同的方式。

简言之，在预训练好模型 F 之后，将其中 Item ID Embedding 矩阵弃之不用，保留并固定参数 θ，就得到了元学习阶段的模型 F_θ。这也正是 Meta-Embedding 对"MAML 用于推荐的第一条改造：应用范围改造"的具体实现。

2. 优化目标改造

前面已经讲过，冷启动分为 Cold-Start 和 Warm-Up 两个阶段，所以我们也需要准备两个数据集。在有关第 i 个物料的训练样本中随机采样出两个大小都为 K 的样本集。

- 第一份数据集称为 D_i^c，用于训练第 i 个物料的 Cold-Start 阶段。
- 第二份数据集称为 D_i^w，用于训练第 i 个物料的 Warm-Up 阶段。

在 Cold-Start 阶段，物料 i 的 Item ID Embedding 尚无数据来训练，只能用全局初值 ϕ 来代替，表示成公式(8-20)。G_i^c 的含义参考公式(8-19)的注释，上标 c 表示在 Cold-Start 阶段的 G 函数的实现。

$$G_i^c(\phi) = \phi$$　　　　公式(8-20)

将公式(8-20)代入公式(8-19)，并计算二元交叉熵（Binary Cross Entropy，BCE）损失，就得到公式(8-21)。

$$\begin{aligned} l_i^c &= L(D_i^c \mid \phi) \\ &= \frac{1}{K}\sum_{j=1}^{K} BCE(y_j, F_\theta(\phi, a_i, u_j)) \end{aligned}$$　　　　公式(8-21)

该公式中各关键参数的含义如下。

- l_i^c 是第 i 个任务在 Cold-Start 阶段要优化的损失。
- $L(D_i^c \mid \phi)$ 说明 l_i^c 是在 D_i^c 上计算得到的，受初值 ϕ 的影响。

- u_j 和 y_j 分别代表数据集 D_i^c 中第 j 条样本的用户特征和用户反馈。

注意，根据公式(8-20)，l_i^c 优化的是模型在初值 ϕ 处的表现，也就是优化新物料被首次推荐时的初体验。而这一点恰恰是常规 MAML 所忽略的，也正是 Meta-Embedding 对"MAML 用于推荐的第二条改造：优化目标改造"的具体实现。

接下来进入 Warm-Up 阶段，这一部分就是 MAML 的常规实现了。此时 Item ID Embedding 应该是从初值 ϕ 出发经过一次梯度下降后所得到的新值，如公式(8-22)所示。

$$G_i^w(\phi) = \phi - \lambda_c \frac{\partial l_i^c}{\partial \phi} = \phi - \lambda_c \frac{\partial L(D_i^c \mid \phi)}{\partial \phi} \qquad \text{公式(8-22)}$$

该公式中各关键参数的含义如下。

- G_i^w 的含义参考公式(8-19)的注释，上标 w 表示在 Warm-Up 阶段的 G 函数的实现。
- λ_c 是 Cold-Start 阶段的迭代步长。
- l_i^c 的定义见公式(8-21)。

将公式(8-22)代入公式(8-19)，并计算二元交叉熵损失，就得到公式(8-23)。

$$l_i^w = L(D_i^w \mid \phi)$$
$$= \frac{1}{K} \sum_{j=1}^{K} \text{BCE}\left(y_j, F_\theta\left(\phi - \lambda_c \frac{\partial L(D_i^c \mid \phi)}{\partial \phi}, a_i, u_j \right) \right) \qquad \text{公式(8-23)}$$

该公式中各关键参数的含义如下。

- l_i^w 是第 i 任务在 Warm-Up 阶段要优化的损失。
- $L(D_i^w \mid \phi)$ 说明 l_i^w 是在 D_i^w 上计算得到的，受初值 ϕ 的影响。

元学习的总损失 l_i^{meta} 是 Cold-Start 与 Warm-Up 两个阶段的损失的加权和，如公式(8-24)所示，其中 α 表示权重，它是一个超参。

$$l_i^{\text{meta}} = \alpha l_i^c + (1-\alpha) l_i^w \qquad \text{公式(8-24)}$$

要优化公式(8-24)，需要对公式两边求导，代入公式(8-21)与公式(8-23)，得到公式(8-25)。

$$\frac{\partial l_i^{\text{meta}}}{\partial \phi} = \alpha \frac{\partial L(D_i^c \mid \phi)}{\partial \phi} + (1-\alpha) \frac{\partial L(D_i^w \mid \phi)}{\partial \phi}$$
$$= \alpha \frac{\partial L(D_i^c \mid \phi)}{\partial \phi} + (1-\alpha) \frac{\partial L(D_i^w \mid \phi)}{\partial G_i^w(\phi)} \frac{\partial G_i^w(\phi)}{\partial \phi} \qquad \text{公式(8-25)}$$

公式(8-25)中的 $\frac{\partial L(D_i^c \mid \phi)}{\partial \phi}$ 和 $\frac{\partial L(D_i^w \mid \phi)}{\partial G_i^w(\phi)}$，都可以通过 TensorFlow 或 PyTorch 的自动求导功

能计算得到。为了计算 $\frac{\partial G_i^w(\phi)}{\partial \phi}$，需要代入公式(8-22)，得到公式(8-26)。

$$\frac{\partial G_i^w(\phi)}{\partial \phi} = 1 - \lambda_c \frac{\partial L(D_i^c \mid \phi)}{\partial \phi^2} \qquad \text{公式(8-26)}$$

将公式(8-26)代回公式(8-25)，就得到元学习阶段损失对的梯度，如公式(8-27)所示。

$$\frac{\partial l_i^{\text{meta}}}{\partial \phi} = \alpha \frac{\partial L(D_i^c \mid \phi)}{\partial \phi} + (1-\alpha) \frac{\partial L(D_i^w \mid \phi)}{\partial G_i^w(\phi)} \left(1 - \lambda_c \frac{\partial L(D_i^c \mid \phi)}{\partial \phi^2}\right) \qquad \text{公式(8-27)}$$

如果忽略二阶导数，可以得到梯度的简化公式(8-28)。

$$\frac{\partial l_i^{\text{meta}}}{\partial \phi} = \alpha \frac{\partial L(D_i^c \mid \phi)}{\partial \phi} + (1-\alpha) \frac{\partial L(D_i^w \mid \phi)}{\partial G_i^w(\phi)} \qquad \text{公式(8-28)}$$

如果再将 $\alpha = 0$，也就是忽略 Cold-Start 阶段，公式(8-28)退化成 $\frac{\partial l_i^{\text{meta}}}{\partial \phi} = \frac{\partial L(D_i^w \mid \phi)}{\partial G_i^w(\phi)}$，那就

和常规 MAML 的梯度公式(8-16)别无二致。

3. 生成方式改造

到目前为止，本节所有公式中的初值都是 ϕ，意味着我们还在遵循 MAML 的传统思路，即所有任务共享一个全局的最优初值。事实上，我们并非对新物料一无所知，而是很容易掌握它们的一些基本属性 a_i（比如分类、标签）。凭借这些信息，Meta-Embedding 认为 Item ID Embedding 的初值也应该更为个性化。

基于这一思路，Meta-Embedding 将 Item ID Embedding 的初值建模成物料基本属性的函数，如公式(8-29)所示。

$$\phi_i = h(a_i \mid w) \qquad \text{公式(8-29)}$$

该公式中各关键参数的含义如下。

- ϕ_i 是第 i 个物料的 Item ID Embedding 个性化的初值。
- a_i 代表第 i 个物料的基本属性。
- h 是映射函数。
- w 是映射函数 h 的参数，是要优化的变量。

将公式(8-29)代入公式(8-27)，用 ϕ_i 代替 ϕ，得到公式(8-30)。

$$\frac{\partial l_i^{\text{meta}}}{\partial \phi_i} = \alpha \frac{\partial L(D_i^c \mid \phi_i)}{\partial \phi_i} + (1-\alpha) \frac{\partial L(D_i^w \mid \phi_i)}{\partial G_i^w(\phi_i)} \left(1 - \lambda_c \frac{\partial L(D_i^c \mid \phi_i)}{\partial \phi_i^2}\right) \qquad \text{公式(8-30)}$$

而且我们现在真正要优化的变量变成了 w，所以最终的梯度公式变成公式(8-31)。

$$\frac{\partial l_i^{\text{meta}}}{\partial w} = \frac{\partial l_i^{\text{meta}}}{\partial \phi_i} \frac{\partial \phi_i}{\partial w} = \frac{\partial l_i^{\text{meta}}}{\partial \phi_i} \frac{\partial h(a_i \mid w)}{\partial w} \qquad \text{公式(8-31)}$$

至于映射函数 h 如何设计，业界给出一个简单实现，如图 8-8 所示，实现步骤如下。

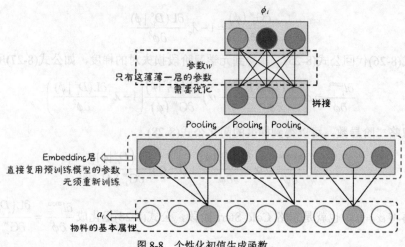

图 8-8　个性化初值生成函数

（1）第 i 个物料的基本属性 a_i 中的各个 Field 先 Embedding，再 Pooling 成一个向量。

（2）将各 Field Embedding 拼接起来，喂入上层网络。

（3）上层网络经过简单一层线性映射（权重为 w）就得到了 Item ID Embedding 的个性化初值 ϕ_i。

关键不在于 h 的网络结构如何设计，而在于第一步 Embedding 时，各个 Field 的 Embedding 矩阵是直接复用预训练模型 θ 中的相应变量，而无须重新训练（通过禁止回代的方式）。这样做，既能保证 Embedding 矩阵的质量，又能提升效率。所以整个元学习阶段要优化的参数 w 就只剩下模型顶端的薄薄一层。

4. 代码实现

基于 TensorFlow 的 Meta-Embedding 的实现如代码 8-6 所示。

代码 8-6　Meta-Embedding 的实现范例

```
1.  # ************************ 生成最优初始值
2.  # 定义一个简单网络结构，负责生成个性化的 ID Embedding 的初值
3.  # 它的参数是整个元学习唯一需要优化的参数
4.  meta_emb_generator = ...
5.
6.  # 输入 item_emb_list: a list，每个元素是物料的某个非 ID 特征的 Embedding
7.  # item_emb_list 可以从训练好的主模型中提取，并且 stop_gradient 将其固定
8.  # 输出 item_id_emb0: 每个 Item 的 ID Embedding 的最优初值
9.  item_id_emb0 = meta_emb_generator(tf.stop_gradient(item_emb_list))
10.
11. # ************************ Cold-Start 阶段
12. # ph_cold_inputs 代表 cold-start 阶段的输入数据的 placeholder
13. # ph_cold_labels 是与 ph_cold_inputs 对应的标签的 placeholder
14. ph_cold_inputs, ph_cold_labels = ...
```

```
15.
16.    # main_model 是主模型, 比如预测 CTR
17.    # 输入当前 Item ID Embedding (这里是 item_id_emb0, 由 meta_emb_generator 生成的最优初值) 和
18.    # cold-start 阶段的输入 ph_cold_inputs
19.    # 输出 cold-start 阶段的预测值 cold_preds
20.    cold_preds = main_model(item_id_emb0, ph_cold_inputs)
21.    cold_loss = loss_func(ph_cold_labels, cold_preds)    # 计算 Cold-Start 阶段的 loss
22.
23.    # ********************** 由最优初值向前迭代一步
24.    # cold_emb_grads 是冷启动 loss 对 Item ID Embedding 的梯度
25.    # item_id_emb1 由 ID Embedding 的最优初值 item_id_emb0, 经过一次梯度下降得到
26.    cold_emb_grads = tf.gradients(cold_loss, item_id_emb0)[0]
27.    item_id_emb1 = item_id_emb0 - cold_lr * cold_emb_grads    # cold_lr 是步长
28.
29.    # ********************** Warm-Up 阶段
30.    # ph_warm_inputs 代表 warm-up 阶段的输入数据的 placeholder
31.    # ph_warm_labels 是与 ph_warm_inputs 对应的标签的 placeholder
32.    ph_warm_inputs, ph_warm_labels = ...
33.
34.    # 基于当前 Item ID Embedding (item_id_emb1) 和 warm-up 阶段的输入 ph_warm_inputs
35.    # 输出 warm-up 阶段的预测值 warm_preds
36.    warm_preds = main_model(item_id_emb1, ph_warm_inputs)
37.    warm_loss = loss_func(ph_warm_labels, warm_preds)    # 计算 Warm-Up 阶段的 loss
38.
39.    # ********************** 定义训练操作
40.    # alpha 是控制两阶段 loss 的权重
41.    meta_loss = alpha * cold_loss + (1-alpha) * warm_loss
42.
43.    optimizer = tf.train.AdamOptimizer(...)
44.    # meta_emb_generator 是生成最优 Item ID Embedding 的网络结构, 它的参数是 Meta Emnbedding
       # 唯一需要优化的参数
45.    meta_train_op = optimizer.minimize(meta_loss, var_list=meta_emb_generator.
       trainable_variables)
46.
47.    # ********************** 开始训练
48.    sess = tf.Session()
49.    for batch in train_data_stream:
50.        # 将当前 batch 拆分为 Cold-Start 与 Warm-Up 两个阶段
51.        cold_inputs, cold_labels = get_cold_train_data(batch)
52.        warm_inputs, warm_labels = get_warm_train_data(batch)
53.
54.        feed_dict = {
55.            ph_cold_inputs: cold_inputs,
56.            ph_cold_labels: cold_labels,
```

```
57.         ph_warm_inputs: warm_inputs,
58.         ph_warm_labels: warm_labels
59.     }
60.     sess.run(meta_train_op, feed_dict=feed_dict)
```

5. 部署

Meta-Embedding 训练完毕后，将其单独部署成一个服务，同时服务于在线预测与训练。

预测时，新物料的 Item ID Embedding 找不到，之前会用一个全零向量代替，现在，我们将新物料的基本属性 a_i 发送至 Meta-Embedding 服务，后者返回针对这个物料的最佳初值 ϕ_i，以充当 Item ID Embedding。因为 ϕ_i 针对 Cold-Start 阶段专门优化过，所以 ϕ_i 可以提升新物料首次被推荐时的初体验。

训练时，新物料的 Item ID Embedding 找不到，之前会被随机初始化，现在，Meta-Embedding 会根据 a_i 生成一个最佳初值 ϕ_i。因为 ϕ_i 针对 Warm-Up 阶段专门优化过，所以从 ϕ_i 出发经过一次梯度下降得到的 Item ID Embedding 的新值可以提高新物料第二次被推荐时的体验。

当然，如果嫌部署新服务太麻烦或者担心新服务会增加线上时延，我们可以牺牲一些个性化，让最优初值 ϕ 还是一个全局共享的向量，而不会动态变化。这样一来，全部要部署到线上的只是一个向量，只需一个配置文件就搞定了。

8.3 对比学习

本节介绍对比学习（Contrastive Learning，CL）在推荐系统中的应用。

8.3.1 对比学习简介

首先介绍一下什么是对比学习。对比学习发源于图像识别领域，人们手中有大量的图片需要分类，但难点在于只有少量图片被标注过，不足以让我们训练出一个高质量的分类器。

为了解决这一问题，人们提出一个假设，即一个完整的分类模型可以分为特征编码（Encoding）与分类（Classification）两个阶段。

- 特征编码阶段。一张图片可以由一个长度等于 $H \times W \times D$ 的大向量表示，其中 $H/W/D$ 分别是图片的高/宽/通道个数（比如 RGB 三色可以理解为 3 个通道）。其中单个维度的信息含量有限，而且难免包含噪声。Encoder 或是过滤掉原始输入中的噪声，或是将若干弱信息的原始特征交叉并聚合成一个强信息的特征，从而将原来 $H \times W \times D$ 的原始特征压缩成一个 K 维的有效特征，其中 $K \ll H \times W \times D$。虽然有效特征长度变短了，但是保留了原始特征中的绝大部分信息，是原始特征的"精华"。

- 分类阶段。前一阶段提取出来的有效特征经过简单映射，就成为最终分类。

常规机器学习中，特征编码与分类是由一个模型通过端到端学习来完成的。但是由于现在标注稀疏，我们只好将特征编码与分类在物理上拆分成两个独立的模型。

- 特征编码模型。通过自监督学习方式来学习。所谓自监督学习，是指不依赖人工标注，通过挖掘未标注样本内部存在的结构、关联，将特征编码这个模型训练出来。传统的降噪自编码器（Denoising AutoEncoder）（Word2Vec 和 Transformer 通过句子的一部分预测另一部分）和这里要讲的对比学习，都属于自监督学习的范畴。
- 分类模型。还是需要通过监督方式来学习。但是由于特征编码阶段提取出来的有效特征的长度已经大大缩短，因此分类模型只需要少量标注数据就能被充分训练，从而缓解了标注稀疏的问题。

前面介绍了对比学习的目的，现在我们来看看对比学习具体是如何进行的，如图 8-9 所示。

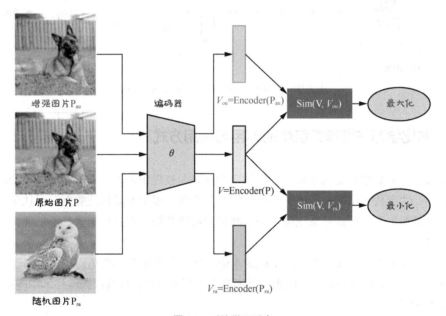

图 8-9 对比学习示意

在图 8-9 中，我们有一张原始图片 P，尽管很容易知道这是一张狼犬的图片，但是 P 没有被标注。模型并不知道，也无须知道 P 的类别。

我们通过一些手段，从原始图片衍生出多张与其相似的图片，这个过程称为数据增强（Data Augmentation）。比如图 8-9 中的数据增强，就是将原始图片 P "黑白化"得到增强版图片 P_{au}。对于图片的数据增强方式还包括旋转、镜像、剪裁等。

再从全体图片中随机抽取一张图片 P_{ra}。假设候选集足够庞大，我们不太可能再抽到同一类别的图片，比如图 8-9 中就抽到一张雪鸮的图片。当然模型同样无须知道其类别。

将原始图片 P、增强图片 P_{au} 和随机图片 P_{ra} 都喂入 Encoder（编码器）进行提炼压缩，分别得到三者的有效特征向量 V、V_{au} 和 V_{ra}。

计算 V 与 V_{au} 的相似度 $s_+ = \mathrm{Sim}(V, V_{au})$，模型的训练目标是最大化 s_+，即原样本与其增强版在向量空间里应该越近越好。

计算 V 与 V_{ra} 的相似度 $s_- = \mathrm{Sim}(V, V_{ra})$，模型的训练目标是最小化 s_-，即原样本与随机抽取的其他样本在向量空间里应该越远越好。

按以上方法训练好的 Encoder，在接下来的小样本学习中起到特征提取器的作用，如图 8-10 所示。

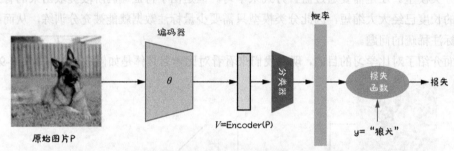

图 8-10   训练好的 Encoder 提取特征用于分类

8.3.2   对比学习在推荐系统中的作用与使用方式

前面提到，对比学习是为了解决标注稀疏的问题而被提出来的。读到这里，细心的读者可能会有疑问："现代大型推荐系统中用户反馈源源不断，根本不缺标注数据，对比学习在其中还有用武之地吗？"大型推荐系统确实拥有海量的标注数据，但是分布极其不均衡，可谓"贫富差距悬殊"。

- "二八定律"才是推荐系统逃不脱的永恒法则，也就是 20% 的热门物料占据了 80% 的曝光量，剩下 80% 的小众、长尾物料得不到多少曝光机会，自然在训练样本中变成了少数、弱势群体。
- 样本中的用户分布也有天壤之别。任何一个 App 都有其多数、优势群体，比如社交 App 中的年轻人，或者跨国 App 中某个先发市场的用户。相比之下，也就有少数、弱势群体在样本中"人微言轻"。
- 新用户、新物料贡献的样本少，都属于少数群体。

样本分布中的贫富悬殊会给模型带来偏差，使推荐系统不公平，从而带来以下后果。

- 模型偏心严重，只一味优化其在多数样本群体上的表现，而对其在少数样本群体上差强人意的表现熟视无睹，没有动力去深入优化。
- 在用户侧，模型的推荐结果一味迎合大众品味，而不能让小众用户满意，使后者流失严重；也不能很好地将新用户转化成老用户，浪费了前期付出的获客成本。

- 在物料侧，模型很少曝光小众、新颖的物料，推荐结果偏老旧，不利于建立良好、健康的内容生态。

要解决以上这些不公平的问题，就必须放大少数用户/物料在训练样本中的作用，而这正是对比学习所擅长的。因此，可以说，对比学习在有海量标注数据的推荐系统中依然大有可为，其用武之地就是纠偏。

- 通过数据增强，我们从少数用户/物料衍生出更多样本，放大少数群体在训练样本中的作用。
- 对比学习作为辅助任务，让模型多见识一些平日里被其忽视的少数群体和小众物料，让平常听惯了"阳春白雪"的模型也多多感受一下"下里巴人"。
- 因为在训练阶段与少数群体都"亲密接触"过了，被对比学习调教过的模型线上预测时会少一份"势利"，对小众人群与物料友好一些。

既然明确了对比学习的目标是纠偏，那么训练时我们必须注意以下两点，如图 8-11 所示。

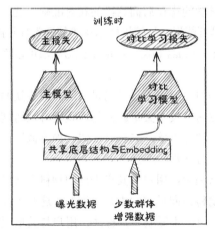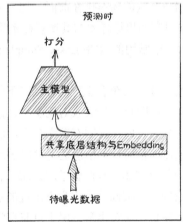

图 8-11　对比学习在推荐系统中的应用示意

第一点，参与对比学习任务的样本和参与主任务的样本，最好来自不同的样本空间。

主任务需要拟合用户与物料之间的真实互动，训练数据还是以曝光数据为主，也就是以老用户、老物料为主。对比学习任务，既然是为了放大少数群体样本的影响力，其训练样本应该以鲜有曝光机会的少数人群和小众物料为主。比如，越少曝光的用户或物料的样本被衍生、增强得应该越多；反之，就应该少增强或不增强。

第二点，主任务与对比学习任务之间必须共享参数。

近年来的趋势是，参数共享、结构共享在推荐算法中越来越不受待见。比如，多任务场景下，流行让同一个特征对不同目标拥有不同 Embedding；再比如，阿里巴巴的 Co-Action Network（见 3.2.2 节）通篇都在讲参数独立性，同一个特征与不同特征交叉时要使用不同的 Embedding。但是，对于对比学习，参数共享是必须的。否则，主模型与对比学习辅助模型各学各的，主模型中的偏差依旧存在，对比学习没发挥作用。

8.3.3 辨析对比学习与向量化召回

对比 5.2 节介绍的向量化召回统一建模框架，这里介绍的对比学习与设计一个向量化召回算法，都要经过以下 4 个步骤。

（1）考虑如何定义正样本。这一步正好对应对比学习的数据增强，原样本与其衍生出来的"增强样本"是相似的，组合成正样本对。

（2）考虑如何定义负样本。这一步，对比学习与向量化召回采取相同策略，都是拿随机采样的样本当负样本。

（3）研究如何从用户或物料纷繁复杂的原始特征中提炼出 Embedding。这一步正好与对比学习中 Encoder 将原始特征压缩与有效特征不谋而合。

（4）研究如何设计损失函数。召回时，我们不追求将每个样本的 CTR 都预测得绝对准确，而是追求把用户喜欢的物料排在前面、把不喜欢的排在后面这样的相对准确。这一点与对比学习追求"在向量空间里原样本与其增强样本尽可能近，与随机样本尽可能远"有异曲同工之效。因此，向量召回中常用的 NCE Loss、Sampled Softmax Loss、Pairwise Loss 都可以直接用于对比学习。

读到这里，读者难免会觉得推荐场景下的对比学习不过是向量召回"改头换面"而已。的确有些人将向量召回重新包装成对比学习，然后发技术文章。但是，我们必须清楚意识到推荐场景下的对比学习与向量召回有着完全不同的精神内核，二者"形似，神不似"。充分辨析两者的异同，是在推荐场景下正确运用对比学习的重要基础。

首先，向量召回属于有监督学习。U2I 召回中，用户与其点击过的物料在向量空间是相近的。在 I2I 召回中，被同一个用户点击过的物料在向量空间中是相近的。这些正样本都来源于用户反馈（标注）。而对比学习属于自监督学习，不需要用户标注。用户与其增强版本，物料与其增强版本，这些正样本都是我们根据一定规则制造出来的。

其次，向量召回重点关注的是负样本。大型推荐系统中的用户反馈源源不断，正样本从来都不是问题。而对于对比学习，重点、难点恰恰是如何制造正样本。也就是给定用户或物料，如何增强出与其相似的用户或物料信息。推荐模型中的特征以类别特征为主，高维、稀疏且相互关联（比如被一个用户点击过的多个物料之间可能存在时序、因果关系），简单粗暴地"增强"，反而降低了产生的正样本的可信度。因此，阅读将对比学习应用于推荐场景的文章时，重点是看其"数据增强"方法有何创新，其他方面如负样本策略、模型结构、损失设计往往都是向量召回中的常规套路，无甚新意。

最后，向量化召回是主任务，比如替用户找到他喜欢的物料，对推荐效果负直接责任。而对比学习的目的，仅仅是为了纠正模型对小众用户、冷门物料这些少数群体的偏见。对比学习作为辅助任务，只存在于训练阶段，并不上线，间接影响推荐效果。

8.3.4 纠偏长尾物料的实践

Google 于 2021 年提出使用对比学习对双塔模型进行纠偏，使模型对长尾物料学习得更加充分，提升对长尾物料的推荐效果。算法的基本框架还是遵循经典对比学习套路的，如图 8-12 所示。

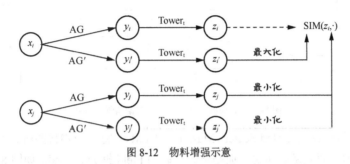

图 8-12 物料增强示意

在图 8-12 中，第 i 个物料 x_i 经过 AG 和 AG′ 两种数据增强手段的转化，生成 y_i 和 y_i' 两个变体。再将 y_i 和 y_i' 都喂进物料塔 $Tower_t$，得到两个物料向量 z_i 和 z_i'。将同样的操作应用于另一个物料 x_j，得到它的两个变体的物料向量 z_j 和 z_j'。

对比学习的目标就是让同一个物料的两个变体的向量越近越好，即最大化 $\mathrm{SIM}\left(z_i, z_i'\right)$，SIM 是计算向量相似度的函数。同时，让不同物料的变体的向量越远越好，即最小化 $\mathrm{SIM}\left(z_i, z_j'\right)$，当然，最小化 $\mathrm{SIM}\left(z_i, z_j\right)$ 或 $\mathrm{SIM}\left(z_i', z_j\right)$ 也是可行的。

最终对比学习要优化的损失不过是向量化召回中常规的 Sampled Softmax Loss，如公式 (8-32) 所示。

$$Loss_{\mathrm{CL}} = \mathrm{Loss}_{\mathrm{CL}}\left(z_i, z_i'\right) = -\frac{1}{N}\sum_{i=1}^{N}\log\frac{\exp\dfrac{\mathrm{SIM}\left(z_i, z_i'\right)}{\tau}}{\sum_{j=1}^{N}\dfrac{\mathrm{SIM}\left(z_i, z_j'\right)}{\tau}} \qquad 公式(8-32)$$

该公式中各关键参数的含义如下。
- N 是一个 Batch 的大小。
- τ 是温度系数，用于平衡调节模型的准确性与扩展性，详情见 5.5.4 节。

算法的关键是，针对物料特征的两个增强转化函数 AG 和 AG′，应该如何设计？Google 提供了以下 3 种方式，如图 8-13 所示。
- 随机特征遮蔽（Random Feature Masking，RFM）：如图 8-13(a) 所示，将一个物料的所有 Field 随机拆分到两个变体中去。

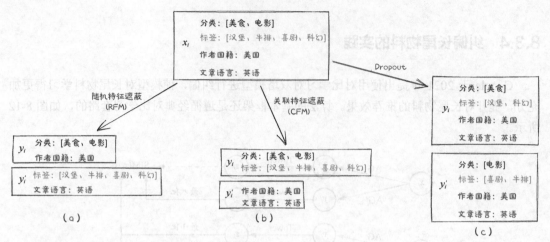

图 8-13 对物料特征的 3 种"数据增强"方式

- 关联特征遮蔽（Correlated Feature Masking，CFM）：将一个物料的所有 Field 拆分到两个变体中，但不再是随机拆分，而是将强关联的 Field 拆分到一起。如图 8-13(b)所示，"分类"与"标签"都是描述文章内容的，都拆分到变体 y_i 中；"作者国籍"和"文章语言"与作者属性强相关，都拆分到变体 y_i' 中。至于各 Field 之间的关联程度如何衡量，可以人工指定，也可以通过计算"互信息"提前准备好。

- 随机丢失（Dropout）：不再拆分 Field，而是将一些多值 Field（比如分类、标签）中的特征值随机拆分到两个变体中，如图 8-13(c)所示。

另外，在样本策略上特别强调，主任务的训练样本与对比学习任务的训练样本应该来自不同的分布，这一点对模型效果至关重要。

- 训练主任务时，正负样本都来自曝光数据，其中以老物料为主。
- 训练对比学习的辅助任务时，物料是从所有候选物料中平均抽样产生，小众物料、新物料占比较主任务有大幅提升。原因前边已经分析过，对比学习的目标是放大少数群体的效应，样本策略自然应该向鲜有曝光的小众物料倾斜。

最后，对比学习是作为辅助任务与双塔主任务一同优化，如图 8-14 所示。特别注意，图 8-14 中物料塔、物料特征的 Embedding 这些参数是被主辅任务共享的，唯有如此，才能达到纠偏的目的。

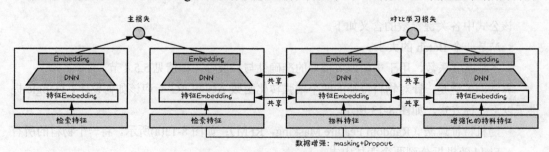

图 8-14 对比学习辅助双塔模型

8.3.5 纠偏小众用户的实践

8.3.4 节介绍了在物料侧使用对比学习，纠正模型对小众物料的偏差。而模型对少数用户群体也同样存在偏差，以用户侧最重要的特征用户行为序列为例。

- 大众用户比较活跃，历史行为序列长。而且大众用户贡献的样本多，所以模型对从长序列中提取用户兴趣比较熟悉。
- 小众用户活跃度低，历史行为序列短，而且贡献的样本少，所以模型不擅长从短序列中提取用户兴趣。

我们可以使用对比学习来纠正以上偏差，而其中最重要的步骤就是设计针对用户行为序列的数据增强方案。传统上，针对序列的数据增强有如下 3 种方法，如图 8-15 所示。

- 遮蔽（Mask）：随机删除原序列中的一些元素。
- 截断（Crop）：删除原序列中的一些元素，但是删除的和保留下来的都是连续子序列。
- 打散（Reorder）：随机找到一段子序列，打乱其顺序。

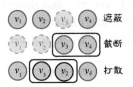

图 8-15 传统的针对序列的数据增强方法

但是以上方法用在短序列上都有一定难度。比如，截断或遮蔽后，原本就很短的用户行为序列会变得更短，增加了模型的学习难度。为此，Salesforce 公司提出两种新的数据增强方法：代替和插入，如图 8-16 所示。这两种方法都不会缩短序列长度，因此对短行为序列更加友好。

- 代替（Substitute）：在原行为序列中随机找到一个物料，比如 v_2，用与其相似的另一个物料 v 代替。
- 插入（Insert）：在原行为序列中随机找到一个物料 v_2，在其前边或后边插入与其相似的物料 v。

至于如何找到相似物料，方法就非常多了。比如利用 Item2Vec 算法将候选物料的 Embedding 学出来，拿 v_2 的 Embedding 做近邻搜索，找到与它相似的物料 v。

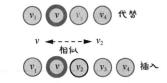

图 8-16 对短序列友好的数据增强设计方法

综上所述，针对不同历史行为序列，采取不同的数据增强方法：

- 对长历史行为序列，遮蔽、截断、打散、代替、插入这 5 种增强方法都可以使用；
- 对短历史行为序列，可以使用 Substitute/Insert 这两种更友好的增强方法。

除此之外的技术细节，就与 8.3.4 节针对小众物料的对比学习大同小异了，比如算法流程如图 8-12 所示，损失函数如公式(8-32)所示，只不过其中 $x/y/z$ 变量的含义发生了变化，在这里分别表示原用户、用户变体和用户变体的 Embedding。

整个算法流程如代码 8-7 所示。

代码 8-7　基于对比学习纠偏少数用户的算法流程

	Algorithm: Contrastive Learning for Debiasing users
1.	**while** not done **do**
2.	given a batch of N examples
3.	**for** $i=1,\cdots,N$ **do**
4.	// x_i 表示第 i 个用户，$|x_i|$ 表示第 i 个用户的行为序列的长度
5.	**if** $|x_i| \leqslant K$　**then** // K 是一个超参，用于判断历史行为序列是否太短
6.	// 对于短序列，增强方法只能从插入、代替两种方法中选择
7.	sample augment function AG and　AG′ from {Insert, Substitute}
8.	**else** // 否则，对于长序列，所有增强方法都能用
9.	sample augment function AG and　AG′ from {Insert, Substitute, Mask, Crop, Reorder}
10.	**end if**
11.	// 应用数据增强方法，得到原用户的两个变体
12.	$y_i = \mathrm{AG}(x_i)$
13.	$y_i^{'} = \mathrm{AG}'(x_i)$
14.	// 得到三个用户向量
15.	// UserTower 是根据用户行为序列和其他画像信息，得到用户 Embedding 的网络结构
16.	$z_i^{*} = \mathrm{UserTower}(x_i)$　// 根据用户原始行为序列得到的用户 Embedding
17.	$z_i = \mathrm{UserTower}(y_i)$　// 根据变体 y_i 得到的用户 Embedding
18.	$z_i' = \mathrm{UserTower}(y_i')$　// 根据变体 y_i' 得到的用户 Embedding
19.	// 在第 i 个样本上计算损失
20.	$loss_i^{\mathrm{main}} = \mathrm{Loss}_{\mathrm{main}}(z_i^{*})$　// 利用原始用户信息计算出主损失
21.	$loss_i^{\mathrm{CL}} = \mathrm{Loss}_{\mathrm{CL}}(z_i, z_i')$　// 对比学习辅助损失，$\mathrm{Loss}_{\mathrm{CL}}$ 见公式(8-32)
22.	**end for**
23.	$loss_{\mathrm{total}} = \frac{1}{N}\sum_{i=1}^{N} loss_i^{\mathrm{main}} + \frac{1}{N}\sum_{i=1}^{N} loss_i^{\mathrm{CL}}$　// 总损失
24.	minimize $loss_{\mathrm{total}}$
25.	**end while**

8.4 其他算法

冷启动算法还有很多。受篇幅所限，本书无法将它们单独成章，一一列举。这里再挑选几个有代表性的算法，简要描述一下。

8.4.1 迁移学习

互联网大厂往往有多条产品线和多个业务场景，比如：

- A 公司原来以图文推荐起家，现在新开发了一款 App 要进军视频领域；
- B 公司的推荐业务已经很成熟了，为了变现，现在要开始广告业务。

假设一个用户 u，在老场景 O 下已经有非常丰富的行为，O 场景下的模型对他的兴趣已经建模得很成熟了。此时，他被引流到新场景 N 下，稀疏的行为使 N 场景下的模型对于建模用户 u 无从下手。为了解决这一问题，我们很自然就想到，应该由场景 O 向场景 N 进行知识迁移，辅助场景 N 下的用户兴趣建模，如图 8-17 所示。

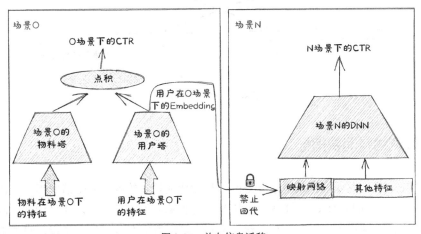

图 8-17　单向信息迁移

在初始阶段，用户 u 在新场景 N 下的行为还比较少，可以拿用户 u 在老场景 O 下提炼出来的 Embedding 作为特征接入 N 场景下的模型，如公式(8-33)所示。

$$E_u^O = \text{UserTower}_O\left(F_u^O\right)$$

$$\text{CTR}^N = \text{DNN}\left(\text{Mapper}\left(E_u^O\right), F_{\text{other}}^N\right)$$

公式(8-33)

该公式中各关键参数的含义如下。

- F_u^O 是用户 u 在老场景 O 下的特征向量。

- UserTower$_O$ 是老场景下建模用户向量的模型结构。
- E_u^O 是用户 a 在老场景 O 下得到的用户向量。
- Mapper 是一个简单的网络结构，先将 E_u^O 做简单映射，再接入新场景 N 下的模型。

注意，将 E_u^O 接入新场景时需要进行禁止回代。毕竟这里的 UserTower$_O$ 只相当于一个特征提取器，O 场景下的模型没必要为了提升 N 场景的推荐效果而改变自己。

以上是老场景 O 向新场景 N 的单向信息迁移。而随着场景 N 发展成熟，知识迁移可以由单向变成双向，如图 8-18 那样将数据打通，用户在 O 场景下的行为可以作为特征接入 N 场景下的模型，反之亦然。这样，两个模型都拥有了更多的信息来源，对用户兴趣建模也就更加全面、深刻。

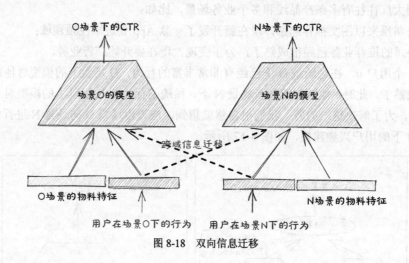

图 8-18 双向信息迁移

8.4.2 预测物料消费指标

在实践中，我们发现推荐模型最看重的物料侧特征是它的各种后验消费指标，比如，某篇文章在过去 24 小时的 CTR、点赞率、转发率，某个视频在过去 7 天内的平均观看时长。但是对于新物料来说，这些指标要么没有，要么少到不足以得出有效统计（毕竟，只凭曝光一次、点击一次就得出 CTR 是 100%的结论显然不合理）。所以消费指标的缺失是新物料被模型歧视、排名靠后、得不到充分曝光的重要原因。

如何解决这一问题呢？其实对于有经验的运营人员并不难，他们只要看一眼新物料的基本属性，就能对它是否能火起来有较准确的判断。试想对于一个出自知名 UP 主、紧跟当下最热话题、封面是某知名偶像的视频，推荐出去怎么可能不火？所以我们可以向那些独具慧眼的编辑学习，训练一个模型，能够根据物料的基本属性预测出它的后验消费指标，如公式 (8-34)所示。

$$c_t^m = \text{Model}_m\left(F_t^{\text{basic}}\right) \qquad \text{公式(8-34)}$$

该公式中各关键参数的含义如下。

- F_t^{basic} 是物料 t 的基本信息。既可以包括作者、作者支持数、视频长度、清晰度等基本属性，还可以包括它的一级分类（如电影、音乐）、标签（如某个具体电影或明星的名字）等画像信息，后者可以通过内容理解算法获得。总之，F_t^{basic} 可以包括不需要用户反馈就能得到的一切物料信息。
- c_t^m 是物料 t 在第 m 类指标上的预测值。m 可以是 CTR、CVR、点赞率、转发率、观看时长、观看完成度等一切重要的业务指标。
- Model_m 是根据物料基本信息预测第 m 类指标的模型。我们要为预测每类指标都单独建立一个模型。

接下来就是如何训练 Model_m 模型。

首先，训练样本都来自老物料，这是因为老物料已经积累了大量的消费记录，它们的消费指标 c_t^{m*} 统计出来是稳定可靠的。

其次，因为消费指标是实数值，所以我们面临的是一个回归问题，也就是通过最小化预测值 c_t^m 与真实值 c_t^{m*} 之间的均方误差（Mean Square Error，MSE）将 Model_m 训练出来。

最后就是如何使用 Model_m 的问题。Model_m 并不直接用于线上推荐，而是在新物料入库时被调用。在入库前，将新物料 t 的基本属性喂入 Model_m，预测出消费指标 c_t^m，填充数据库的相应字段。新物料在整个冷启动阶段，凡是用到消费指标的地方，都是以预测值 c_t^m 代替。同时也要统计真实的消费指标 c_t^{m*}。当物料 t 已经被曝光得足够多，c_t^{m*} 变得足够置信，我们就用 c_t^{m*} 更新数据库中的相应字段，用于接下来的推荐流程。

8.4.3　以群体代替个体

冷启动中的一个常见思路是，假设个体以大概率与其所在群体遵循相同的推荐逻辑，那么可以将个体泛化成群体，根据群体信息进行推荐。比如，面对一个新用户，推荐系统对他一无所知。这时，最常见的策略就是给他推荐全网最热门的物料，即假设这名新用户与绝大多数用户有着相同的兴趣爱好。如果我们还多少了解一点新用户的基本属性，比如性别、年龄等，就可以将泛化的粒度进一步细化，比如将最受"20～30 岁男性"欢迎的物料推荐给他。

上述方法用简单的策略就可以实现，同样的泛化思路也可以用于训练复杂的模型。比如在 Airbnb 的房屋预订场景中，大多数用户与房屋都没有成功预订的经历，属于新用户与新物料，他们的 Embedding 都缺乏足够的数据进行充分训练。Airbnb 的解决方法就是泛化，用群体的 Embedding 代替个体的 Embedding。

首先，根据人工规则将用户与房屋分类，比如"20～30 岁，使用英语，平均评价 4.5 星，

平均消费每晚 50 美元的男性"算一类用户，"一床一卫，接纳两人，平均评价 5 星，平均收费
60 美元的美国房屋"算一类房屋。这么做，虽然单个用户与单个房屋的预订记录依旧稀疏，但
是一类用户与一类房屋的预订记录就丰富许多了，足够学习出高质量的某一类用户与某一类房
屋的 Embedding。

接下来，Airbnb 用类似 Word2Vec 的方法将所有用户类型与所有房屋类型的 Embedding 学
习出来。具体方法见 5.3.2 节。

线上推荐的时候，先将用户泛化成所属类型，再拿这个用户类型的 Embedding 做近邻搜索，
得到与其最匹配的房屋类型，将属于这个类型的房屋推荐出去。

8.4.4　借鉴多场景推荐

面对冷启动问题，我们需要深刻意识到，新老用户、新老物料的推荐逻辑存在明显差异，
这也是许多"看上去很美"的冷启动策略无法奏效的重要原因。

举个例子，为了提升用户冷启动效果，我们让 App 弹窗，请初次登录的用户选择他们感兴
趣的话题；另外，经过用户同意，我们还采集了用户手机上安装的 App 列表。本来，根据这些
信息采用一些简单策略做召回，也会取得一定效果，但是当把这些信息喂入排序模型，对新用
户推荐效果的提升却微乎其微。造成这一局面的一个可能原因就是，模型已经被老用户的样本
所"垄断"，对这些"新用户友好"信息视而不见。

与其他所有机器学习模型一样，推荐模型也是由大数据驱动的。老用户活跃度高，贡献的
训练样本多，是模型的 VIP，对模型损失的影响举足轻重。所以，推荐模型也会"迎合"老用
户的推荐逻辑，比如用户兴趣是从用户过去的行为序列中提取的。这时，加上一两个只对新用
户重要的特征对模型是不起作用的，模型不可能为了新用户"少数派"去改变自己的推荐逻辑，
而转从用户填写的问卷或 App 安装列表中提取兴趣。毕竟新用户贡献的训练样本有限，即便预
测错了，对总损失也没什么太大影响。

既然如此，何不让新老用户分家，只用新用户的数据训练一个模型，专门为新用户提供服
务呢？这种"另起炉灶"的做法面临以下两个困难：

- 新用户的样本少，不足以将这个模型训练好；
- 新添一个模型后，训练、部署、维护都要耗费额外资源，性价比太低。

这种"分也不是，合也不是"的局面是否似曾相识？没错，它正是 7.2 节所要解决的问题。
于是，我们可以将新老用户视为两个场景，借助多场景推荐的技术，提升模型对新用户的重视
程度。比如，将"是否为新用户"这个特征加到离最终目标更近的位置，以产生更直接有力的
影响。再比如，让"是否为新用户"这个特征当裁判，动态调整其他输入特征的权重。使模型
在面对新用户时，自动放大那些"对新用户友好"特征的重要性。关于具体实现细节，请读者
参考 7.2 节。

8.5 小结

冷启动是推荐系统中一项重要且艰巨的任务，本章向读者介绍了业界近年来在冷启动领域的最新进展。

8.1 节介绍了 Bandit 算法及其在推荐领域的应用。比如，我们可以将全体用户视为一台老虎机，每个候选物料是一根手柄。我们通过反复实验探索出每个候选物料的收益分布，并加以开发利用，以取得最大收益。特别是 Bandit 算法的高级形式上下文 Bandit，假设每根手柄的收益分布并非固定不变，而是随上下文的变化而变化。这个假设更符合推荐系统的实际，基于上下文 Bandit 的算法被微软用于时效性强、来不及积累用户消费记录的新闻推荐，取得了良好的效果。

8.2 节介绍了元学习及其在推荐系统中的应用。我们主要使用的是 MAML 这一类特殊的元学习算法，它允许我们通过老用户/老物料学习出模型参数的最优初值，将这些最优初值应用于新用户/新物料上，只需要通过少数几轮用户反馈的训练，就能使模型快速收敛至最优状态，大大提高了冷启动的效率。而将 MAML 应用于实践的过程中，还需要针对推荐系统的特点，在应用范围、优化目标、生成方式等方面对 MAML 进行改造。Meta-Embedding 就是这些改造的典型实现。

8.3 节介绍了对比学习及其在推荐系统中的应用。虽然对比学习与向量化召回在实现方式（如模型结构、损失函数）上有许多相似之处，但二者有着截然不同的精神内核。对比学习的目的是通过数据增强放大小众用户、长尾物料在训练数据中的效应，纠正模型对样本中"多数派"的"偏心"和对"少数派"的"冷落"。8.3 节重点介绍了 Google 纠偏长尾物料的实践和 Salesforce 纠偏小众用户的实践。

8.4 节简要介绍了迁移学习、预测物料消费指标、以群体代替个体、借鉴多场景推荐这几个有代表性的推荐算法。

第 **9** 章

评估与调试

前几章围绕的都是同一个主题，即如何改进模型，提升推荐效果。效果二字和每个算法工程师都切身相关，它关系到每个人的绩效。

本章将讲述关于效果的最后两个话题。

- 如何评估效果？不知道如何评估，那么连向老板报喜还是报忧都不清楚，之前的努力就都白费了。
- 万一模型效果不好，应该如何调试与排查？毕竟考虑到之前投入的时间与精力，每个人都觉得自己的模型还可以再调整一下。

9.1 节与 9.2 节关注第一个问题，即如何评估效果。这两节介绍了从离线（模型上线前）与在线（模型上线后）两方面评估模型效果的方法。

9.3 节与 9.4 节关注第二个问题，在模型效果不好的情况下，如何调试与排查。无论模型效果是否令人满意，我们都应该充分理解与认识模型，这能为我们排查问题、改进模型提供更多的思路。9.3 节讲解打开模型黑盒、探究模型机理的几种方法。最让算法工程师尴尬的场面莫过于线下实验效果挺好，上线后却没效果。9.4 节介绍了造成这一局面的几种可能原因和作者的应对之道，为读者排查问题打开思路。

9.1 离线评估

前几章介绍的都是怎么改模型、怎么训练模型，尽管这两个步骤是机器学习研究的热点，但是如果不能证明我们训练出来的模型是有效的，那么之前的努力就都白费了。这就引出了本章的主题：如何评估模型的效果。

在推荐系统中，一般的评估流程如下。

首先进行离线评估。用相同的训练集，在相同的初始条件下（都随机初始化或使用相同的初值），用不同算法训练出新旧两版模型。再拿这两版模型在相同的测试集上进行评估。如果新模型的离线评估指标优于旧模型，可以认为新模型通过了离线测试，可以进入下一阶段。出于快速迭代的考虑，离线评估中的训练集与测试集规模都不会太大，一般采用连续 3 天或 7 天的历史数据进行训练，在第 4 天或第 8 天的数据上进行测试。

离线训练得到的模型并不能直接上线使用。这是因为离线评估是在一个简单（训练集与测试集的规模都比较小）、理想（新旧模型有相同的初始条件）的环境下进行的，但是实际线上环境并非如此。

离线评估中的新模型才用了几天的数据训练，而且已经停止更新，而线上正在运行的旧模型已经在线持续更新了几个月，而且还在紧跟用户最新的兴趣变化而优化自己。此时我们手中的新模型，虽然被离线评估证明能力强，但是见识少，比如一些特征在离线实验的训练集中从未出现过，新模型在预测时只能以全零向量来代替这些特征的 Embedding，但是线上的旧模型见多识广，对这些特征的 Embedding 已经训练得相当充分了。拿这样"初出茅庐"的新模型上线，断然没有打败已经"久经考验"的线上旧模型的可能性。

所以，新模型在线之前必须先回溯，比如自两周前的历史数据开始训练，直到追平并接入线上的实时样本流。之后，新旧模型就能够同步接收线上最新的用户反馈来更新自己，这样才具备了公平进行 A/B 实验的基础。

最后，我们开始线上评估，也就是 A/B 实验。我们随机划分出两份流量：一份流量称为控制组（Control Group，又称"对照组"），流入老模型；另一份流量称为实验组（Experiment Group），流入新模型。实验一段时间后，统计两组流量上的关键业务指标（比如 CTR、平均观看时长、平均销售额度等）。如果 Experiment Group 的指标显著优于 Control Group，我们就认为新模型的确优于旧模型，可以考虑推广至全部流量。

离线评估与在线评估各自的优缺点如下。

- 离线评估的优点是简单快捷，不需要回溯较长时间的历史数据，也不用等待用户反馈。缺点是离线指标只是评估模型的优劣，并不能直观反映对业务的影响。另外，离线评估是在一个简化（训练集与测试集都比较小）、理想（新老模型有相同的初始条件）的环境下进行的，不能反映线上的真实环境，所以以离线指标的提升未必能带来线上业务指标的提升。
- 在线评估的优点是，线上真实的环境，真实的用户反馈，能比较客观反映模型对业务的影响。缺点是，准备阶段回溯历史要等，上线后搜集用户反馈也要等，时间成本非常高。

本节将介绍离线评估的相关知识，9.2 节将梳理在线评估的相关知识。

9.1.1　评估排序算法

首先介绍对精排算法的评估方法。值得说明的是，尽管存在一些数据偏差，但是本节介绍的方法也可以约定俗成地用于评估粗排算法，其中有差异，但是大家觉得可接受。

1. AUC 和 GAUC

评估排序模型最重要的指标就是 AUC（Area Under the Curve，曲线下面积）。AUC 的概念是每个机器学习从业者都必须熟悉的。简单描述为,给定一个划分正负类别的阈值,我们统计模型在该阈值下的 FPR（False Positive Rate,假阳性率）为横坐标,统计模型在该阈值下的 TPR（True Positive Rate,真阳性率）为纵坐标,画一个点。通过变化阈值画出的这些点就连成一条 ROC（Receiver Operating Characteristic,受试者操作特征）曲线,ROC 曲线与 X 轴围成的面积就是 AUC,如图 9-1 所示。ROC 曲线越向左上角靠拢,AUC 越大,模型的分类性能越好。

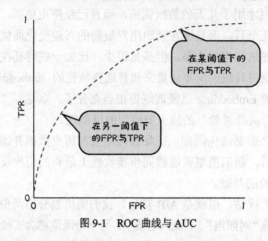

图 9-1   ROC 曲线与 AUC

但是从面积的角度理解 AUC 太抽象,本节给出 AUC 的另一种更为直观的解释:让模型给一堆样本（正负类别标签已知）打分,然后将这堆样本按模型打分从大到小排序,正样本能够正确地排在负样本前面的概率就是 AUC。用数学公式表达,如公式(9-1)所示。

$$AUC = \frac{正确排序的样本对}{所有样本对} \qquad 公式(9-1)$$

该公式中各关键参数的含义如下。

- 测试集中的一个正样本与一个负样本可以组成一对（pair）。
- 公式(9-1)的分母就是能够组成的所有 pair 的个数。
- 公式(9-1)的分子是正确排序,即正样本排在负样本前面的 pair 的个数。

比如现在有 3 个正样本和 3 个负样本,按模型打分降序排列的结果如图 9-2 所示。其中一共有 9 对正负样本,有两对错误地将负样本排在了正样本前面,所以公式(9-1)中的 AUC$=\frac{7}{9}$。

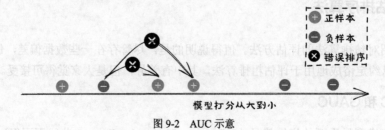

图 9-2   AUC 示意

从以上定义可以看出，AUC 就是为了衡量模型的排序性能而设计的。如果一个模型的 AUC=0.7，就表示按这个模型的打分排序，有 70%的概率能够将正样本排在负样本前面。

既然如此，AUC 好像就应该适用于评估推荐系统中的排序模型，但是实际情况并非如此。这是因为，推荐系统中的排序模型是为某个用户排序一系列物料，并不涉及给用户排序。所以，B 用户的正负样本在衡量模型对 A 用户的排序性能时，应该没有任何影响。而普通 AUC 将所有用户混为一谈，误将不同用户的排序也考虑了进去。

比如，现在有 A 和 B 两个用户，各自曝光了 4 个物料。根据模型打分，8 个样本由高到低的排序是[A+, A+, A+, B-, B-, A-, B-, B+]，其中 A+和 B+分别表示两个用户的正样本（比如点击的物料），A-和 B-分别表示两个用户的负样本（比如曝光未点击的物料）。

- 根据公式(9-1)，在全部 8 个样本组成的集合上，计算出全局 AUC=$\frac{12}{16}$=0.75，看上去还不错。
- 如果我们只看针对 A 用户的排序结果[A+, A+, A+, A-]，正样本都排在了负样本前面，所以 AUC=1。0.75 的全局 AUC 低估了模型对 A 用户的排序能力。
- 如果我们只看针对 B 用户的排序结果[B-, B-, B-, B+]，正样本都排在了负样本后面，所以 AUC=0。0.75 的全局 AUC 高估了模型对 B 用户的排序能力。

从以上例子中可以看出，用 AUC 衡量推荐模型的排序性能会严重失真。解决办法就是改用 Groupwise AUC（GAUC），也就是将测试样本划分为更细粒度的 Group（组），每个 Group 统计一个 AUC，再将不同 Group 的 AUC 加权平均，这样就能避免不同 Group 的样本相互干扰的问题。

具体到推荐场景，因为排序是针对一个用户的一次请求进行的，理论上我们也应该以"一次请求"为粒度划分 Group。但是这样做，一个 Group 中的样本太少，统计出来的 AUC 误差太大。所以在实践中，我们一般以用户为单位划分 Group 计算 GAUC，如公式(9-2)所示。

$$\begin{aligned} \text{GAUC} &= \frac{\sum_u w_u \text{AUC}_u}{\sum_u w_u} \\ &= \frac{\sum_u n_u \text{AUC}_u}{\sum_u n_u} \end{aligned}$$

公式(9-2)

该公式中各关键参数的含义如下。

- AUC_u 表示在用户 u 的样本上计算出来的 AUC。它表示模型对用户 u，将他喜欢的物料（比如会点击的）排在他不喜欢的物料（比如曝光未点击）前面的概率。
- w_u 是用户的权重。一般用给其曝光过的物料数目 n_u 当权重，也就是用户越活跃，他在计算 GAUC 中占据的比重越大。

根据公式(9-2)，对于[A+, A+, A+, B-, B-, A-, B-, B+]这个例子，我们可以计算出 $\text{GAUC} = \frac{4\times1 + 4\times0}{4+4} = 0.5$，表明这个模型的排序能力堪忧。

综上所述，GAUC 是衡量排序模型性能最重要的指标。除了 CTR、CVR 这些二分类目标，对一些实数型目标（比如观看时长、销售金额），GAUC 也同样适用。一方面，推荐系统面对这些实数型目标时，常见做法是将它们转化为二分类目标。比如我们不直接预测时长，而是预测用户滑到某视频时是否会有效播放（比如观看超过 15 秒）、是否会长播放（比如观看超过 1 分钟）。转化为二分类目标后，GAUC 就有了用武之地。另一方面，我们在计算 CTR 的 GAUC 时，可以将公式(9-2)中的用户权重 w_u 调整成用户观看时长；在计算 CVR 的 GAUC 时，可以将 w_u 调整成该用户的消费金额。总之，目的就是让 GAUC 重点反映模型对高价值用户群体的排序性能。

2. NDCG

众所周知，物料在展示列表中的位置对于其能给用户、产品带来多少贡献，发挥着举足轻重的作用。排序越靠前的物料越容易被用户发现，用户的耐心也越充足，物料的价值越能充分体现；反之，物料的位置越靠后，其价值就要大打折扣。而前面用 AUC 衡量排序性能的缺点就在于，其不能反映排序位置的这个"折扣"效应。

比如，假设在一个测试样本中，给用户展示了 4 个视频，用户点击了其中 2 个，其中一个播放了 10 秒，另一个播放了 3 分钟。两版模型对这个样本给出以下两种排序结果。

- 模型 1 的排序：[P_{long}, N_1, P_{short}, N_2]。
- 模型 2 的排序：[P_{short}, N_1, P_{long}, N_2]。

P_{long} 代表了播放了 3 分钟的视频，P_{short} 代表播放了 10 秒的视频，N_1 和 N_2 代表那两个未点击的视频。

如果用 AUC 来衡量，两个排序结果都包含 4 组正负样本对，都只有 1 组正负样本排序错误（N_1 排到了 P_{long} 或 P_{short} 之前），因此两个排序结果的 AUC 都等于 0.75。但是如果真按模型 2 的排序推荐出去，把用户喜欢的 P_{long} 放在第 3 位个不起眼的位置上，不一定能被用户看到，那 3 分钟播放时长的贡献也就没了保证。

为了弥补 AUC 的这个缺陷，业界发明了 Discounted Cumulative Gain（DCG）这个指标，综合考虑每个位置上的物料能带来的收益和该位置的折扣效应，计算方式如公式(9-3)所示。

$$DCG@K = \sum_{k=1}^{K} \frac{2^{c_k}-1}{\log_2(k+1)} \qquad \text{公式(9-3)}$$

该公式中各关键参数的含义如下。

- K 代表排序结果的长度。
- c_k 代表第 k 个位置上的物料的贡献。如果用户未点击位置 k 上的物料，则 c_k=0；如果点击了该物料，则 c_k 就是观看时长、销售金额等指标的函数（比如线性、开方、对数函数等）。
- 从分母上可以看出，越靠后的位置，对物料价值打的折扣就越大。

但是不同推荐请求的结果长度不同，计算出来的 DCG 不易直接比较、汇总。为此，我们定义 Ideal DCG（IDCG），即假设有一个理想的排序模型能够按各物料的真实贡献 c_k 排序候选物料。这样一来，贡献最大的物料排在折扣最小的位置，按这种理想排序计算出的 DCG 就是 IDCG，也是 DCG 能够取得的最大值。然后拿某次排序的 DCG 与 IDCG 做归一化，得到的就是 Normalized DCG（NDCG），如公式(9-4)所示。

$$NDCG@K = \frac{DCG@K}{IDCG@K}$$ 公式(9-4)

假设有 $t_1\sim t_4$ 共 4 个物料，它们的贡献为 $\{2,1,1,0\}$。模型给出的排序是 $\{t_3,t_2,t_1,t_4\}$，则本次排序结果的 NDCG 的计算结果如表 9-1 所示。

表 9-1　NDCG 示例

位置	理想排序			模型实际排序			
	物料	物料贡献	折扣后贡献	物料	物料贡献	折扣后贡献	
1	t_1	2	3	t_3	1	1	
2	t_2	1	0.63	t_2	1	0.63	
3	t_3	1	0.5	t_1	2	1.5	
4	t_4	0	0	t_4	0	0	
			IDCG			DCG	NDCG
			4.13			3.13	0.76

将多个排序结果的 NDCG 取平均数，就可以衡量整个排序模型的性能。

9.1.2　评估召回算法

我们必须明确指出，AUC 指标并不适用于衡量召回模型，原因有下面 3 个。

- 计算 AUC 时，正样本容易获得，可以拿点击样本做正样本，但负样本从哪里来？照搬精排，用曝光未点击做负样本，行不行呢？不行。否则，测试样本都来自曝光物料，也就是线上系统筛选过的、比较匹配用户爱好的优质物料，这样的测试数据明显与召回的实际应用场景（海量的和用户毫不相关的物料）有着天壤之别。失真的测试环境只能产生失真的指标，不能反映召回模型的真实水平。读到这里，细心的读者会意识到，其实粗排也面临类似的问题。严格来讲，凡是曝光过的样本，对粗排来说也应该算正样本。尽管如此，在实践中，我们仍然拿点击当正样本，拿曝光未点击当负样本，计算 GAUC 来评估粗排模型。大家都认为，在流程上，粗排比召回离精排更近，因此拿精排的标准来严格要求粗排，也不算太离谱。

- 那么拿召回结果中除点击之外的其他物料当负样本，行不行呢？假设我们为一个用户召回了三个物料，按召回模型的打分降序排列为 $\{A,B,C\}$。历史记录显示只有 C 被该用户点击过，算正样本。我们认为 A 和 B 是负样本，从而计算出 AUC=0，这是否合理呢？

答案也是否定的。A、B 未曾被用户点击过，可能是因为这两个物料从未向用户曝光过，所以我们不能肯定用户就一定不喜欢它们，把 A、B 当负样本过于武断了。

■ 即便我们能够证明用户真的不喜欢 A 和 B，从而计算出 AUC=0，难道我们就能得出该召回模型毫无价值的结论吗？答案仍然是否定的。毕竟召回算法找到了用户喜欢的物料 C，确实发挥了使用。至于 C 排序靠后，这一点根本不是问题，因为毕竟召回的顺序并非最终呈现给用户的顺序，把 C 的位置提到前面、筛选掉不招用户喜欢的 A 和 B，那是粗排、精排的责任。

基于以上 3 个原因，在评估召回模型时，我们一般不用 AUC 这样强调排序性能的指标，也避免直接统计负样本，而是从预测正样本与真实正样本的命中率、覆盖度视角出发来进行评估。

1. Precision & Recall

以评估双塔召回模型为例，评估样本的格式如公式(9-5)所示。

$$\text{Test Samples} = \{\langle u_i, T_i^{\text{expose}}, T_i^{\text{click}} \rangle \mid i \in [1, \cdots, N]\} \qquad \text{公式(9-5)}$$

该公式中各关键参数的含义如下。

■ 一条评估样本表示一次推荐请求及其结果，一共有 N 次请求。

■ u_i 表示发起第 i 次推荐请求的用户。

■ T_i^{expose} 表示作为第 i 次请求的结果，向用户曝光的物料的集合。

■ T_i^{click} 表示在第 i 次请求中用户最终点击的物料的集合，显然 $T_i^{\text{click}} \subseteq T_i^{\text{expose}}$。

然后，我们计算 Precision@K 和 Recall@K 来评估召回模型的性能，K 表示每次召回的物料的数量。

■ Precision@K 表示平均下来，每次召回的物料中真正被用户所喜欢的占比。

■ Recall@K 表示平均下来，一个用户真正喜欢的物料中有多大占比能被模型召回。

Precision@K 和 Recall@K 的具体计算方法如代码 9-1 所示。

代码 9-1　计算 Precision 和 Recall

	Calculating Precision and Recall
1.	// ************** 准备阶段
2.	**for** $\langle u_i, T_i^{\text{expose}}, T_i^{\text{click}} \rangle$ in TestSamples **do**
3.	$\quad$ $T_{\text{all}} = T_{\text{all}} \bigcup T_i^{\text{expose}}$ // 收集所有曝光物料
4.	**end for**
5.	$E_{T_{\text{all}}}$ =**ItemTower**(T_{all}) // 所有候选物料喂入 **ItemTower** 得到 **Embedding**
6.	ItemIndex=**BuildFAISS**($E_{T_{\text{all}}}$) // 将所有物料 **Embedding** 灌入 **Faiss** 建立索引
7.	// ************** 开始评估
8.	**for** $\langle u_i, T_i^{\text{expose}}, T_i^{\text{click}} \rangle$ in TestSamples **do**
9.	$\quad$ E_{u_i} =**UserTower**(u_i) // 当前用户的 **Embedding**
10.	$\quad$ T_i^{predict} =**ApproximateNearestNeighbors**(ItemIndex, E_{u_i} ,K) // 近邻搜索，为当前用户召回 K 个物料

11.	$\text{Precision}_i @K= \dfrac{\left|T_i^{\text{predict}} \bigcap T_i^{\text{click}}\right|}{T_i^{\text{predict}}}$　**// 模型猜测用户会喜欢的物料中，有多少是用户真正喜欢的**
12.	$\text{Recall}_i @K= \dfrac{\left|T_i^{\text{predict}} \bigcap T_i^{\text{click}}\right|}{\left|T_i^{\text{click}}\right|}$　**// 用户真正喜欢的物料中，有多少被模型预测出来**
13.	**end for**
14.	**// 汇总各单条样本的指标**
15.	$\text{Precision}@K = \dfrac{\sum_{i=1}^{N}\left|T_i^{\text{expose}}\right| \text{Precision}_i @K}{\sum_{i=1}^{N}\left|T_i^{\text{expose}}\right|}$　**//按曝光列表的长度加权平均**
16.	$\text{Recall}@K = \dfrac{\sum_{i=1}^{N}\left|T_i^{\text{expose}}\right| \text{Recall}_i @K}{\sum_{i=1}^{N}\left|T_i^{\text{expose}}\right|}$

注意，在第 11～12 行是用预测结果 T_i^{predict} 与点击物料集合 T_i^{click} 来计算 Precision 和 Recall。鉴于对召回模型来说，曝光物料也应该算正样本。因此，也可以在第 11～12 行用曝光物料集合 T_i^{expose} 代替 T_i^{click} 来计算 Precision 和 Recall。最好将曝光样本与点击样本上的指标都计算出来，以相互参考。这一点对接下来要介绍的其他评估召回的指标也同样适用，下文不再赘述。

2. MAP

我们都知道，Precision 和 Recall 是一对此消彼长的指标：召回的数量越多，Recall 越高，Precision 越低；反之召回数量越少，Precision 越高，而 Recall 越低。既然 Precision、Recall 受召回数量的影响这么大，那么像代码 9-1 那样，只采用单一 K 值下的 Precision 和 Recall 来衡量模型的召回能力未免有些偏颇，可能会一叶障目。

一个更加全面的衡量方法是，假设召回物料是按与用户的相关度降序排列的（这一点很容易做到），每次只取前 i 个作为召回结果返回，将不同 i 值下的 Precision、Recall 连接成曲线，然后计算这个 Precision-Recall 曲线下的面积，称为 Average Precision（AP），如图 9-3 所示。要最大化 AP，就需要在相同的 Recall（X 坐标）下使 Precision（Y 坐标）更高。所以，AP 既考虑了不同召回数量的影响，也综合考虑了 Precision/Recall 两方面的影响，衡量角度更加全面，在评估召回模型时更加常用。

对于单次召回结果，计算 AP 如公式(9-6)所示。

$$\text{AP}@K = \frac{\sum_{j=1}^{K}\text{Precision}@j \times \text{IsPositive}@j}{\text{TotalPositives}} \qquad \text{公式(9-6)}$$

该公式中各关键参数的含义如下。

- K 表示对于一次推荐请求，模型返回的最大召回数量。
- 分母 TotalPositives 表示历史样本中所记录的，在本次推荐结果中用户喜欢的物料的数量。
- 分子中的 Precision@j 表示前 j 个召回结果的 Precision。

■ 分子中的 IsPositive@j 表示第 j 个召回结果是否为用户喜欢,喜欢的为 1,不喜欢的为 0。

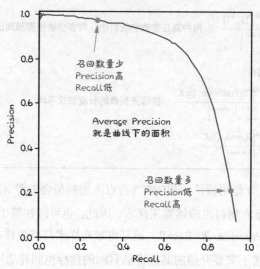

图 9-3　AP 是 Precision~Recall 曲线下的面积

AP 只评估了单次召回结果,将多次召回的结果的 AP 取平均值,就得到了 MAP(Mean Average Precision),它能用来衡量模型的整体召回性能。举个例子,假如召回模型一次性召回 8 个物料(即 $K=8$),现在有两条测试样本:

■ 第 1 个用户点击了 4 个物料,都被模型召回了,其位置为 {1,2,4,7},此次召回的

$$\text{AP@8}=\frac{\frac{1}{1}+\frac{2}{2}+\frac{3}{4}+\frac{4}{7}}{4}=0.83;$$

■ 第 2 个用户点击了 5 个物料,但模型只召回了 3 个,其位置是 {1,3,5},此次召回的

$$\text{AP@8}=\frac{\frac{1}{1}+\frac{2}{3}+\frac{3}{5}}{5}=0.45。$$

对两次 AP 取平均值,就得到该模型的 $\text{MAP@8}=\dfrac{0.83+0.45}{2}=0.64$。

计算 MAP 的流程如代码 9-2 所示,其中 TestSamples 的格式见公式(9-5)。

代码 9-2　计算 MAP

Calculating MAP
1.   // ************** 准备阶段
2.   **for** $\langle u_i, T_i^{\text{expose}}, T_i^{\text{click}} \rangle$ in TestSamples **do**

3.	$T_{\text{all}} = T_{\text{all}} \bigcup T_i^{\text{expose}}$　// 收集所有曝光物料
4.	**end for**
5.	$E_{T_{\text{all}}} =$**ItemTower**(T_{all}) // 所有候选物料喂入 **ItemTower** 得到 **Embedding**
6.	ItemIndex=**BuildFAISS**$(E_{T_{\text{all}}})$ // 将所有物料 **Embedding** 灌入 **Faiss** 建立索引
7.	// ************** 开始评估
8.	**for** $\langle u_i, T_i^{\text{expose}}, T_i^{\text{click}} \rangle$ in TestSamples **do**
9.	$E_{u_i} =$**UserTower**(u_i) // 当前用户的 **Embedding**
10.	// 近邻搜索，为当前用户召回 K 个物料，组成 T_i^{predict}
11.	// T_i^{predict} 按物料与用户的相关度降序排列
12.	$T_i^{\text{predict}} =$**ApproximateNearestNeighbors**(ItemIndex, E_{u_i},K)
13.	SumPrecision=0
14.	**for** $j = 1, \cdots, K$ **do**
15.	**if** $T_i^{\text{predict}}[j]$ is positive **then**
16.	SumPrecision += $\dfrac{\left\| T_i^{\text{predict}}[:j] \bigcap T_i^{\text{click}} \right\|}{j}$ // $T_i^{\text{predict}}[:j]$ 是 T_i^{predict} 前 j 个元素的集合
17.	**end if**
18.	**end for**
19.	$\text{AP}_i @ K = \dfrac{\text{SumPrecision}}{\left\| T_i^{\text{click}} \right\|}$
20.	**end for**
21.	// 汇总各单条样本的指标
22.	$\text{MAP}@K = \dfrac{\sum_{i=1}^{N} AP_i @ K}{N}$ // N=|**Test Samples**|，是所有测试样本的数目

3. Hit Rate

Hit Rate 的计算方法与 Precision 和 Recall 类似，只不过将一条评估样本的单位由一次请求缩小到一条点击样本，如公式(9-7)所示。

$$\text{Test Samples} = \left\{ \langle u_i, t_i \rangle | i \in [1, \cdots, N] \right\} \qquad \text{公式(9-7)}$$

该公式中各关键参数的含义如下。

- 一条评估样本表示一条点击记录，一共有 N 条。
- u_i 表示第 i 条点击记录中的用户，t_i 表示该用户点击的物料。

Hit Rate 表示在这 N 条点击记录中，有多少个 t_i 能够被模型给 u_i 的召回结果覆盖到，计算方法见代码9-3。

代码 9-3   计算 Hit Rate

Calculating Hit Rate
1.   // ************** 准备阶段
2.   // 收集一批物料，当成全体候选物料集合
3. T_{all} = …… // 比如近期曝光过的所有物料当成全体候选集合
4. $E_{T_{all}}$ =**ItemTower**(T_{all}) // 所有候选物料喂入 **ItemTower** 得到 **Embedding**
5.   ItemIndex=**BuildFAISS**($E_{T_{all}}$) // 将所有物料 **Embedding** 灌入 **Faiss** 建立索引
6.   // ************** 开始评估
7. $TotalHits$=0
8.   **for** ⟨ u_i, t_i ⟩ in Test Samples **do**
9. E_{u_i} =UserTower(u_i) //当前用户的 Embedding
10. $T_i^{predict}$ =**ApproximateNearestNeighbors**(ItemIndex, E_{u_i} ,K) //近邻搜索，为当前用户召回 K 个物料
11.   **if** t_i in $T_i^{predict}$ **then**
12. $TotalHits$ +=1
13.   **end if**
14.   **end for**
15.   // 汇总单条样本的评估结果
16.   HitRate@K= $\dfrac{TotalHits}{N}$ //所有点击样本中，有多少条能够被当前模型的推荐结果命中

9.1.3   人工评测

前面讲到的各种离线评测方法都是围绕计算出一个指标来刻画模型的优劣，也就是量化的方法。但是我建议大家不要轻视、忽视亲自对推荐结果进行人工检查。各种量化指标虽然客观，但都是在我们已经注意到的角度衡量模型。量化指标不能让我们对模型的推荐结果有最直观的感受，也就不能提示是否还有我们未曾意识到、却能影响用户体验的因素。而人工检查能够弥补这一不足。

人工检查需要一些小工具，目的在于更直观地呈现推荐结果，帮助我们定位问题。比如，作者就曾经开发过一个帮助检查召回结果的工具，输入一个用户，工具并排显示两列结果。左边一列是用户近期观看视频的标题，右边一列是召回结果。从这两列中，我们能够看出很多问题，比如：

- 右列召回结果是否符合左列用户历史行为所反映的兴趣爱好；
- 假设左列反映出某个用户有 n 个爱好，右列结果能覆盖其中的几个爱好；
- 不同用户的右列结果，是否足够个性化；同质化是否严重；
- ……

无独有偶，Airbnb 也开发了类似的工具，如图 9-4 所示，用来检查 Item-to-Item（I2I）召回的结果。输入一所房屋的 ID，下边展示这所房屋的图片与介绍，右边列出模型召回的房屋的封面与介绍。人们可以通过这个工具检查召回的房屋与源房屋是否足够相似，从而对召回模型的性能表现有最直观的体验。

图 9-4　Airbnb 检查 I2I 召回结果的工具

9.1.4　持续评估

模型评估并非只在模型上线前进行一次就完事了。如同模型需要利用线上最新的用户反馈持续更新一样，模型也需要持续评估。通过计算当前最新的 AUC、MAP 等指标，并且在监控系统存储、汇总、展示，能够帮我们及早发现模型出现的问题（比如性能退化）。

推荐使用 Progressive Validation 的方法进行持续评估。在这种方法中，模型拿到最新一批用户反馈后，先进行前代得到预测结果，接下来一边回代更新模型，一边拿预测结果与用户反馈真值计算各种评估指标。

Progressive Validation 有以下两个优点：

- 在线训练与在线评估共用前代环节，避免重复计算，也无须准备额外的测试数据；
- 得到预测结果的时候，模型尚未被这些最新的用户反馈更新，所以基于这些预测结果计算出来的评估指标是无偏的，可信度更高。

9.2　在线评估：A/B 实验

正所谓"是骡子是马，拉出来遛遛"，模型的效果最终还必须通过线上用户的真实反馈来检验，而 A/B 实验（AB Testing）是推荐系统中最重要、最流行、最常见的线上评估方式。A/B 实验的思路与步骤很简单，具体如下。

（1）把用户流量随机划分为控制组（Control Group，又称"对照组"）流量与实验组（Experiment Group）流量。

（2）控制组流量流入老模型，实验组流量流入新模型。模型差异是两组流量的唯一差异，其他影响因素（比如用户分布、物料分布、实验模型上下游的其他模型与策略）必须完全相同。这也就是 A/B 实验最重要的同分布原则。

（3）上线实验一段时间，让两组流量积累起足够多的用户反馈。

（4）通过收集到的用户反馈，分别统计出两组流量上的关键业务指标。

（5）通过数据分析，如果发现实验组上的关键业务指标显著优于控制组，我们就有充分理由相信新模型优于旧模型，可以考虑由新模型替换旧模型。

A/B 实验具有如下优点。

- 作为一种数据驱动的决策方式，A/B 实验更加客观，避免了"拍脑袋"那样的主观决策。
- 随机划分流量，（尽力）使除要实验的因素之外的其他外部因素，在两组流量上保持一致，从而确保 A/B 实验得出的结论比较公平可靠。

A/B 实验的缺点如下。

- 一套完整的 A/B 实验系统，包括流量划分、数据记录、数据分析、图表展示、实验管理等众多功能模块，功能复杂，实现难度高。小团队没有时间与能力从头开发，只能采购市场上比较成熟的 A/B 实验平台。
- 为了收集到足够多的样本使实验结果更加可信，A/B 实验需要进行足够长的时间，时间成本比较高。更何况，用户行为往往呈现周期性（比如周末的用户活跃度大增），所以 A/B 实验至少要覆盖一个完整的周期，实验一周是最起码的要求，实验更长时间也不鲜见。每次等待实验结果的过程对算法工程师来说，都是一段兴奋与焦虑并存的难熬时光。
- A/B 实验虽然讲起来简单直观，但实践起来陷阱也不少。有可能我们不小心在划分流量时引入了偏差，使实验结果有失公平；有可能分析结果时违背了一些统计原则，基于的是正确的数据，却得出了错误的结论……所以要将 A/B 实验做好做正确，就需要我们具备扎实的理论基础和缜密的实施方法，并且在实践中积累经验。

本节将梳理 A/B 实验在线上实验与线下分析过程中的一些关键知识点。

9.2.1 线上：流量划分

推荐系统中 A/B 实验与常规 A/B 实验的最大区别就是流量的划分。有些图书上的 A/B 实验一次性将样本随机划分为控制组样本和实验组样本。但是如果针对用户的每次请求，也采取如上随机划分的方式，那么某个用户的上次请求会被划分到控制组流入老模型，而他的下次请求会被划分到实验组流入新模型，这样一来，既污染了实验数据，也造成了用户体验的不一致，可能导致用户流失。

所以推荐系统中的流量划分需要遵循以下两个重要原则。

- 划分流量是随机的。一个用户被划分到控制组还是实验组是完全随机的，与其基本属性和其对 App 的使用习惯无关。只有这样，才能保证两组流量遵守"同分布"原则。
- 划分流量又是确定的。用户在第一次访问时划分到哪个组，今后的访问也一定会划分到相同的组。唯有这样，才能保证用户体验连续一致，以消除实验中的不稳定因素。

1. 根据 User ID 划分流量

一种既随机又确定的流量划分方式是根据 User ID 决定用户去向，如公式(9-8)所示。

$$bucket = HASH(User\ ID)\%N \qquad 公式(9\text{-}8)$$

该公式中各关键参数的含义如下。

- User ID 是一个用户的唯一标识。可以是 Cookie ID，也可以 App 内部给用户的唯一编号。
- HASH 代表哈希函数。
- bucket 表示用户被划分到哪个流量桶，N 是流量桶总数。

至于流量桶与实验组之间的映射关系，可以人为指定，如图 9-5 所示。

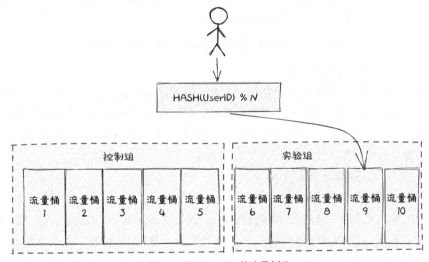

图 9-5　基于 UserID 的流量划分

以上方法的确解决了流量划分的确定性问题，确保一个用户的每次请求都被划分到相同的实验组。但是这种划分方式的最大问题在于，一个用户一次只能进行一个实验。为了保证实验结果是可信的，一组实验的流量并不能设置得太小，假设每组实验占全体流量的 20%，那么一次最多只能支持 5 组实验。如图 9-6 所示，区区召回与精排的两个实验就把全部流量都占满了，而且一占就要一两个星期。而算法、工程、产品、运营、增长每个团队都有一大堆的实验需要上线验证，排队阻塞是绝不可接受的。

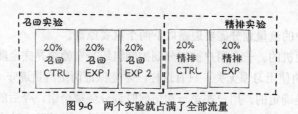

图 9-6　两个实验就占满了全部流量

从以上例子中可以看出，只根据 UserID 划分流量，一个用户同时只进行一次实验，对流量的利用率太低。所以，互联网大厂的 A/B 实验平台都采用"分层重叠"的方式划分流量。

2. 分层重叠划分流量

分层重叠的流量划分方式是 Google 在 *Overlapping Experiment Infrastructure: More, Better, Faster Experimentation* 论文中提出的，其思想是：

- 假设一共要进行 N 个实验，就将流量划分为 N 层，每个实验独占一层流量；
- 同一层实验的各个实验组，其流量是互斥的，一个用户的请求，在一个实验中只会命中一个实验组；
- 不同层的实验，其流量是重叠的。一个用户的请求，在不同实验中会命中多个实验组。

分层重叠实现起来也很简单，如公式(9-9)所示。

$$bucket = HASH\big(CONCAT(Layer\ ID, User\ ID)\big)\%N \qquad 公式(9\text{-}9)$$

该公式中各关键参数的含义如下。

- 对比公式(9-8)，公式(9-9)只是在 HASH 时引入了 Layer ID。Layer ID 是一层流量的唯一标识。因为每个实验独占一层流量，所以 Layer ID 也可以看成一个实验的唯一标识，比如独一无二的实验名。用户请求每进入一个新实验，Layer ID 就会发生变化，相当于用户流量被重新打散一次。
- CONCAT 代表拼接两个字符串。

假设我们正在进行 3 个实验，如图 9-7 所示。

- 按照推荐系统流程，用户流量先进行召回层实验，Layer ID="Recall"。这一层中又划分了三个实验组，其中 Recall-CTRL 包含所有线上老的召回策略，占全体流量的 60%；Recall- EXP 1 在老的召回策略之外，新添加了一个召回模型，流量占比为 20%；Recall-EXP 2 也添加了相同的新召回模型，但相比 Recall-EXP 1 修改了新模型的一些参数（比如候选集大小、召回的最大物料数目），流量占比也是 20%。
- 用户请求完成了召回层实验之后，根据流程，就开始了精排层实验，Layer ID="Rank"。精排层流量划分为占比 80%的 Rank-CTRL（老精排模型）和占比 20%的 Rank-EXP（新精排模型）两个实验组。重点在于，无论用户请求在召回层属于 Recall-CTRL、Recall-EXP 1 或 Recall-EXP 2 中的哪个实验组，由于 Layer ID 由 Recall 变成了 Rank，根据公式(9-9)，用户请求在进入精排层实验时都会被重新打散。这样一来，在 Rank-CTRL 和 Rank-EXP 两个实验组中，经历三种不同召回策略的用户比都是 6∶2∶2，仍然满足 A/B 实验的同分布原则，上一层召层回实验并没有在本层精排层实验中引入偏差。

■ 同理，流量在进入第三层的重排层实验（Layer ID=“Rerank”）之前，又被重新打散。因此在重排层实验的 4 个实验组中，经历两种精排策略的用户比都是 8∶2，经历三种召回策略的用户比都是 6∶2∶2，依然满足 A/B 实验的同分布原则，之前的召回层与精排层并不会在重排层引入偏差。

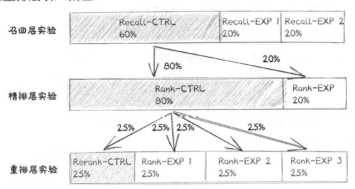

图 9-7　分层重叠的流量划分示意

总结下来，采用分层重叠的流量划分方式，其上下层实验的流量完全正交，用户流量在前几层实验中经历的不同划分，并不会在后续实验中引入偏差。所以，对一个用户可以放心地同时进行多个实验，流量利用效率大为提高，解决了推荐系统中众多要进行的实验与有限流量之间的矛盾。

3. 正确理解 Layer

最后需要特别强调的是，在 *Overlapping Experiment Infrastructure: More, Better, Faster Experimentation* 论文中，Layer 这个名字起得不好，容易误导，以为层与层之间必须是上下级关系，比如前端与后端，或者召回层、粗排层、精排层、重排层。实际上，以上这种理解是片面而狭隘的。按这种理解，所有召回实验都必须互斥地使用同一层流量的不同桶。众所周知，召回模型特别多，如果一层流量要分配给这么多模型同时做实验，还是会遇到流量不够的问题。

事实上，Layer 是一个虚拟的概念，并不对应推荐系统中具体的层次关系，其含义等同于一个实验。这一点在 Facebook 开发的 A/B 实验平台 PlanOut 中体现得非常清楚。在 PlanOut 中，根本没有 Layer 的概念，只有 Experiment，流量在进入一个新的 Experiment 前就会被重新打散。我们可以使用如下 PlanOut 代码配置两个召回实验，如代码 9-4 所示。

代码 9-4　基于 PlanOut 配置和运行实验

```
1.    from planout.experiment import SimpleExperiment
2.
3.    # =============== 配置实验
```

```
 4.  class XRecallExperiment(SimpleExperiment):
 5.      def assign(self, params, userid):
 6.          # 是否采用 x_recall 这种新召回策略, 遵循 Bernoulli 分布
 7.          # 有 80% 的概率不采用, 有 20% 的概率采用
 8.          params.use_x_recall = BernoulliTrial(p=0.2, unit=userid)
 9.
10.  class YRecallExperiment(SimpleExperiment):
11.      def assign(self, params, userid):
12.          # 是否采用 y_recall 这种新召回策略, 遵循 Bernoulli 分布
13.          # 有 70% 的概率不采用, 有 30% 的概率采用
14.          params.use_y_recall = BernoulliTrial(p=0.3, unit=userid)
15.
16.  # ============== 在运行 X 实验的进程或线程中
17.  recall_exp = XRecallExperiment(userid=session['userid'])
18.  # PlanOut 调用 get 时, 将 experiment_name.parameter_name.unit_id 三者一起哈希
19.  # 这里是 Hash(XRecallExperiment.use_x_recall.userid)
20.  # 保证进入 XRecallExperiment 这个实验时, 流量被重新打散
21.  if recall_exp.get('use_x_recall'):
22.      recalled_items = x_recall()   # x_recall 执行具体的召回逻辑
23.  else:
24.      recalled_items = []   # 当前流量不采用 x_recall
25.
26.  # ============== 在运行 Y 实验的进程或线程中
27.  recall_exp = YRecallExperiment(userid=session['userid'])
28.  # PlanOut 调用 get 时, 将 experiment_name.parameter_name.unit_id 三者一起哈希
29.  # 这里是 Hash(YRecallExperiment.use_y_recall.userid)
30.  # 保证进入 YRecallExperiment 这个实验时, 流量被重新打散
31.  if recall_exp.get('use_y_recall'):
32.      recalled_items = y_recall()   # y_recall 执行具体的召回逻辑
33.  else:
34.      recalled_items = []   # 当前流量不采用 y_recall
```

从代码 9-4 中可以看到, 只要采用了不同的实验名称, PlanOut 的哈希方式就能保证 "在 X 实验中是否启用 X 召回策略" 和 "Y 实验中是否启用 Y 召回策略" 相互独立, 互不干扰。计算两个独立事件的联合概率, 经过这两个实验后的流量分配如表 9-2 所示。

表 9-2   两个召回实验的流量分配

	不采用 Y 召回	采用 Y 召回	X 实验中 Y 召回的比例
不采用 X 召回	56%	24%	7:3
采用 X 召回	14%	6%	7:3
Y 实验中 X 召回的比例	8:2	8:2	

从中可以看到, X 实验的两组流量中 Y 召回的比例相同, Y 实验的两组流量中 X 召回的比例相同, 符合 A/B 实验的同分布原则。

4. 重视 A/A 实验

所谓 A/A 实验，就是在控制组和实验组采用完全相同的配置。一个值得推荐的习惯就是在正式的 A/B 实验之前先进行一段时间的 A/A 实验，检验要用于实验的两组流量是否存在偏差。

如果 A/A 实验的结果表明，两组流量在关键业务指标上的差异非常小，就说明两组流量没有偏差。我们可以放心地将新模型、新策略应用于实验组上，开始正式的 A/B 实验。否则，相同条件下两组流量的表现还存在明显差异，就必须推迟 A/B 实验，先解决 A/A 差异的问题。比较大的可能是这个差异在正常波动范围内。比如，我们判断 A/A 实验差异明显的标准是看这两组流量的指标之差超出了 95% 或 99% 的置信水平，但毕竟还有 1% 或 5% 的概率允许 A/A 实验差异超出这个置信水平。为了减少波动性，我们只需要增加两个组的流量分配额。如果增加流量后，A/A 实验差异依旧明显，就需要检查我们的代码、配置是否有 bug 了。

A/A 实验除了在 A/B 实验之前进行，也可以与 A/B 实验同步进行。比如，在一个实验按 AABB 的方式分配流量：

- A_1 和 A_2 使用相同配置的老模型；
- B_1 和 B_2 使用相同配置的新模型。

这样，我们能够在考察新老模型差异的同时，观察两个模型的波动性。我们乐于看到的结果当然是，无论 B_1 还是 B_2，其业务指标都要显著优于 A_1 或 A_2，否则，就说明模型面对不同流量的表现非常不稳定，不适宜推广至全体流量。

9.2.2 线下：统计分析

做完实验后，需要我们正确地分析实验数据，才能得到正确的实验结论。一般互联网大厂都有比较完善的针对 A/B 实验的大数据分析与展示平台，实验过程中与结束后，各种统计指标就已经计算好，以图形、报表的形式发送给相关方，大多数时候并不需要我们自己去手动计算。但是对这些统计指标的正确解读还是需要扎实的统计学理论基础。本节为读者简单梳理一下 A/B 实验要用到的统计学知识，关于详细理论推导请感兴趣的读者参考概率论与数理统计的相关资料。

面对实验结果，最外行的理解莫过于，一看实验组的指标优于控制组，就立刻得出"新模型有效，应该推广至全体流量"的结论。稍微有点统计学常识的人都知道，新老模型在小流量样本上表现出的指标差异，可能是由于随机采样的波动性造成的，未必能反映新模型推广至全体流量后的真实性能。至于如何判断出样本指标间的差异是真实有效的还是偶然发生的，就需要检验这个差异的显著性水平，这就会用到了统计学中假设检验（Hypothesis Testing）的相关知识。

1. Significance Level 与 p-value

以推荐系统中最常用的检验两组流量指标的均值是否相等为例，假设检验需要我们先建立两个假设，如公式(9-10)所示。

$$H_0 : \mu_e = \mu_c$$
$$H_A : \mu_e \neq \mu_c$$

公式(9-10)

该公式中各关键参数的含义如下。

- μ_e 是如果将 Experiment Group 中的新模型推广至全体流量，某个关键业务指标（比如观看时长）的均值。μ_e 反映了新模型的真实性能水平。
- μ_c 与 μ_e 类似，反映老模型在全体流量上的性能水平。
- H_0 是原假设，表示新老模型的效果相同，新模型对业务指标没有提升（这当然是我们希望推翻的假设）。
- H_A 是备择假设，表示新老模型的效果不同。尽管我们希望 $\mu_e > \mu_c$，但是为谨慎起见，我们需要同时考察新模型优于老模型与新模型劣于老模型两种情况。

然后，我们让控制组流量流入老模型，让实验组流量流入新模型，开始 A/B 实验。一段时间过后，我们收集到一批样本：

- 控制组下收集到 n_c 个关键指标，组成集合 X_c，其均值为 $\overline{x}_c$，方差为 s_c^2；
- 实验组下收集到 n_e 个关键指标，组成集合 X_e，其均值为 $\overline{x}_e$，方差为 s_e^2。

接下来，我们计算在 H_0 成立的前提假设下，能够观察到至少 $|\overline{x}_e - \overline{x}_c|$ 这个样本差异的可能性，即所谓的 p-value。我们假设 $\overline{x}_e - \overline{x}_c$ 遵循期望为 0，方差为 $\dfrac{s_c^2}{n_c} + \dfrac{s_e^2}{n_e}$ 的正态分布。标准化之后得到检验统计量（Test Statistic），记为 z，服从标准正态分布，如公式(9-11)所示。

$$z = \frac{\overline{x}_e - \overline{x}_c}{\sqrt{\dfrac{s_c^2}{n_c} + \dfrac{s_e^2}{n_e}}} \sim \mathcal{N}(0,1)$$

公式(9-11)

通过查表或调用程序，我们就能得到在标准正态分布下大于 $|z|$ 的概率，即 $P(x \geq |z|)$。根据公式(9-10)，我们做的是双尾假设检验，要同时考虑 $\overline{x}_e > \overline{x}_c$ 和 $\overline{x}_e < \overline{x}_c$ 两种情况，计算 p-value，如公式(9-12)所示。

$$\text{p-value} = P(x \geq |z|) + P(x \leq |z|) = 2P(x \geq |z|)$$

公式(9-12)

最后，拿 p-value 与我们事先定义好的显著性水平（Significance Level）α 比较。

- 如果 p-value $< \alpha$（见图 9-8），意味着能够观察到这个样本差异是小概率事件，不可能事件发生了，只能说明"H_0 成立"这个前提假设出了问题，于是我们拒绝 H_0。尽管理论上不太严谨，但是在实践中，我们接受 H_A，而且如果 $\overline{x}_e > \overline{x}_c$，我们就得出"新模型优于老模型"的结论。
- 否则，说明在 $\mu_e = \mu_c$ 的条件下，观察到 $|\overline{x}_e - \overline{x}_c|$ 这个样本差异并非罕见，我们不能拒绝 H_0。在实践中，我们得出"新模型没有优于老模型"的结论。

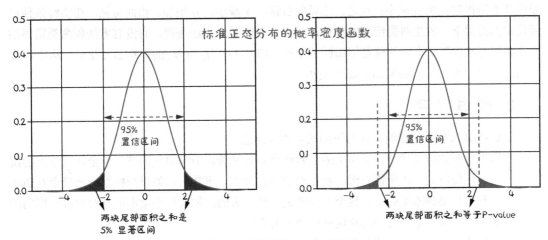

图 9-8　显著区间与 p-value 示意

2. Ⅰ类错误和Ⅱ类错误

除了 p-value，在阅读 A/B 实验的分析报告中，还经常碰到两个概念：Ⅰ类错误（Type Ⅰ Error）和Ⅱ类错误（Type Ⅱ Error），如表 9-3 所示。

表 9-3　Ⅰ类错误和Ⅱ类错误

	不拒绝 H_0（以为新模型没效果）	拒绝 H_0（以为新模型有效果）
H_0 为真（新模型真没效果）	$1-\alpha$	Ⅰ类错误 出错概率=Significance Level=α
H_0 为假（新模型真有效果）	Ⅱ类错误 出错概率记为 β	$1-\beta$ 又称为实验的功效（Power）

Ⅰ类错误和Ⅱ类错误示意如图 9-9 所示。

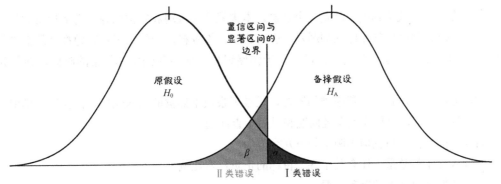

图 9-9　Ⅰ类错误和Ⅱ类错误示意

从图 9-9 中可以看到，置信区间与显著区间的边界向左移，发生Ⅰ类错误的概率 α 增加，发生 II 类错误的概率 β 减小；反之，边界向右移，α 减小，β 增加。由此可见，在实验条件已经确定的前提下，发生两类错误的概率 α 和 β 此消彼长，无法兼得。有没有方法使两类错误的概率和同时减少呢？有，那就是增加样本数量，图 9-9 中 H_0 与 H_A 的分布都会变窄，从而 α 在相同时，β 会更小；β 相同时，α 会更小。

3．其他注意事项

分析 A/B 实验的结果时，还有下面两点需要注意。

- 以上分析的都是在统计意义上的实验结果是否显著。但是要做出推广至全部流量上的决定，还要综合考虑所需资源与业务收益的性价比。事实上，如果新模型比老模型有微小提升，只要样本足够多，这个差异就是统计显著的；如果这个微小提升对业务的影响微乎其微，就不值得劳师动众地推广至全部流量。
- 分析实验结果时，不要只关注在全体流量上的结果，也要考察分析新老模型在细分流量（比如新老用户、不同国家、不同频道）上的表现差异。这样会使我们对模型有更加细致深入的理解，帮我们找到下一步改进的方向。

9.3　打开模型的黑盒

现代基于深度学习的推荐模型越来越复杂，哪怕对于它的创造者来说，它也是黑盒一个。但是改进模型的前提是发现现有模型的问题，这就促使算法工程师必须打开这个黑盒，加深对模型的理解与认识。本节介绍打开模型黑盒的一些方法，主要分为外部观察与内部剖析两大方面。

9.3.1　外部观察

前面提到，现代推荐模型就是一个黑盒，本来就难于发现和定位问题。雪上加霜的是，不同于调用失败、抛出异常那样立刻爆发、引人注意，推荐模型中的大多数问题都是静悄悄的，表面上一切正常，暗地里模型性能已经开始慢慢退化。而当我们发现异常的时候，通常为时已晚。

解决方法就是加强对推荐模型的监控，通过观察模型黑盒的输入输出，使我们对模型状态有一个大致的了解，以便立刻发现问题和日后排查问题。

对模型的监控，包括但不限于如下几个方面。

- 输入样本的数量，还有其中各个目标的正负样本比例。
- 各个特征对样本的覆盖情况。
- 模型如果要访问外部服务（比如画像服务、获取预训练的 Embedding 等），这些外部服务是否正常更新，模型访问它们的时延和失败率如何。

- 训练服务的吞吐量、在线训练的样本队列是否发生阻塞。
- 在线持续评估得到的模型的各方面指标。
- 部署模型是否正常。
- 模型预估结果与用户真实反馈（比如预测 CTR 和线上真实 CTR），以及二者之间的差距。
- 召回结果中各路召回的占比、最终展示给用户的结果中各路召回的占比。

......

监控时，不仅要看整体指标，还要细分，比如模型在不同群体（如新老用户、不同市场）、不同展示位置上的表现。

借助开源软件（如 Grafana、Prometheus），我们可以存储、汇总这些监控指标，并将它们展示成各种报表、曲线，再组成监控看板。借助监控看板，我们发现、定位问题就变得相对容易。

举个例子，算法工程师的噩梦之一就是，之前好好的模型，线上指标（突然或缓慢）下降了。作者就曾经遇到过这样的场面。借助指标看板，首先发现持续评估曲线中，模型的离线指标也下降了，说明与线上环境无关，应该是模型本身出了问题。接着，作者发现输入样本中的 CTR 下降了，说明上游数据中正负样本比例发生了变化。

于是，作者询问了负责上游数据的同事，发现他们缩短了等待用户反馈的时间，导致一部分正样本由于未能等到用户反馈被当成负样本。就这样，定位了问题，接下来修复就很容易了。

9.3.2　内部剖析

DNN 因其强大的表达能力、优异的扩展性而取代线性模型、树模型，成为现代推荐模型的主流。尽管如此，DNN 仍有一项短板，自问世到现在始终未被弥补而被线性模型、树模型远远落在后面，那就是模型的可解释性。DNN 不好解释的缺点为我们排查问题、改进模型增加了许多困难。

虽然解释 DNN 困难，但绝非不可能，本节将介绍几种打开 DNN 黑盒的方法。但是需要事先强调的是，以下介绍的各种方法都有其局限性。它们只不过为我们增加了"管中窥豹"的手段，远没有达到能使黑盒"大白于天下"的理想状态。到目前为止，解释 DNN 机理、排查定位 DNN 的问题仍然是一件需要投入大量时间与精力的苦差事，还不能保证一定成功，望读者做好思想准备。

1. 特征重要性

根据各特征的重要性，我们可以做很多改进工作。

- 对于那些模型看重的特征，我们可以进一步精细化，比如去除噪声，或者衍生出更多相似的特征。
- 如果常理上应该发挥重要作用的特征却被模型忽视，那我们应该排查对该特征的生成、处理是否出现了错误。

- 对那些不重要特征，我们可以将它们从模型中删除，给模型瘦身，以节省资源。

在线性模型和树模型中，得到特征重要性非常容易，模型训练完毕，各特征重要性作为副产品也就一并得到了。但是在 DNN 中，有点麻烦，接下来介绍 4 种方法。

第一种方法称为 Ablation Test，其做法如下。

- 使用全部特征的训练数据集记为 D_{train}，在其上训练出的模型记为 M，在测试数据集 D_{test} 上评估得到指标 S。
- 在 D_{train} 和 D_{test} 中，将某列特征 f 删除，得到新的训练集 $D_{\text{train}}^{\backslash f}$ 和测试集 $D_{\text{test}}^{\backslash f}$。
- 在 $D_{\text{train}}^{\backslash f}$ 上训练一版模型 $M_{\backslash f}$，然后在 $D_{\text{test}}^{\backslash f}$ 上评估 $M_{\backslash f}$，得到指标 $S_{\backslash f}$。
- 将 $S - S_{\backslash f}$ 作为特征 f 的重要性，$S - S_{\backslash f}$ 越大，说明缺少 f 的代价越大，也就说明 f 越重要。

Ablation Test 的缺点在于计算量太大。大型推荐模型起码有几十个 Field，要得到每个 Field 的重要性都需要重新训练一遍模型，而每次训练又都要涉及海量数据，费时费力。

第二种方法称为 Permutation Test，它的做法如下。

- 在 D_{train} 上训练出模型 M，在 D_{test} 上评估，得到指标 S。
- 对于特征 f，将 D_{test} 中 f 所在的那列数据打散（Shuffle），得到新测试集 $D_{\text{test}}^{s,f}$。
- 模型 M 在 $D_{\text{test}}^{s,f}$ 上做评估，得到指标 $S_{s,f}$。
- 将 $S - S_{s,f}$ 作为特征 f 的重要性，$S - S_{s,f}$ 越大，说明打散 f 的代价越大，也就说明 f 越重要。

这个方法的优点在于，无须重新训练模型，因此在实践中应用得比较普遍。其缺点在于，有些特征之间并非独立，而是相互关联，只打散其中一列，可能产生完全不合常理的样本。比如推荐模型所使用的"物料分类"与"物料标签"就是强相关的，打散"标签"特征，可能会制造出分类是音乐、标签却是美食的问题物料。在这种特征分布与现实严重不符的样本上测试，得到的评估指标也就失去了意义，由此衍生出的特征重要性也会有问题。

第三种方法称为 Top-Bottom Analysis，它的做法如下。

- 训练得到模型 M 后，喂入 D_{test} 进行打分。
- 然后将 D_{test} 中的样本按照模型打分从高到低排序。
- 取头部 N 条样本与尾部 N 条样本，观察相同特征或特征组合在头部样本与尾部样本上的分布差异。分布差异越大，说明该特征对模型越重要。

第四种方法是解释模型法，要用到之前讲过的 SENet 和 LHUC 结构。给定一个样本，这类模型结构能够计算出其中每个特征的重要性，技术细节见 6.1.1 节和 7.2.3 节。

事实上，同一个特征，甚至是相同的特征值，在不同样本中的作用也有显著不同。举例来说，User ID 或 Item ID 在老用户、老物料的推荐中发挥着重要作用，因为这两个特征是最具个性化的特征。但对于新用户、新物料，这两个特征却毫无作用，甚至还可能帮倒忙，因为它们的 Embedding 还没有训练好，基本上还是随机初始化的向量。

前面三种方法只能基于整个数据集来衡量特征的重要性，User ID/Item ID 重要与否，取决于测试集中新老用户、新老物料的比例，评估粒度太粗。而这方面正是解释模型法发挥优势之所在，它能将评估粒度细化到样本，赋予我们对单个案例做针对性分析的能力。

当然要想获得特征的整体重要性也很简单，只要汇总数据集中每个样本上的特征重要性就能得到。类似的做法已经用于 COLD，简化精排模型的输入特征以用于粗排，技术详情见 6.1.4 节。

2. 模块作用

基于 DNN 的推荐模型，其模块众多，结构复杂，其中难免有一些"滥竽充数"的模块，它们接收到前一层的输出，几乎不做改动就又转发出去，找到并精简这些模块，能在保持性能的同时节省资源。还有一些"害群之马"，反而在前一层的输出中添加了噪声，定位并改进这些模块，能够弥补整个模型的短板，进一步提升性能。可见，判断模型中各模块的作用也有着非常重要的现实意义。

阿里巴巴在 *Visualizing and Understanding Deep Neural Networks in CTR Prediction* 一文中两个判断各模块作用的方法，所使用的例子是检查一个 4 层 DNN 中各个全连接（FC）层的作用。首先将 N 条测试样本喂入 DNN，将各 FC 层的输出收集起来。

第一种方法是可视化方法。将每层输出的 N 个向量，利用 t-SNE 算法降维至二维空间，再绘制成散点图，如图 9-10 所示。其中每个点代表一条样本，红点代表点击样本，蓝点代表未点击样本。

从图 9-10 中可以看出，第 3 层的输出（图 9-10(b)）相比于第 2 层的输出（图 9-10(a)），同一个 Label 的样本点分布得更加集中，正负样本的间隔更加明显，说明第 3 层 FC 的确起到了提炼信息的作用；第 4 层的输出（图 9-10(c)）相比于第 3 层的输出，正负样本的间隔反而更加模糊。这说明加入第 4 层 FC 帮了倒忙，反而损害了整个模型的区分能力，可以考虑删除之。

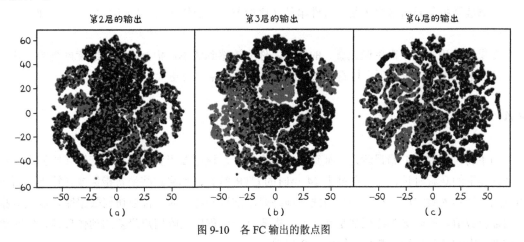

图 9-10　各 FC 输出的散点图

第二种方法与第一种类似，只不过更加量化，而无须依赖人工主观观察。这个方法中，用

每层输出的 N 个向量拟合一个 Logistic Regression（LR）模型，然后比较各层拟合出来的 LR 模型的性能。性能越高，说明该层输出中包含的信息量越大，也就说明该层的作用越大。注意，这里特意拟合 LR 而非更复杂的模型，就是为了让拟合模型的性能差异体现在输入向量的质量上，而不是拟合模型的功劳。另外还发现第 4 层拟合出来的 LR 相比第 3 层，在性能上没有明显提高，从而说明第 4 层 FC 是个"鸡肋"，可以考虑删除之。

9.4 线下涨了，线上没效果

设想这样一个场景，上周你对新模型做完离线实验，离线指标相比于老模型，上涨明显。周会汇报时，连老板都对你投来赞许的目光，你自己也感觉在这个新模型上取得了丰硕成果。会后，你信心满满地将新模型上线，进行 A/B 实验。没想到的是，实验了一周，憧憬中那种实验组指标起飞的场景压根就没有出现，实验组的指标不仅没有上升，反而有所下降。等到这周开会的时候，你汇报时的底气也不足了。老板问："上周离线指标不是涨得很高吗？"言语中透着怀疑与不解。你委屈地回答"是呀"，短短二字饱含不解与无奈……

以上场景并非虚构，而是作为算法工程师早晚会遇上的经典场面。遭遇了这样的场景，没有什么灵丹妙药，也没有银弹，只有靠你自己绞尽脑汁、劳神费力地逐一排查。作为过来人，也只能在以下提供几种可能的原因和解决方案，帮你开阔一下思路，并送上我衷心的祝福。

先排查一下自己是否犯了一些"简单但愚蠢"的错误，比如：

- 代码中是否出了 bug；
- 配置 A/B 实验时是否出错（比如和别的实验发生了冲突）；
- 离线训练和评估所使用的数据集是不是太小了；
- 离线数据集是否包含了某个特殊事件（比如节日、促销等），从而削弱了其代表性；
- ……

如果你的确犯了"简单但愚蠢"的错误，你应该感到庆幸，毕竟省却了继续排查的麻烦，因为接一来要讲述的每一项，排查起来更麻烦，解决起来难度更大。

9.4.1 特征穿越

新手特别容易犯的错误就是特征穿越。举个例子，模型要用到消费指标特征（比如用户在某个分类下的观看时长、物料在过去 24 小时的 CTR 等），你将这些消费指标或计算指标所用的原始数据存入数据库。线上预测与线下训练要用到这些特征时，都要访问数据库，以获取指标的最新数值。同时这类特征都是动态的，需要有一个程序接收用户最新的动作反馈，实时更新数据库中的各类指标。整个结构如图 9-11 所示。

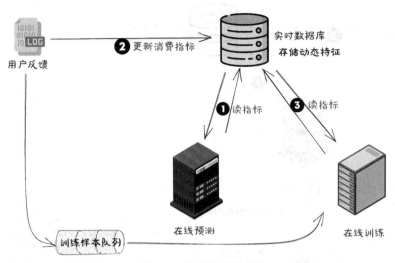

图 9-11　特征穿越结构示意

- 在"1 时刻"，预测程序访问数据库获取最新的消费指标。
- 接下来，预测程序将推荐结果返回给用户，用户做出反馈（比如点击、购买等）。
- 在"2 时刻"，数据库接收到了用户反馈，更新了数据库中的各项消费指标。
- 同时，"1 时刻的用户请求+反馈"作为一条样本插入"训练样本队列"，等待训练模型。
- 过一会儿，到了"3 时刻"，在线训练程序拿到了"1 时刻的用户请求+反馈"，开始训练。准备样本时，训练程序向数据库请求最新的消费指标，但问题是，此时数据库的消费指标已经在"2 时刻"被更新过了。也就是说，训练程序要拟合"1 时刻"的用户反馈，但是用到的动态特征却来自"2 时刻"。

模型在拟合用户反馈时，"未卜先知"地用到了反馈之后的信息，这种现象称为特征穿越。这种行为相当于开了作弊器，离线评估的效果自然好，而到了在线预测时，失去了作弊器的加持，效果自然就被打回原形。

解决方法就是采用特征快照的方式生成样本，如图 9-12 所示。

- 在"1 时刻"，预测程序向数据库请求最新的消费指标数值。
- 在将预测所需的一切信息准备好后，一方面开始计算预估值，另一方面将所有信息打包成一个快照（Snapshot），插入队列。快照意味着其中的信息都固定下来，不再受之后的用户行为影响。
- "2 时刻"，用户对预测结果的反馈被插入"反馈队列"。有程序将"快照队列"与"反馈队列"进行合并，将属于同一个请求的"特征快照"与"用户反馈"拼接成一条完整样本，插入"训练样本队列"中，等待训练。
- "3 时刻"，训练程序从"训练样本队列"中提取样本，加以训练。此时，我们就能够保证训练程序见到的每一条样本，其特征与 Label 都来自同一时刻，不会发生穿越。

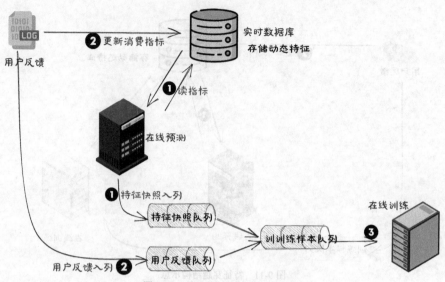

图 9-12   基于特征快照的预测与训练

特征快照方法也不是完美的，它最大的缺点在于，快照要将所有特征固定打包，体积可能小不了。以前还好，因为推荐系统中样本都是稀疏的，不会占用太大的空间。但是如果要在特征中使用一些预训练向量，因为这些预训练的向量都是稠密的，每条样本都打包一遍的话，会给内存、硬盘、带宽都带来极大的压力。此时，我们不得不重走图 9-11 那样的老路，将预处理好的向量集中存储在数据库中，样本中只存储向量在数据库中的索引，训练时再访问数据库获取向量内容。不过需要特别注意的是：

- 图 9-11 的方法，只适用于根据内容（比如封面图片、文章内容）预训练的向量，因为这些向量基本不会变化，预测时与训练时请求，都会得到相同向量，没有穿越问题；
- 而对于根据用户行为预训练的向量，比如在精排的预测和训练阶段，都访问粗排双塔以获得最新的用户向量、物料向量，并将这两者用作特征，图 9-11 的方法肯定会引入穿越问题，因此不推荐使用。

9.4.2   老汤模型

线下评估时，为了保证公平，新老模型需要有相同或相近的初始状态（比如参数都是随机初始化的），但是这在线上实验中是做不到的。线上的老模型已经被在线持续更新了几个月，犹如一锅被炖煮了许久而且还在被不停加料的老汤。老汤模型中的参数见多识广，久经考验，非初出茅庐的新模型所能及。比如在线预测时，某个特征（比如 User ID）是新模型从未见过的，新模型只能用全零向量来代替它的 Embedding，但是相同特征对老模型却算是"老熟人"了，老模型能够拿出充分训练过的向量作为该特征的 Embedding，哪个效果更好，不言而喻。也就是说，新模型虽然能力强，但是经验远不及老模型丰富，线上实验比不过老模型也在情理之中。

　　为了应对这一问题，新模型在上线前必须拿历史数据回溯训练。但是为了赶得上老汤模型，回溯的时间短不了，耗时长，效率低。为了提升回溯效率，我们让新模型从老模型参数的基础上热启训练，使新模型只需要回溯较短时间，就能赶得上老模型。这就好比，新模型单靠自己从头学起，怎么也要花上个三年五载才能学出个模样。老模型觉得胜之不武，就将自己多年的功力直接传给新模型，让新模型的功力立刻就能与自己不相上下。然后二者才开始公平比试，看谁能够更好地发挥这份功力。

　　热启训练如图 9-13 所示。对于 Embedding，新模型将老模型的所有 Embedding 都复制过来作为初值。新老模型中共用的那部分特征将在老模型 Embedding 的基础上继续更新，只有新引入的 Embedding 才需要随机初始化。某个特征，在新模型中定义的长度是 d_{new}，在老模型中定义的长度是 d_{old}。

- 最简单的情况就是 $d_{new} = d_{old}$，新模型的 Embedding 直接拿老模型的 Embedding 当初值。
- 如果 $d_{new} > d_{old}$，在老模型 Embedding 补上一段长度的随机向量，当成新模型 Embedding 的初值。
- 如果 $d_{new} < d_{old}$，将老模型 Embedding 截短，只保留头部 d_{new} 长的向量，当成新模型 Embedding 的初值。

　　对网络结构的参数，处理方法与 Embedding 类似。对于新老模型复用的模块，新模型拿与老模型相同模块的权重作为初值。如果出现尺寸不匹配的地方，也需要裁剪和补齐。比如在图 9-13 中，新模型第 1 层 FC 的权重大部分都继承自老模型，此外还需要补上一块随机初始化的部分。

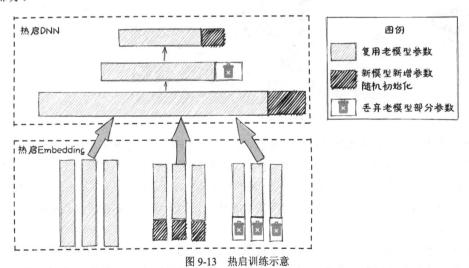

图 9-13　热启训练示意

　　热启训练给新老模型提供了一个相对公平的起点，但是缺点也不少，体现在以下方面。

- 非常麻烦。新老模型之间的映射关系没有规律可循，每次从老模型提取参数、裁剪、补齐、重填至新模型，都需要重新编写脚本与配置，费时费力，还容易出错。

- 束缚了算法工程师的手脚，使我们不愿意对模型做大幅修改，只愿意小修小补，因为改动的地方越多，热启迁移也就越烦琐，而且改动多了，很多模块的映射关系也就不复存在，压根无法迁移。

- 缺乏理论保证。很多问题，比如在尺寸不匹配时，裁剪或补齐究竟该发生在头部还是尾部？老模型已经训练好的参数当然是继续训练的优秀初值，但是一个好初值搭配上一段随机初始化的向量，仍然是一个好初值吗……尚没有明确答案。大家在实践中都是凭自己的经验来操作的，缺乏扎实的理论支撑。

9.4.3　冰山：系统的内在缺陷

经常被大家忽视的一个问题是，我们的离线评估方法本来就是有偏的（Biased），存在"冰山现象"，如图 9-14 所示。

图 9-14　推荐系统的内在缺陷：冰山现象

拿精排来说，无论训练还是评估，我们都拿点击做正样本，曝光未点击做负样本。所谓离线评估效果好，只不过是指新模型在曝光样本上，也就是老版推荐系统筛选出来的那部分优质物料上，表现得比老模型要好。换句话说，新模型在露出水面的那一小部分冰山尖上表现出色。但我们并不能就此得出"新模型优于老模型"的结论，因为毕竟新模型上线后要面对的是整座冰山，而非只有冰山尖。

对于老模型下未曝光的样本，相当于掩藏在水面下的大部分冰山，新模型从未见过，在其上的表现完全是个未知数。相同条件的在线预测，新模型可能会将一些本来被老模型打压、没有曝光机会的物料提升到前面，从而有机会向用户曝光。对于这部分物料，新模型既未训练过，也未测试过，对用户的反馈完全靠"猜"。万一猜错了，新模型的效果比不过老模型，自然也就毫不奇怪了。

本来以上缺陷也不算什么，毕竟新模型也会在线学习，持续更新。如果新模型猜错了，用户的负反馈会使它得到教训，从而完善自己，避免下次再犯同样的错误。但遗憾的是，新模型刚上线时只占小流量，由新模型产生的样本是极其有限的。喂给新模型在线学习的主要还是老模型产生的样本。换句话说，新模型在线学习的主要还是别人的成败得失，对自己的错误没有给予足够的重视，自然实验组的指标就会一直不理想，迟迟不见起色。

在前景不明朗的时候，老板不会同意你给新模型扩大流量，所以只能在线训练新模型的时候，给新模型自己产生的样本赋予更大的权重，希望新模型聚焦学习自己犯下的错误，改正离线训练时由于"冰山现象"带来的偏差。

最后，需要特别说明以下两点。

- 有的读者可能会问，照这么说，"冰山现象"算是推荐系统的一个大 bug，为什么就没人解决呢？其实这也算是无奈之举。首先，未曝光的样本没有用户反馈，本来就无法用于训练与评估。其次，越靠近冰山底部，数据越多，都要存储、计算的话，消耗的资源也就越多。所以对精排，大家都约定俗成地用曝光数据做训练与评估了，其中隐藏的偏差也就忽略不计了。
- 其实在推荐链路中离最终目标越远，这种"冰山现象"越严重，比如召回在线上预测时的候选集是全体物料，但在训练时即使使用了负采样，正负样本也都来源于有曝光的头部物料。又比如粗排在预测时的候选集本该是召回的输出，但是目前大家都约定俗成地使用曝光数据来训练与评估粗排模型。下面我们会详细论述这一问题。

9.4.4　链路一致性问题

另一个可能造成"线上线下的实验结果不一致"的原因，来源于推荐链路各环节的不协调、不一致。离线实验中，我们都是基于用户真实反馈进行训练与评估。但是在线预测时，直接影响模型效果的，并非最终用户，而是链路下游的模型。这就好比，我（当前新模型）在一份方案中增加了一些新想法（改善推荐结果），但是这些新增内容不合我顶头上司（下游模型）的口味。顶头上司在向大老板（用户）提交方案时，将我的新想法删得一干二净。或许大老板喜欢我的新想法，但已经无所谓了，反正他也看不到，我的新想法不可能会有结果的。

举个例子，这次我新开发了一路"封面召回"，给用户返回与他之前点击的视频拥有类似封面的视频，但是由于粗排和精排还没有用上封面信息，因此在它们眼里，"封面召回"的视频与用户兴趣根本不搭边，从而将它们筛掉。"封面召回"最终有机会呈现给用户的结果寥寥无几，自然不可能在 A/B 实验指标上体现出效果。

解决方法就是让模型不仅要拟合用户的兴趣爱好，还要迎合下游模型的口味。比如在 6.1.3 节，讲解了从未曝光的精排结果（也等同于被精排筛掉的粗排结果）中抽取一部分样本，构建 Learning-to-Rank 任务，辅助训练粗排模型，增强粗精排两个环节的一致性。具体技术细节见 6.1.3 节。

9.5　小结

本章关注两个问题：如何评估模型的效果；如果效果不好，如何排查与调试。

9.1 节讲解在模型上线前要进行的离线评估。

对于排序模型，我们主要使用 AUC 的改进版本 GAUC 来衡量排序性能，以避免不同用户的样本相互干扰。对于召回模型，AUC 并不适用，我们主要从预测正样本对真实正样本的"覆盖率"角度来加以考察。不要轻视、忽视对推荐结果进行人工检查。它能使我们对推荐效果有最直观的感受，从新角度提供改善模型的灵感。

9.2 节讲解模型上线后，通过 A/B 实验在线评估模型效果。推荐系统中的 A/B 实验与其他领域的相比，基本原理与分析方法都是相通的，唯一具备互联网特色的，就是采用"分层重叠"方式划分流量。这种方式允许我们在同一份流量上互不干扰地同时进行多项实验，流量使用效率大大提高，解决了推荐系统中众多实验与有限流量间的矛盾。

无论改进性能还是排查问题，都需要我们对模型有充分的理解与认识。9.3 节介绍了以下方法：

- 加强对模型输入输出的监控，通过外部观察，摸清模型的运行规律；
- 打开模型黑盒，了解各个特征的重要性和各模块发挥的作用。

"线下实验指标涨了，上线后却没效果"是每个算法工程师都会遇到的尴尬场面。9.4 节介绍了可能造成线上线下效果不一致的几个原因，包括特征穿越、老汤模型、冰山现象和链路不一致，以及作者给出的解决方法，希望有助于读者在排查问题时开阔思路。

第 **10** 章

推荐算法工程师的自我修养

本章是本书的最后一章。前面章节讲的都是算法、模型这些推荐系统所涉及的技术，本章讲述掌握、使用这些技术的人，也就是推荐算法工程师，应该具有的一些修养。作为一名在推荐算法领域奋战多年的老兵，作者在本章中结合个人的经验与教训，谈谈作为一名推荐算法工程师，应该如何工作、学习、准备面试和面试别人。

10.1 工作

根据推荐算法工作的特点，作者提出三条建议。这三条建议使作者的工作更加高效，希望它们也能够帮助读者的算法工作变得轻松一些。

10.1.1 重视代码的规范性

算法工程师也属于广泛意义上的"码农"，编写代码本来就是我们的分内之事，这一点和前端工程师、后端工程师没有任何区别。同理，和其他场景一样，代码质量对算法项目的成败也起着举足轻重的作用。

如果一个算法项目的效果达不到预期，可能导致失败的短板有很多。可能最初的模型选型就不符合我们的业务场景，也可能是因为训练得不够充分，还可能是模型的一些超参配置得有问题。相比于其他木板，实现算法的代码质量还算最容易扎牢、补齐的一块木板，我们要确保算法实现上没有 bug。选型、调参上的失误姑且能算作探索过程中不得不交的学费，还可以接受，但是因代码实现中一些愚蠢的 bug 而导致整个算法项目功亏一篑，则是完全不可容忍的。

但在实践过程中，我们发现扎牢、补齐"代码质量"这块木板也只是相对简单而已。其实写出高质量的算法代码没那么简单，这源于算法代码的特殊性，即不容易测试，不容易调试。这是因为，很多时候，我们也不知道输入一条样本后，模型中各模块的输出应该什么样。不能建立正确的预期，自然也就无从测试与调试。再加上算法模型中经常出现的随机因素，比如参数的随机初始化、Dropout 机制，更使得测试与调试难上加难。所以为了保证算法实现的质量，我们不能将希望寄托在编写完代码再测试，或者出了问题再调试，而是必须一开始就编写出没有 bug 的高质量代码。

要编写出高质量的代码，既容易，也困难。说它容易，是因为只要你保持良好的编程习惯，遵循那几条众所周知的编程规范，代码质量自然而然就能够得到保证，比如：

- 花点心思在命名上，为类、函数、变量起个"见名知义"的好名字；
- 代码要模块化，不要将一个功能从头写到尾，写成一个几百行的大函数，而要将其拆分成多个函数或类；
- 注意代码的复用，但忌讳直接复制代码；
- 开闭原则，代码模块应该对扩展开放，对修改封闭；
- 单一职责原则，每个代码模块只负责单一功能，不要将杂七杂八的功能都写到一个类或函数中；
- ......

总之，原则只有一个，就是让你的代码清晰、易读、易懂，方便及早发现问题。但就是这么简单的事情，也并非人人都能做到。作者在几个大厂都职过，按道理，能进大厂的人面试中都要过写代码这一关，肯定要被归入会写代码的那一群人。但是我看过其中一些人写的代码，只能用惨不忍睹来形容。就那么几条简单的编程规范都做不到的人，归根到底，还是一个"懒"字，只图赶紧将功能实现完毕了事，懒得去思考这段代码是否容易维护、是否方便扩展、是否能让 3 个月后的自己看得懂这些深层次的问题。

10.1.2　重视离线评测

有一次，作者的一个同事要实现一个召回模型。经过一段时间的编码加训练，新召回模型的离线 AUC 还不错，准备上线。在后端同事的配合下，又花费了一段时间，终于将新召回模型成功上线。没想到上线后，A/B 实验的指标非常不好，这个同事选择继续观察，并尝试配置不同的超参来碰运气。又过了两个星期，A/B 指标依旧不见好转，我的这个同事又怀疑线上服务的后端代码有问题，以及排序模型打压了新召回，开始和别的团队扯皮。拖拖拉拉一个月，最后那个同事实在没招了，找我帮忙。我选择了一批用户，把每个用户过去点击过的文章和新召回模型的召回结果同时打印出来。两相对比，发现召回的东西与用户兴趣根本不匹配，模型本身就有严重问题，压根就不应该被批准上线。

这件事留给我们的教训是，在线实验的代价太高了。上线模型需要耗费时间、精力和资源，线上 A/B 实验耗时长，反馈慢。因此，我们需要在上线前对模型进行充分的离线测试，尽可能在离线阶段就将问题暴露出来。否则上线一个问题模型，就意味着上线、观测、调参都是在做无用功，浪费了宝贵的时间与精力。

具体实践上，要注意以下两点。

- 看论文的时候，论文中实验指标的具体数值可看可不看，但是，一定要看离线实验的设计，看论文作者如何无偏地收集测试样本、从哪些维度来评测模型（不光只考虑准确性，还包括推荐结果的丰富性、对冷启动是否友好等）、用了哪些指标来衡量模型在各个维度上的性能、怎样设计图表使模型性能一目了然。其实在我的那个同事用 AUC 评测召回模型的时候，就已经暴露出他对召回算法的陌生。只要他多读几篇召回算法的论文，他就会发现业界很少用 AUC 来评估召回模型，至于其中的原因，9.1.2 节已经分析过。

- 另外，评测指标有时是片面的，此时一些人工评测的办法反而更有效，比如像我那样将用户历史与召回结果打印在一起。人工评测使我们对推荐结果具备更直观的认识，便于我们发现、定位问题。关于人工评测的详细内容，请参考 9.1.3 节。

10.1.3　重视使用工具

算法工作归根到底属于实验科学。谁能在单位时间内训练、评估越多的模型，谁就越有可能找到最适合自己业务场景的模型，也就越可能得到收益。

因此，如果你是一个技术负责人（Tech Leader），你的职责之一就是提升整个团队训练模型、做实验、分析结果的效率。为了达到这一目标，最有效的方法就是将算法日常工作中一些重复、琐碎、易错的操作提炼成自动化工具。

我们需要一个训练、评估模型的自动化系统。借助这套系统，训练模型变得简单，你只要在界面上设置输入数据的路径、输出模型的路径、模型代码的 Git 链接和一些超参，就能启动训练。训练完毕后，该系统会发一封邮件到你的邮箱，其中会将离线评估结果整理成图表与曲线。如果你想简单修改几个训练参数，只需要将新参数写进邮件，回复给训练系统。训练系统接到你的邮件后，会用新参数开启新一轮训练。

不仅如此，这套系统还能像 Git 管理不同版本的代码那样，管理多个版本的模型。每当做完一次离线实验，本次实验的模型代码、参数配置、评估指标都会自动保存进数据库。算法工程师不必再用 Excel 手动整理实验记录，从众多版本的模型中选择离线效果最好的那个上线也变得如同输入 git -diff 一样简单，模型代码和参数配置导致的评估指标上的差异一目了然。

我们需要一个能够打开模型黑盒，剖析模型性能的工具。这个工具能够告诉我们，整体来看，哪些特征重要，哪些特征不重要。不仅如此，输入一条样本，这个工具还能够告诉我们当时是哪些因素起作用，导致我们给用户推荐出这样一个物料，方便我们调试问题案例。这个工具还能够对模型中各个模块的输出的分布进行可视化，帮我们找到区分能力薄弱的环节。

我们需要一个工具帮我们分析整个推荐链路。这个工具能够回答下面这些问题。

- 有哪些在召回结果中排名靠前的物料反而被粗排过滤掉。
- 有哪些被粗排打高分的物料反而被精排过滤掉。

■ 最后能够曝光的物料中,各路召回的占比各是多少。

……

以上问题的答案,将有助于提高推荐链路各环节的目标一致性,防止各环节各自为战。

我们需要这样的模型评估工具,无论是对于离线还是在线,不仅能够比较两版模型在整体效果上的差异,还能够在细分流量(比如新老用户、新老物料、不同市场)上对比模型效果。

总之,作为一个团队的技术负责人,要重视工具的开发、使用和推广,尽量使算法工作摆脱手工作坊式的生产模式,最大限度地实现标准化、规范化、自动化,以提升整个团队的工作效率。

10.2　学习

推荐算法领域的发展日新月异,要想跟得上技术发展的脚步,就需要我们每个从业者必须成为终身学习者。现在算法学习的痛点不在于信息匮乏,恰恰相反,是论文太多了,信息爆炸。每年 KDD、SIGIR、CIKM 上各种各样的 DNN、GNN、FM、Attention 满天飞,其中不乏实打实的干货,但也充斥着湿漉漉的水文,让人不知道哪个方法才是解决自己问题的灵丹妙药,因为每篇论文都宣称自己的实验结果远超基线好几个点。而且绝大多数论文都像八股文一样,起承转合下来,才发现干货只有那么一丢丢。

算法工程师应该如何高效学习?如何练就一双能分辨干货与水文的慧眼,把每篇论文中的水分挤干,把剩下的干货提取出来,丰富自己的知识体系?在本节中,作者将从以下 4 个方面介绍一下自己的心得体会。

10.2.1　坚持问题导向

不知道大家是否有过类似的经历,读完一篇算法论文,掩卷感叹“好精巧的模型”。正准备点开另一篇时才发现已不记得,刚才那一篇论文要解决的是一个什么问题。很多时候,我们通过论文知道了一个复杂的解决方法,却忽视了要解决的问题,正应了那个成语“买椟还珠”。

正确的学习方法是,我们在读论文的过程中必须始终坚持问题导向,比如:

■ 看看作者提出的问题,是否也存在于我们自己的推荐系统中;

■ 如果存在的话,我们的解决方法与作者提出的方法相比,谁优谁劣;

■ 除了作者提出的方法,之前是否还见过别的解决方案;

……

正所谓能够提出正确的问题,就已经将问题解决了一半。很多时候,作者提出的问题给了我很大的启发,对我更有价值。而作者的方法则被我弃之不用,代之以更符合业务实际的其他方法。

举个例子，阿里巴巴在 SIGIR 2021 上发表了论文 *Explicit Semantic Cross Feature Learning via Pre-trained Graph Neural Networks for CTR Prediction*。可能大多数人是被标题中的 Graph Neural Network 所吸引，毕竟是当下的热门技术。但这篇论文给我最大的启发是，作者指出了目前推荐算法存在的一个大问题，即我们过于重视隐式语义建模，却忽视了显式语义建模。

- 要让"用户年龄"与"商品 ID"这两个特征进行交叉，最常见的方法就是将这两个特征分别映射成 Embedding，然后交叉的事就交给上面的 FM/DNN/DCN 等模型结构，期待这两个 Embedding 能够在一层层模型中碰撞出火花；
- 但除此之外，还有另外一种显式交叉，比如统计一下"某个年龄段上的用户对某个商品的 CTR"到底是多少。不像 Embedding 那么晦涩，这种显式交叉特征所包含的信息是非常清晰和强有力的。这种特征本来在前深度学习时代是非常受重视的，很可惜，受"DNN 是万能函数模拟器"神话的影响，近年来较少被关注，被研究得越来越少了。

仅凭作者指出的这个问题，这篇论文对我的价值就足够了，因为我本身就是从前 DNN 时代走过来的，对当时对手工交叉特征的重视还记忆犹新。接下来，我不打算照搬论文中那种精巧但复杂的方法，而打算用更简单的方法在我的模型中引入更多显式交叉特征。具体技术细节见 2.2.3 节。

10.2.2 重在举一反三

据了解，很多读者孤立地学习一篇篇论文，不善于总结和思考。看完之后，记忆中只留下几个孤零零的知识点，只见树木，不见森林，结果就像"狗熊掰棒子"，看得越多，忘得越快。再加上每年有那么多推荐算法论文被制造出来，让人在追踪最新研究成果的路上疲于奔命。

正确的学习方法应该是，读完一篇论文，将这篇论文的知识点与之前的知识点串联起来，随着阅读的论文增多，孤立的知识点串联成脉络，别人的文章终将变成你自己的知识。

比如，很多人以为 Embedding 是深度学习引入的新技术，事实并非如此。矩阵分解作为早期的经典推荐算法，其实就已经包含了 Embedding 的思想，只不过那个时候叫隐向量（Latent Vector），并且只局限于计算 User ID 和 Item ID 的隐向量。两相对比，我们就能对 Embedding 在推荐算法中的作用有更深入的理解。矩阵分解通过将用户与物料映射成隐向量，允许我们在向量空间中找到彼此相似的用户与物料。而到了深度学习时代，Embedding 将隐向量这种"寻找相似"的功能发扬光大，扩展到发现任何语义相似的概念，比如发现"科学"与"科技"的语义是相似的，从而使模型能够为一个喜欢"科学"话题的用户推荐带有"科技"标签的文章，从而大大提高了模型的扩展能力。

再比如，推荐系统需要适当打压热门物料，否则推荐结果会被热门内容垄断，体现不出个性化特色。仔细想一下，这个问题和自然语言处理中打压高频词的本质是一样的。于是 Word2Vec 算法中打压高频词的方法就可以为推荐算法所借鉴，具体技术细节在 5.4 节有详细论述。

又比如，多场景推荐问题和新用户冷启动问题，其实也有很多相似之处。

- 多场景推荐面临的难题是，多个场景下用户的行为模式有差异，简单混在一起训练，有可能相互干扰；但让每个场景单独训练、部署一个模型，数据少的场景又会训练不充分，而且还浪费资源。
- 新老用户的行为模式有很多不同，简单混在一起训练，老用户的数据多，其行为模式会主导模型，从而忽略新用户。但如果为新用户专门训练、部署一个模型，一来，新用户的数据少，不足以将这个模型训练好；二来，资源的投入产出比太低。

既然二者面临的问题如此相似，改善模型对新用户的推荐性能时，就可以借鉴多场景推荐的一些思路方法，具体细节见 8.4.4 节。

还比如，向量化召回算法作为业界主力，品类众多而形态迥异，看似很难找出共通点。

- 从召回方式上分，有的是 U2I，有的是 I2I，还有的是 U2U2I。
- 从算法实现上分，有的来自"前深度学习"时代，有的基于深度学习，有的基于图算法。
- 从优化目标上分，有的将召回建模成超大规模多分类问题，优化的是 Softmax Loss；有的按"排序学习"（Learning-to-Rank，LTR）建模，优化的是 Hinge Loss 或 BPR Loss。

但是，如果你仔细总结一下就会发现，以上向量化召回算法其实可以被一个统一的算法框架所囊括，见 5.2 节。总结出这样一套算法体系，有下面这两个好处。

- 能够融会贯通，不仅能加深对现有算法的理解，还能轻松应对未来出现的新算法。
- 能够取长补短。大多数召回算法，只是在以上维度中的某个维度上进行了创新，而在其他维度上的做法未必是最优的。我们在技术选型时，没必要照搬某个算法的全部，而是博采多家算法之所长，组成最适合你的业务场景、数据环境的算法。

10.2.3 敢于怀疑

看论文时，没必要被论文作者的名号或者大厂的招牌震撼住，觉得自己只有顶礼膜拜的份，丝毫不敢怀疑论文中的观点。敢于怀疑权威，敢于提出不同观点，才能够提升自己。

举个例子，我在读 *Deep Neural Networks for YouTube Recommendations* 这篇经典论文的时候，就特别不理解为什么 YouTube 不用"曝光未点击"的物料做负样本，而拿采样结果当负样本。而且这样做的还不仅 YouTube 一家，微软的 DSSM 中的负样本也是随机抽取的。但是两篇论文都未说明这样选择负样本的原因。

当时的我只有排序方面的经验，觉得拿"曝光未点击"作为负样本是天经地义的。一方面，曝光过的样本才能体现用户的真实反馈；另一方面，如果召回也用曝光数据当样本，还能够复用排序的数据流，实现起来更加方便。所以，敢于怀疑的我在第一次复现 YouTube 召回算法时，没有照搬论文，就拿"曝光未点击"作为负样本，结果落入陷阱，线上表现得一塌糊涂。但是"塞翁失马，焉知非福"，受过的教训反而促使我进一步思考，终于领悟到召回与排序相比，速度要求上的不同只是一方面，更重要的是二者面对的候选集差异巨大：排序面对的是经过筛选的优质物料，召回面对的是则是鱼龙混杂、良莠不齐的复杂环境。所以，只有随机负采样，才能让召回模型达到"开眼界、见世面"的目的，从而在"大是大非"上不犯错误。于是，就有了在 5.2.2 节提出的"召回算法是负样本为王""坚决不能（只）拿曝光未点击当负样本"等观点。

如果没有当初的怀疑，只知道照搬论文中的做法，可能在当时会避免落入一次陷阱，但是也失去了一次深入思考、提升自己的机会。而如果不提升自己的认知水平，"知其然，而不知其所以然"，未来仍无法避免落入陷阱开的。

另外，我的个人习惯是，对于论文中的实验结果的数值，不必过分关注。这同样也是从"敢于怀疑"的角度出发。毕竟我们不是在打 Kaggle 比赛，即使实验结果没有水分，因彼此的业务环境、数据特点、技术治理水平都存在明显差异，"橘生淮南则为橘，生于淮北则为枳"，论文中那么显著的效果也未必能够在你的环境中复现。但是论文中的实验设计是非常有借鉴意义的，一定要认真阅读，学习别人是从哪些方面、用哪些方法来评估模型效果的。

10.2.4　落实代码细节

虽然很多时候我们常常戏称干这一行的都是"调参"专业毕业的"调包工程师"，但是有追求的读者绝不满足于让自己的技术只停留在调包和调参的水平上。而摆脱这两个角色的最好的办法，就是阅读、学习经典算法的源代码，将自己对算法中每个技术细节的理解落实到一行行具体的代码上。

比如 TensorFlow 自带的 DNNLinearCombinedClassifier 类提供了一个 Wide & Deep 模型的官方实现，通过学习它的源代码，可以了解在 TensorFlow 中如何处理高维稀疏的类别特征、如何让两个特征共享一套 Embedding、如何用不同优化算法训练模型的不同模块等一系列技巧。同样的技巧，未来也可以用到你自己的代码中。

基于这个原因，本书对于重要算法都提供了示范代码，并且基本上为每行代码都添加了注释。请读者一定要结合代码，深入理解、掌握算法的每个技术细节。

10.3　面试

面试是每个互联网工程师都逃不开的话题，一部互联网人的成长史就是从一开始被别人面试，到后来面试别人的过程。本节向读者揭示在面试推荐算法岗位时，面试官的常见考点，以及应聘者应该如何准备。

在介绍正式内容之前，请各位读者注意下面两点。

- 面试是一次综合性的考察过程，考察范围既包括技术上的，也包括非技术上的，对算法知识的考察只是整个面试过程中的一个环节而已。本书的主题毕竟是有关推荐算法的，受篇幅所限，对于其他面试环节，比如考察应聘者的编码能力、考察应聘者是否有端正的工作态度，在这里就不加以论述了，请感兴趣的读者另行准备。

- 以下观点来源于作者个人面试和被面试的经验，仅代表个人观点，请读者参考。

10.3.1 社招

对于已经毕业多年、有工作经验的社招应聘者，面试的目标就是希望招进来的是个熟练工，能够"招之即来，来之能战"，很快上手，开始工作。因此，对应聘者的考察，主要围绕着他过去的项目经历展开。

1. 筛选环节

在简历筛选环节，主要看候选人之前是否有合格的项目经历。所谓"合格"，一方面是看项目的类型。

- 应聘者之前从事过推荐算法项目，这当然算合格的项目。
- 因为推荐、广告、搜索三个领域算是"近亲"，技术上相通，所以应聘者之前在广告、搜索领域的项目经历也算数。
- 因为推荐和 NLP 有很多类似的地方，推荐算法也借鉴了 NLP 中许多思想，所以放宽一下标准，应聘者之前的 NLP 项目经历也勉强算数。

除了以上列举的，对于应聘者在其他领域的项目经历，仅就个人观点而言，和推荐就相去较远了，对应聘推荐算法岗位没什么作用。以下是两个典型例子。

- 有的应聘者之前从事过计算机视觉相关的项目。尽管也非常高大上，但是由于数据环境相差太大（比如，计算机视觉面对的是稠密的非结构化数据，而推荐面对的是高维稀疏的结构化数据），计算机视觉和推荐在特征处理、模型设计、训练方法上都有着显著差异。即便是计算机视觉领域的高手，如果进入推荐领域，可能也需要从头适应，不符合"来之能战"的招聘原则。
- 有的应聘者之前从事的是互联网风控。根据作者个人经验，与推广搜相比，风控算法所涉及的数据量实在是太小了，原因很简单，如果一家公司有非常多的违约案例可供学习，那家公司早就破产了。受数据规模所限，推广搜算法中的很多技术难点在风控算法项目中压根就不存在，从而使风控算法工程师缺乏相应的知识与经验。因此，简历上的风控算法项目对于应聘推广搜岗位，也实在算不上什么加分项。

除了项目类型，检查项目经历合格与否的另一个方面是看项目中的技术含量。尽管我高度认同"没有最好的算法，只有最合适的算法"这个观点，但是鉴于各互联网大厂的推荐算法早就进入了深度学习时代，如果应聘者简历上的项目还是以协同过滤、矩阵分解、GBDT、LR 为主，那么毕竟和业界主流技术有些脱节，项目经历的合格性也要大打折扣。

2. 面试环节

通过了简历筛选，接下来就可以进入面试环节。面试还是围绕着简历上的项目经历展开，面试官的问题可以划分为三大类。

第一类可以称之为"操作性"问题，这类问题比较简单，就是询问应聘者是怎么做的，目的主要是确认项目经历的真实性。这部分问题都是关于项目的技术细节，真正做过的人自然能够对答如流，否则难免让人产生"简历作假"的联想。一些常见的问题如下。

- 这个项目的日活有多少？
- 你负责的这个模块，输入输出的规模有多大？
- 模型使用了哪些特征？
- 模型使用了哪些结构？画出模型的结构图。
- 训练模型使用的是什么优化算法？
- 优化的目标有哪些？多个目标的损失函数是怎么融合的？多个目标的打分是怎么融合的？
- 离线评估时采用了哪些指标？在线评估时主要看哪些指标？
- 模型多长时间更新一次？

......

第二类可以称之为"理解性"问题，这类问题的难度较之第一类问题要上一个档次，考察应聘者理解、掌握算法的深度与广度。目标是识别出应聘者对使用过的算法是彻底理解，还是只知道"照猫画虎"般地复现，"知其然，而不知其所以然"。一些经典的问题如下。

- 当初为什么要做出这个选型决策？原来的老模型是什么？有哪些缺点促使你决定升级？新模型是如何解决老模型的那些缺点的？
- 对于实数特征是如何处理的？分桶是什么做的？对于观看次数这样的长尾分布的数据如何处理？
- 面对高维稀疏的特征空间，如何处理特征维度爆炸的问题？
- 召回模型中的负样本为什么是靠随机采样得来的？为什么不像精排那样用"曝光未点击"当负样本？排序与召回的样本策略为什么如此不同？
- 召回中负样本的采样是如何实现的？离线采样还是在线采样？采样时是均匀采样吗？
- 召回结果出现了热门内容垄断的现象，可能是什么原因造成的？如何解决？
- 对于一些经典模型，我们假定每个应聘者都应该有深入理解，哪怕他没有亲身实践过。FM 就是这样的经典模型。FM 相对 LR 的优点有哪些？对于这个问题，我听到最多的答案是"FM 能够自动做二元特征交叉"，如果应聘者只能回答到这一层，说明他对 FM 的理解还是太肤浅了。
- 我们认为 Wide & Deep 也是每个从业者都必须熟悉的模型。对于 Wide & Deep，哪些特征应该进 Wide 侧？哪些特征应该进 Deep 侧？为什么在训练中要采用两个不同的优化算法？

- 阿里巴巴的 DIN 也属于那种每个算法工程师都应该必知必会的模型。提出这个模型主要解决什么问题？它的时间复杂度和什么有关？如果用户行为序列太短需要补齐，对那些补齐的位置，模型需要如何处理？
- 如果要同时预测"点击率"与"购买率"，训练这两个目标的负样本应该如何选取？

……

第三类属于"开放式"问题，属于那种不经常见诸书本或论文，但是在日常工作中经常会遇到的问题。这类问题比较宽泛，甚至不见得有标准答案，主要考察候选人对推荐系统的理解是否深刻、实战经验是否丰富。典型问题如下。

- 哪些因素会导致线上线下的效果不一致？如何解决？
- 推荐系统中经常出现的偏差有哪些？如何解决？
- 做 A/B 实验的时候，有哪些需要注意的地方？
- 对新用户、新物料的冷启动，你有哪些好的解决方案？

……

摸清了面试官的常见考点，应聘者可以做相应的准备。

- 对于第一类"操作性"问题，应聘者千万要对自己做过的项目做到完全熟悉。如果时间太久导致记忆模糊，不妨面试前自己先把以前的项目细节回忆一遍。对于一些自己参与度不高的项目，还是不要写进简历，否则回答不上来细节，反而引人怀疑，得不偿失。
- 对于第二类"理解性"问题，只能加强自己对推荐算法的理解。平日里不要只满足于对论文算法"照猫画虎"地复现了事，了解算法是怎么做的，很重要；知道算法为什么这样做，更重要。当然，认真学习本书也不失为一种好方法，以上所列举的那些问题，在本书中都能找到答案。
- 对于第三类"开放式"问题，尽管有些可以在本书中找到作者的解答，但是大部分问题在当今的推荐系统中仍然没有完美、标准的解决方案。所以对这类问题，只有依靠应聘者在日常实践中总结、积累经验和教训。尽管困难，但是如果应聘者在面对这类"开放式"问题时给出独立见解，一定会让面试官刮目相看，是重要加分项。

10.3.2 校招

面对校招候选人，面试官出题的难度一般会有所降低。

1. 筛选环节

可能出乎某些读者的意料，对于面试校招应聘者，其实最重要的还是项目经验。有的同学可能会不理解，既然是校招，应届生哪里来的项目经验？是不是有点强人所难了？其实，我们应该这样看待这个问题。

- 无论对于社招还是校招，招聘原则都是相同的，就是希望招进来的人"招之即来，来之能战"，有项目经验的校招人上手快，能够很快开展工作，显然更受用人团队的欢迎。
- 互联网大厂从来不缺应聘者。正因为项目经验在应届生中是稀缺的，所以正好能被拿来作为衡量标准，在简历筛选环节就筛掉一批应聘者。
- 最重要的，对于校招应聘者，具备一两个项目经历真的不难，算不上什么过分的要求。很多同学在校招开始之前就已经有过实习经历了，自然而然就有项目经历写进简历了。哪怕没有实习过，Kaggle、天池上有那么多关于推荐的竞赛，即使是赛事结束了，也依然可以参加。哪怕你不想从头写代码，网上也有一堆夺冠攻略、示例代码，你只要将这些资料下载下来认真学习一下，觉得自己已经掌握了细节而不怕被问倒，就可以大胆将比赛写进简历。总之，那些简历上没有项目经历的同学，真的只是不用心而已，被刷掉一点也不冤枉。

2. 面试环节

接下来的面试环节就和面试社招应聘者差不多了，围绕着简历上的项目展开。不过难度要比社招面试降低很多，应聘者只要大致意思答对了，哪怕回答得不够严谨，面试官一般也会给予通过。而且在面试过程中，面试官也会主动引导提示，考察应聘者是否有潜力、有悟性，能否"一点就透"。

毕竟大多数校招应聘者的项目经验不会很丰富，因此除了项目经历，面试官还会考察一下应聘者的算法基本功是否扎实。一般就围绕应聘者在项目中使用过的技术出题，考察应聘者是否只会调用现成的 API，而不懂其背后的算法原理。比如，如果应聘者使用过 GBDT 算法，我最爱问但是很少有人回答正确的一个问题是"GBDT 中的 G 代表梯度，它是谁对谁的梯度"。这个问题是基本得不能再基本的问题了，这道题目回答对了，不代表你懂 GBDT，但是答不上来，你肯定不懂 GBDT。这就好比你对外宣称是德华的忠实粉丝，但是别人问你德华姓什么，你却回答不上来。

总结一下，对于校招同学，最重要的依然是项目经验，这是拉开你与竞争者距离的最有效武器。因此强烈建议应届生在校招开始前就拥有一份与推荐相关的实习经历，或者参加 Kaggle、天池上的推荐相关竞赛，认真学习一下别人的攻略与代码。如果项目经历没什么亮点，那么大概率会被问到机器学习算法的基本概念与原理。这项内容就要依靠平时的认真学习了，千万不要只满足于做一个"调包工程师"，而一定要弄清楚所调用算法背后的每个技术细节。

10.4　小结

作为本书的最后一章，本章讨论的重点由推荐技术转移到掌握、使用推荐技术的人，也就是推荐算法工程师。在本章中，作者结合自身多年在算法领域的工作经验，对推荐算法工程师应该如何工作、学习和面试，介绍了个人的一些心得体会。

关于如何提高算法工作效率，10.1 节给出了 3 点建议。

- 算法代码难于测试与调试，所以大家应该重视代码规范性，争取一开始就写出高质量的代码。
- 在线评估的代价太高，所以大家应该重视离线实验，尽量将问题在离线阶段就暴露出来。
- 作为一个团队的技术领导，应该重视工具的开发与推广，尽量使算法工作摆脱手工作坊式的生产模式，最大程度地实现标准化、规范化与自动化，提升整个团队的工作效率。

当今，算法学习的痛点不是信息匮乏，而是信息爆炸。面对让人应接不暇的新理论、新算法，我们怎样才能拒绝水文，保留干货？10.2 节给出了 4 点心得体会。

- 学习论文要坚持问题导向。很多时候，搞清楚为什么这样做，比知道怎么做更具价值。
- 学习重在举一反三，将孤立的知识点串联成网络，才能真正将别人的论文变成你自己的知识。
- 没必要盲目追随大厂的做法，要敢于怀疑权威，敢于提出不同观点，才能够提升自己。
- 一定不要只满足于做"调包工程师"，要将自己对算法每个细节的理解落实到一行行具体的代码上。

被别人面试和面试别人，是每个互联网人的职业生涯中都不可回避的主题。根据作者的经验，无论校招还是社招，算法岗位面试最看重的还是项目经验，所问的问题也都围绕着项目经历展开。10.3 节列举了一些常见的考点和示范性问题，使读者对算法面试有一个大致的感受，大多数问题可以在本书中找到答案。

随着信息技术和互联网的快速发展，人类从信息匮乏时代进入信息过载时代。为了解决信息过载的问题，推荐系统作为独立研究领域出现。推荐算法作为推荐系统的核心，其效果的好坏会直接影响推荐系统的价值，因此推荐算法的研究与优化工作非常重要。

本书依托于作者 10 余年的推荐算法从业经验，采用透过现象看本质的方法，介绍了一线互联网公司当前采用的主流和前沿的推荐算法，并对这些算法的基本原理、技术框架和核心源码进行了梳理与呈现。此外，本书还对推荐算法工程师在工作中遇到的实际难题，给出了相应的解决方案。最后，本书介绍了推荐算法工程师在工作、学习、面试时的一些建议。

≫ 本书主要内容

- 推荐系统简介
- 推荐系统中的特征工程
- 推荐系统中的 Embedding
- 精排
- 召回

- 粗排与重排
- 多任务与多场景
- 冷启动
- 评估与调试
- 推荐算法工程师的自我修养

≫ 作者简介

赵传霖，博士，毕业于清华大学电气工程专业，知乎"机器学习"话题优秀答主，目前在北京快手科技有限公司担任算法专家，拥有 10 余年的互联网算法从业经验，主要研究方向为推荐系统、计算广告、个性化搜索。分别以知乎的"石塔西"账号和微信的"石塔西的说书馆"公众号发表了多篇以推荐算法为主题的原创性文章，并获得读者广泛好评，还曾经 4 次获得知乎创作排行榜"知势榜·影响力榜"（科技互联网领域）第 1 名。

读者服务
扫码根据指引
获取配套资源

ISBN 978-7-115-62868-8

9 787115 628688 >

分类建议：计算机/人工智能/机器学习
人民邮电出版社网址：www.ptpress.com.cn

定价：89.80 元